国家"十二五"重点图书

规模化生态养殖技术丛书

规模化生态养猪技术

曹洪战　主编

中国农业大学出版社

·北京·

内 容 简 介

本书的编写以实用为主,力求理论联系实际,反映了新的科技成果和在养猪生产中出现的新经验、新技术,通俗易懂,尽力使广大的养猪企业基层科技人员和养猪户看得懂、用得上。本书包括规模化生态养猪投资效益分析、猪的生物学特性与动物福利、猪的品种与引种、猪的营养与饲料、种猪生产、幼猪培育、肉猪生产、规模化生态养猪、猪场的卫生消毒与防疫共九章。

图书在版编目(CIP)数据

规模化生态养猪技术/曹洪战主编.—北京:中国农业大学出版社,2012.9

ISBN 978-7-81117-910-1

Ⅰ.①规… Ⅱ.①曹… Ⅲ.①养猪学—无污染技术 Ⅳ.①S828

中国版本图书馆 CIP 数据核字(2012)第 166830 号

书　名	规模化生态养猪技术		
作　者	曹洪战　主编		
策划编辑	林孝栋　赵　中	责任编辑	冯雪梅
封面设计	郑　川	责任校对	王晓凤　陈　莹
出版发行	中国农业大学出版社		
社　址	北京市海淀区圆明园西路 2 号	邮政编码	100193
电　话	发行部 010-62818525,8625	读者服务部	010-62732336
	编辑部 010-62732617,2618	出　版　部	010-62733440
网　址	http://www.cau.edu.cn/caup	E-mail	cbsszs@cau.edu.cn
经　销	新华书店		
印　刷	涿州市星河印刷有限公司		
版　次	2013 年 1 月第 1 版　2016 年 8 月第 10 次印刷		
规　格	880×1 230　32 开本　10.125 印张　250 千字		
定　价	18.00 元		

图书如有质量问题本社发行部负责调换

规模化生态养殖技术
丛书编委会

主　编　　曹洪战

副主编　　芦春莲　　李兰会　　张艳红　　刘振水

编　者　　曹洪战　　芦春莲　　李兰会　　张艳红
　　　　　刘振水　　张力圈　　倪俊卿　　张军辉
　　　　　李少华　　褚素乔　　陈　辉　　孙召君
　　　　　范　苗　　陈　楠　　张红梅　　高　婕
　　　　　刘泽杰　　王长涛

总　序

改革开放以来,我国畜牧业飞速发展,由传统畜牧业向现代畜牧业逐渐转变。多数畜禽养殖从过去的散养发展到现在的以规模化为主的集约化养殖方式,不仅满足了人们对畜产品日益增长的需求,而且在促进农民增收和加快社会主义新农村建设方面发挥了积极作用。但是,由于我们的畜牧业起点低、基础差,标准化规模养殖整体水平与现代产业发展要求相比仍有不少差距,在发展中,也逐渐暴露出一些问题。主要体现在以下几个方面:

第一,伴随着规模的不断扩大,相应配套设施没有跟上,造成养殖环境逐渐恶化,带来一系列的问题,比如环境污染、动物疾病等。

第二,为了追求"原始"或"生态",提高产品质量,生产"有机"畜产品,对动物采取散养方式,但由于缺乏生态平衡意识和科学的资源开发与利用技术,造成资源的过度开发和环境遭受严重破坏。

第三,为了片面追求动物的高生产力和养殖的高效益,在养殖过程中添加违禁物,如激素、有害化学品等,不仅损伤动物机体,而且添加物本身及其代谢产物在动物体内的残留对消费者健康造成严重的威胁。"瘦肉精"事件就是一个典型的例证。

第四,由于采取高密度规模化养殖,硬件设施落后,环境控制能力低下,使动物长期处于亚临床状态,导致抗病能力下降,进而发生一系列的疾病,尤其是传染病。为了控制疾病,减少死亡损失,人们自觉或不自觉地大量添加药物,不仅损伤动物自身的免疫机能,而且对环境造成严重污染,对消费者健康形成重大威胁。

针对以上问题,2010年农业部启动了畜禽养殖标准化示范创建活动,经过几年的工作,成绩显著。为了配合这一示范创建活动,指导广大养殖场在养殖过程中将"规模"与"生态"有机结合,中国农业大学出版社策划了《规模化生态养殖技术丛书》。本套丛书包括《规模化生态蛋鸡养殖技术》、《规模化生态肉鸡养殖技术》、《规模化生态奶牛养殖技术》、《规模化生态肉牛养殖技术》、《规模化生态养羊技术》、《规模化生态养兔技术》、《规模化生态养猪技术》、《规模化生态养鸭技术》、《规模化生态养鹅技术》和《规模化生态养鱼技术》十部图书。

《规模化生态养殖技术丛书》的编写是一个系统的工程，要求编著者既有较深厚的理论功底，同时又具备丰富的实践经验。经过大量的调研和对主编的遴选工作，组成了十个编写小组，涉及科技人员百余名。经过一年多的努力工作，本套丛书完成初稿。经过编辑人员的辛勤工作，特别是与编著者的反复沟通，最后定稿，即将与读者见面。

细读本套丛书，可以体会到这样几个特点：

第一，概念清楚。本套丛书清晰地阐明了规模的相对性，体现在其具有时代性和区域性特点；明确了规模养殖和规模化的本质区别，生态养殖和传统散养的不同。提出规模化生态养殖就是将生态养殖的系统理论或原理应用于规模化养殖之中，通过优良品种的应用、生态无污染环境的控制、生态饲料的配制、良好的饲养管理和防疫技术的提供，满足动物福利需求，获得高效生产效率、高质量动物产品和高额养殖利润，同时保护环境，实现生态平衡。

第二，针对性强，适合中国国情。本套丛书的编写者均为来自大专院校和科研单位的畜牧兽医专家，长期从事相关课程的教学、科研和技术推广工作，所养殖的动物以北方畜禽为主，针对我国目前的饲养条件和饲养环境，提出了一整套生态养殖技术理论与实践经验。

第三，技术先进、适用。本套丛书所提出或介绍的生态养殖技术，多数是编著者在多年的科研和技术推广工作中的科研成果，同时吸纳了国内外部分相关实用新技术，是先进性和实用性的有机结合。以生态养兔技术为例，详细介绍了仿生地下繁育技术、生态放养（林地、山场、草场、果园）技术、半草半料养殖模式、中草药预防球虫病技术、生态驱蚊技术、生态保暖供暖技术、生态除臭技术、粪便有机物分解控制技术等。再如，规模化生态养鹅技术中介绍了稻鹅共育模式、果园养鹅模式、林下养鹅模式、养鹅治蝗模式和鱼鹅混养模式等,很有借鉴价值。

第四,语言朴实,通俗易懂。本套丛书编著者多数来自农村,有较长的农村生活经历。从事本专业以来,长期深入农村畜牧生产第一线,与广大养殖场(户)建立了广泛的联系。他们熟悉农民语言,在本套丛书之中以农民喜闻乐见的语言表述,更易为基层所接受。

我国畜牧养殖业正处于一个由粗放型向集约化、由零星散养型向规模化、由家庭副业型向专业化、由传统型向科学化方向发展过渡的时期。伴随着科技的发展和人们生活水平的提高,科技意识、环保意识、安全意识和保健意识的增强,对畜产品质量和畜牧生产方式提出更高的要求。希望本套丛书的出版,能够在一系列的畜牧生产转型发展中发挥一定的促进作用。

规模化生态养殖在我国起步较晚,该技术体系尚不成熟,很多方面处于探索阶段,因此,本套丛书在技术方面难免存在一些局限性,或存在一定的缺点和不足。希望读者提出宝贵意见,以便日后逐渐完善。

感谢中国农业大学出版社各位编辑的辛勤劳动,为本套丛书的出版呕心沥血。期盼他们的付出换来丰硕的成果——广大读者对本书相关技术的理解、应用和获益。

中国畜牧兽医学会副理事长

2012 年 9 月 3 日

前　言

　　猪为六畜之首,一是因为猪的饲养量在我国乃至全世界都是最多的,二是因为猪肉在人们的膳食结构中占据举足轻重的地位。我国的养猪生产从过去的散养发展到现在的以规模化养殖方式为主,也就是经过了 20～30 年的时间。发展猪的规模养殖,尤其是规模化生态养殖是转变畜牧业生产方式的主要抓手,是新形势下加快畜牧业转型升级的重大举措。2010 年,农业部启动了畜禽养殖标准化示范创建活动,全国年出栏 500 头以上生猪规模养殖比重达 34%。当前,我国畜牧业区域布局不断优化,综合生产能力显著增强,产业升级步伐不断加快。这些成绩的取得,规模养殖发展起到了决定性作用。但是也应该看到,由于起点低、基础差,标准化规模养殖整体水平与现代产业发展要求相比仍有不少差距。目前,我国畜牧业正处在从传统畜牧业向现代畜牧业加速转型的关键时期,各种矛盾和问题凸显,生猪价格大幅波动、"瘦肉精"等畜产品质量安全事件多发、高致病性猪蓝耳病等重大动物疫病时有发生,这些问题的发生,归根结底就是因为规模化、标准化水平仍然不高。发展猪的规模养殖是突破当前养猪业发展难点的关键所在,是解决当前养猪业发展过程中各种矛盾和问题的治本之策。我们编写这本《规模化生态养猪技术》,就是为了适应当前规模化生态养猪发展的需要,对保证规模化养猪的正确、科学、可持续发展都是十分重要的。

　　在本书的编写过程中,我们参阅了有关论文及著作,由于篇幅所限,在此不能一一列出,望谅解。

　　由于编者水平有限,书中难免有疏漏之处,敬请读者批评指正!

编　者

2011 年 12 月

目　　录

第一章

规模化生态养猪投资效益分析

导　　读　本章按目前养猪企业的类型从肉猪、繁殖母猪两个方面进行了成本构成与分析,最后介绍了规模化生态养猪投资效益分析实例,目的使读者能够简单地分析规模化生态养猪的投资效益,为广大养殖户进入养猪行业提供参考。

第一节　肉猪成本的构成与分析

肉猪成本的构成包括仔猪、饲料、人工、运费、医药防疫、猪舍折旧、水电费、管理费(直接管理费与共同管理费)等部分组成。

下面是一个规模化肉猪场的成本分析。

假设一幢猪舍,2个工人养肉猪600头,饲养期120天。猪平均进圈体重20千克,出栏时100千克。仔猪单价10.5元/千克,肉猪单价11元/千克,玉米价1.8元/千克,豆粕价3.5元/千克。肉猪前期用配合料2.09元/千克,料肉比3.1∶1;后期(60～100千克)配合料1.97

元/千克,料肉比3.3∶1。肉猪舍一幢,年折旧费6 000元,水电费(月)1 200元,管理费(月)500元。医药防疫平均每头猪5元。肉猪死亡率2%,则1头肉猪可盈利302.54元,成本利润率达39.01%(表1-1)。

表1-1 1头肉猪成本的构成及分析

项目	重量/千克	费用/元	比例/%
仔猪(每千克10.5元)	20	210	27.08
饲料费(含损耗2%)	261	529.8	68.32
人工(工人每月工资1 000元,养猪600头)		13.33	1.72
运费(每头运料2元,运猪2元)		4	0.52
医药防疫		5	0.64
折旧(年折旧6 000元)		3.33	0.43
水电(1 200元/月)		6.67	0.86
管理(500元/月)		3.33	0.43
小计		775.46	100.00
肉猪100千克(售价11元/千克)		1 078	成活率98
盈余		302.54	成本利润率39.01

注:场饲养肉猪成本计算方法:

① 人工费 $= \dfrac{\text{工人数}(2) \times \text{月工资}(1\,000) \times \text{饲养月数}(4)}{\text{肉猪数}(600)} = 13.33(\text{元/头})$;

② 折旧费 $= \dfrac{\text{年折旧费}(6\,000) \times \text{饲养月数}(4)/12\,\text{月}}{\text{肉猪数}(600)} = 3.33(\text{元/头})$;

③ 水电费 $= \dfrac{\text{月水电费}(1\,000) \times \text{饲养月数}(4)}{\text{肉猪数}(600)} = 6.67(\text{元/头})$;

④ 管理费 $= \dfrac{\text{月管理费}(500) \times \text{饲养月数}(4)}{\text{肉猪数}(600)} = 3.33(\text{元/头})$。

如果养殖户养猪,由于人工、房子折旧、水电、管理等因素不计,饲养精细,料肉比更高。20~60千克阶段料肉比3,每千克料2.09元;60~100千克阶段料肉比3.2,每千克料1.97元。则其每头肉猪利润可达345.78元,成本利润率达47.22%(表1-2)。

表 1-2 养殖户养 1 头肉猪的成本分析（饲养期 120 天）

项目	重量/千克	费用/元	比例/%
仔猪（每千克 10.5 元）	20	210	28.68
饲料费（含损耗 2%）	253.06	513.22	70.09
运费		4	0.55
医药防疫		5	0.68
小计		732.22	100.00
肉猪 100 千克（售价 11 元/千克）		1 078	成活率 98
盈余		345.78	成本利润率 47.22

在一般情况下,猪粮比价(活猪价与玉米价之比)在 5.5 以上时(本例,活猪价 11 元/千克,玉米价 1.8 元/千克,猪粮比价 6.11),只要经营管理好,没有大的疫病发生,饲料成本占养猪成本 60% 以上,养肉猪均能有利可图,而且有较大的利润率(成本利润率在 40% 以上)。猪粮比价在 5.5 以下,再加上管理不适当,或大的疫病发生,则会造成养猪亏损。人工费占肉猪的总成本的比例是次于饲料、仔猪的第三项重要因素。因此,制订合理的饲养定额,是提高养猪经济效益的重要措施。

第二节 繁殖母猪成本的构成与分析

母猪繁殖场的主要任务是繁殖仔猪(饲养至 100 日龄,体重达 30 千克左右),对外出售,自己养部分肉猪。一个养 200 头母猪的繁殖场的主要参数如表 1-3:猪场造价 80 万元,折旧年限 15 年;每年水电费 5 万元;医药费 1 万元;工人 5 个,年平均工资 1.3 万元;管理人员 3 个,年平均工资 1.8 万元,年管理费 1 万元;养公猪 4 头。母猪年产 2.1 窝,仔猪合格率 80%,每头仔猪价格 380 元,肉猪成活率 98%,每头肉猪成本 574 元。购种猪费 20.6 万元,银行贷款 20 万元。总的成本分析见表 1-4。

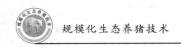

表 1-3　200 头母猪繁殖场的主要参数

项目	参数	项目	参数
母猪数/头	200	公猪数/头	4
猪场造价/元	800 000	母猪年产窝数	2.1
折旧年限/年	15	仔猪合格率/%	80
年水电费/元	50 000	仔猪价/(元/头)	380
工人数/人	5	保育猪价/(元/千克)	12
工人年工资/元	13 000	购种猪费/元	206 000
管理人员/人	3	每头种猪价/元	1 000
管理人员年工资/元	18 000	种猪更新率/%	10
年管理费/元	10 000	年医药费/元	10 000
银行贷款/元	200 000	肉猪成本/元	574
贷款年利率/%	0.05	肉猪成活率/%	98

表 1-4　繁殖场母猪成本分析

项目	母猪	占母猪成本/%	公猪	项目	母猪	占母猪成本/%
饲料价/(元/千克)	1.54		1.47	6 个月医药防疫/元	25	1.79
饲养天数/天	182		182	6 个月折旧费/元	133.33	9.55
6 个月料量/千克	455		455	6 个月水电费/元	125.00	8.95
6 个月饲料费/(元/头)	701.02	50.19	669.60	6 个月管理费/元	25	1.79
分摊公猪费/元	13.39	0.96		6 个月种猪折旧费/元	51.5	3.69
6 个月人工费/元	297.50	21.30		6 个月贷款利息/元	25	1.79
窝产仔头数	11			合计	1 396.74	100

　　根据上述参数,一头母猪的成本包括饲料、分摊公猪费、人工、医药防疫、猪舍折旧、水电费、管理费等组成,合计为 1 396.74 元。

　　成本的具体计算方法如下:

　　①6 个月饲料费(元/头)＝半年料量(455 千克)×饲料价(1.540 7 元/千克)＝701.02 元;

②分摊公猪费（6个月）＝公猪数（4头）×6个月公猪料费（669.60元）÷母猪数（200头）＝13.39元；

③人工费（6个月）＝［工人数（5）×年工资（13 000元）/2＋管理人（3）×年工资（18 000元）/2］÷母猪数（200头）＝297.5元；

④医药防疫费（6个月）＝10 000（元）÷母猪数（200头）÷2＝25元；

⑤折旧费（6个月）＝猪场造价（800 000元）/折旧年限（15年）÷母猪数（200头）÷2＝133.33元；

⑥水电费（6个月）＝年水电能源费（50 000元）÷母猪数（200头）÷2＝125元；

⑦管理费（6个月）＝年管理费（10 000元）÷母猪数（200头）÷2＝25元；

⑧种猪折旧费（6个月）＝购种猪费（206 000元）×种猪更新率（10％）÷母猪数（200头）÷2＝51.5元；

⑨贷款利息（6个月）＝贷款数（200 000元）×年利率（5％）÷母猪数（200头）÷2＝25元。

上述合计＝1 396.74元。

按比例分析，饲料费用占50.19％，猪场折旧费占9.55％，工人工资占21.30％，种猪折旧占3.69％，贷款利息1.79％，水电费占8.95％，医药防疫费占1.79％，分摊公猪费占0.96％。应该说明的是，这里把除饲料之外的所有费用都算在母猪成本中，亦即如果该母猪一年内不产一头仔猪，则其所需费用为1 396元左右。

第三节　规模化生态养猪投资效益分析实例

假设某原种猪场引进原种猪100头，正常年份可新增出栏纯种猪900头，新增出栏淘汰育肥猪1 000头。项目整个计算期为10年，第一年为建设期,第二年达到设计能力的 100%,达到生产能力年限为 9 年。基准收益率(贴现率)8%。根据国家有关政策规定,根据我国税法规定,直接生产农产品的企业免征增值税,销售税金及附加免征;企业所得税率为 25%。建筑物折旧年限为 20 年,机器设备折旧年限为 10 年,残值为 5%;种猪按照生育年限进行折旧,本项目按 3 年计算。税后利润中提取盈余公积金的比例为 10%。

1.销售收入

本项目达到设计生产能力后,可实现年销售收入 283.5 万元。主要包括:

(1)种猪销售收入　项目达产年,预计每年可销售种猪 900 头,按每头售价 1 850 元计算,每年可实现销售收入 166.5 万元。

(2)育肥猪销售收入　项目达产年,预计每年可生产、销售育肥猪 90 000 千克,按每千克市场销售价格 13 元计算,每年可实现销售收入 117 万元。

2.单位产品生产成本估算

项目的单位产品生产成本主要包括原辅材料费、燃料、动力费、人工福利费和其他费用项目。其中种猪单位成本为 483 元,育肥猪单位成本为 704 元。

3.项目总成本估算

本项目总成本主要包括外购原辅材料费、外购燃料及动力费、工资及福利费、修理费、折旧费、摊销费、管理费用和销售费用。本项目达产后的年总成本费用为 211.1 万元,其中固定成本为 51.76 万元,变动成本为 159.34 万元。

其中:

(1)外购原辅材料费　项目达产后的年外购原辅材料费 108.04 万元,其中,饲料费年需 102 万元,配种、防疫、治疗等费用 6.04 万元。

(2)外购燃料及动力费　按年消耗量及财务价格计算,项目达产后的年外购燃料及动力费为 13.3 万元,其中电费 3.8 万元,水费 9.5 万元。

（3）工资及福利费　全年工资福利费用总额为 38 万元。

（4）折旧费　折旧费包括房屋、建筑物折旧费、设备折旧费和种猪折旧费。新建房屋及建筑物原值 56.9 万元，净残值率为 5%，折旧年限平均按 20 年。

房屋、建筑物年折旧费＝原值×（1－净残值）/折旧年限×100%

$$＝56.9×95\%/20×100\%＝2.7（万元）$$

新增设备设施原值为 92.92 万元，净残值率为 5%，折旧年限平均按 10 年。

设备年折旧额＝92.92.92×95%/10×100%＝7.36（万元）

种猪原值 45 万元，折旧年限 3 年，净残值率为 50%。

种猪年折旧额＝45×（1－50%）/3×100%＝7.5（万元）

经计算：房屋、建筑物、设备、种猪年折旧费总和为 17.56 万元。

（5）摊销费　本项目用于技术示范、科技培训等科技费用 10.58 万元，前期工作费 3 万元，共计 13.58 万元，全部在项目投产后的当年摊销。

（6）修理费　按年折旧费的 50% 计算，年修理费为 5.03 万元。

（7）管理费用　根据项目经营情况，本项目预计需年管理费用总额为 15 万元。

（8）销售费用　本项目按年销售收入的 5% 计算，年销售费用为 14.18 万元。

4.经营成本估算

经营成本主要是项目投产后经营过程中需要用现金支付的成本费用部分。具体估算方法为：

年经营成本＝年总成本－年折旧费和摊销费

$$＝211.1－17.56＝193.54（万元）$$

5.财务效益分析

项目达产后年可实现利润总额为 72.4 万元，所得税按利润总额的 25% 计算，年所得税总额为 18.1 万元，税后利润为 54.3 万元。各项财务评价指标如下：

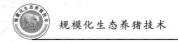

（1）投资利润率 投资利润率$=\dfrac{净利润}{总投资}\times 100\%=\dfrac{54.3}{256.79}\times 100\%$ $=21.15\%$。

（2）财务内部收益率 项目税后财务内部收益率21.42%,税前财务内部收益率28.64%。

（3）财务净现值 项目税后财务净现值为168.54万元$(ic=8\%)$,税前财务净现值为270.44万元$(ic=8\%)$。

（4）静态投资回收期 项目税后静态投资回收期为4.95年（含建设期）,税前静态投资回收期为4.19年（含建设期）。

思考题

1.肉猪成本由哪些因素构成?

2.繁殖母猪成本由哪些因素构成?

3.根据自己要建设的规模化生态养猪场,开展投资效益分析。

第二章

猪的生物学特性与动物福利

　　导　　读　本章介绍了猪的生物学特征、行为学特征以及猪的动物福利。了解这些内容可以使养猪者从根本上了解猪的生活习性,在养猪的过程中,除了强调经济效益外还要注意尊重猪的生活习性以及它的动物福利,往往能达到事半功倍的效果。

第一节　猪的生物学特征

　　生物学特征是指某种生物共有的独特的内在性质。各种家畜都有自己的生物学特征。猪的生物学特征是在自然选择的进化发展过程中,以及家养驯化后人工选育的共同作用下形成的,并且随着生产技术的不断革新而发展的。而育种工作就是了解家畜的生物学特征,通过选种和改善饲养管理条件,以扬长避短,培育出体质结实,生产性能高,适应性强,适合人类的要求的家畜品种。根据一些资料报导,概括猪的生物学特征如下:

一、性成熟早，多胎高产，世代间隔短

仔猪3～5月龄即性成熟，6～8月龄就可以初次配种。猪的发情无季节限制，一年四季都能发情配种。猪妊娠期短，只有110多天。猪又属多胎动物，每胎产仔8～12头，一年两胎共产仔16～24头；实行早期断奶，采用人工哺乳培育仔猪，可以达到两年五胎。如果后备猪7～8月龄配种，10～12月龄产仔，当年留种，当年产仔，世代间隔短，短期内能增殖大量后代，二年内能达到三代同堂。

利用猪具有多胎、高产、妊娠期短的特性，改进措施创造有利条件，提高潜能，提高生产能力。例如，把断奶期由60天提前到28～35天，年产2.2～2.5胎。

各种家畜繁殖性能比较见表2-1。

表 2-1　各种家畜繁殖性能比较

家畜	初配时间	怀孕期/天	每胎产仔数	世代间隔/年
猪	7～8月龄	114	8～12	1～1.5
黄牛	1.5～2岁	285	1	3～4
水牛	3～4岁	305	1	4～5
马	2.5～3岁	334	1	3.5～4
羊	12～15月龄	152	1～3	1.5～2

二、生长期短，发育迅速，沉积脂肪能力强

猪和马、牛、羊比较，生长期最短，但生长强度最大。见表2-2各种家畜生长强度比较。

表 2-2　各种家畜生长强度比较

家畜	初生体重/千克	成年体重/千克	生长期体重加倍次数	生长期/月
猪	1	200	7.64	36
牛	35	500	3.84	48～60
羊	3	60	4.32	24～36
马	50	500	3.44	60

猪的生长发育很快，生后 6 个月龄，体重达 90～100 千克，即可上市提供肉食。

猪在生长初期，骨骼生长强度大，以后生长重点转移到肌肉，生长后期，强烈沉积脂肪。我国劳动人民有"小猪长骨，大猪长肉，肥猪长膘"之说，是对猪生长发育规律的科学总结。脂肪是晚熟组织，猪于 6 月龄后，在体内强度沉积脂肪，表示生理早熟，同时猪利用饲料转化为体脂能力较强。

我国一些地方猪种是具有沉积腹脂能力强的特征。如广东小耳花猪中，体重 83 千克的肉猪肥肉及板油占胴体 50% 以上。这一特征符合我国劳动人民喜爱以猪脂烹调食物的需要。

利用猪生长期短，生长强度大的特征，充分挖掘猪的生长潜力，缩短生长期。充分利用杂交优势，应用全价配合饲料，采用科学饲养管理技术，改善环境条件，控制疫病等措施，降低饲养成本，提高经济效益。

三、屠宰率高，肉质品质好

猪的屠宰率因品种、体重、膘情不同而有差别，一般可达到 65%～75%，牛为 40%～55%，肉用牛可达 60%～70%，羊的屠宰率为 45%～55%。猪不但屠宰率比牛羊高，而猪肉和牛羊肉比较，含水量少，含脂肪和热量多（表 2-3）。

表 2-3　各种肉的营养成分　　　　　　　　　　　%

种类	水分	蛋白质	脂肪	碳水化合物	矿物质
猪肉	52	16.9	29.2	1	0.9
鸡肉	74	23.3	1.2	—	1.1
牛肉	69	20.1	10.2	—	1.1
羊肉	59	11.2	28.8	1	0.6

四、杂食性强

猪是杂食动物,门齿、犬齿和臼齿都发达,具有坚强的鼻吻,好拱土觅食,能掘食埋藏在地下的各种饲料,对猪舍建筑物有破坏性,也易于从土壤中感染寄生虫和疾病。

猪的唾液腺发达,内含的淀粉酶是马的14倍,牛羊的3～5倍,胃肠道内具有各种消化酶,便于消化各种动、植物饲料。

猪属于单胃动物,胃容量7～8升,小肠长度15～20米,肠子的长度与体长之比:外国猪为13.5倍,中国地方猪为18倍,中国地方猪对青饲料的消化能力比外国猪强。猪对粗纤维的消化能力只有靠盲肠中少量共生的有益微生物。猪胃的结构及其功能处于反刍动物的复胃和肉食动物的简单胃之间,猪采食的饲料介于肉食和草食之间,它能广泛利用各种动植物和矿物质饲料,对各种饲料的利用能力都较强,饲料的转化效率仅次于鸡,而高于牛、羊,对饲料的能量和蛋白质利用效率高。对含纤维素多和体积大的粗饲料的利用能力较差。猪对粗纤维的消化率为3%～25%,消化能力随品种和年龄的不同而有差别。

试验认为:在育肥猪的风干日粮中,粗纤维的含量不应超过7%～9%,而成年猪则可达10%～12%,如超过此限量时,不仅平均增重速度减慢,而且饲料的利用能力差,特别是饲养瘦肉型猪还是需要以精饲料为主。

可以充分利用猪杂食性的特点,结合使用本地价廉的农副产品和优质粗饲料,降低养猪成本,提高经济效益。

五、小猪怕冷,大猪怕热

小猪大脑皮层调温中枢不健全,调节温度很差,以及皮薄毛稀,皮下脂肪少,故怕冷。大猪汗腺不发达,只在鼻、蹄叉、面颊有汗腺,皮下脂肪层厚,故怕热。高温高湿能降低猪的增重、受胎率和产仔数,并提高猪的死亡率;同样,低温、低湿也降低猪增重,并增加猪发病率。

六、嗅觉和听觉灵敏,视觉不发达

猪的嗅觉发达,猪依靠嗅觉能有效的寻找地下埋藏的食物;母猪能辨别是否是自己的小猪;在性本能中也起很大的作用。例如,发情母猪闻到公猪特有气味,即使公猪不在场也会寻找公猪或出现"发呆"反应。

猪的听觉分析器官很完善,能细致鉴别声音的强度、音调和节律,容易对呼名、口令和声音刺激的调教养习惯。仔猪生后几小时,就对声音有反应。母猪在放奶前发出的哼哼声,仔猪能听辨出,并迅速回窝吃奶。

猪的视觉很弱,不靠近物体就看不见东西。对光线强弱和物体形象的分辨能力不强,分辨颜色的能力也差。

猪对痛觉刺激特别容易形成条件反射。例如,猪受到一二次轻微电击后,就再不敢接触围栏了。

七、适应性强,分布广

从生态学适应性上看,猪对气候变化的适应、饲料多样性的适应、饲养方式的适应是它们分布广泛的主要原因。猪是恒温动物,它生活的适宜温度为 15～25℃。猪耐寒怕热,因为猪皮下脂肪厚,汗腺不发达。但仔猪不同,应注意保温。

八、喜清洁,易于调教

猪不同于牛羊,它是穴居动物,保持穴居的清洁是其天性。

猪神经属于平衡灵活类型,易于调教。

利用猪嗅觉灵敏的特点,训练猪定点排粪,减少清扫时间;利用听觉灵敏特性进行调教,用公猪叫声对母猪进行发情鉴定等,降低生产成本。

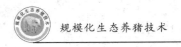

第二节　猪的行为学特征

　　猪和其他动物一样,在进化过程中形成了许多生物学特性,不同的猪种或不同的类型,既有种群的共性,又有它们各自的特性。对其生活环境、气候条件和饲养管理条件等反应,在行为上都有其特殊的表现,而且有一定的规律性。在生产实践中,要不断认识和掌握猪的生物学特性,并按适当的条件加以利用和改造,以便获得更好的饲养和繁育效果,达到高产、高效、优质的目的。随着养猪生产的变革与发展,人们越来越重视研究猪的行为活动模式及其机理,以及调教方法,广泛应用于养猪生产,尤其是在畜牧业日趋集约化的情况下,全舍饲、高密度、机械化、专业化流水式高效生产的同时,不同程度地妨碍了猪的正常行为习性,不断发生应激反应。这种人为环境与猪行为之间的矛盾,只能从猪适应反应着手,加强调教,发挥猪后效行为潜力,使其后天行为符合现代化生产要求,如果我们掌握了猪的行为特性,科学地利用这些行为习性,根据猪的行为特点,制定合理的饲养工艺,设计新型的猪舍和设备,改革传统饲养技术方法。最大限度地创造适于猪习性的环境条件,提高猪的生产性能,以获得最佳的经济效益。

一、采食行为

　　猪的采食行为包括摄食与饮水,并具有各种年龄特征。

　　猪生来就具有拱土的遗传特性,拱土觅食是猪采食行为的一个突出特征。猪鼻子是高度发育的器官,在拱土觅食时,嗅觉起着决定性的作用。尽管在现代猪舍内,饲以良好的平衡日粮,猪还表现拱地觅食的特征,喂食时每次猪都力图占据食槽有利的位置,有时将两前肢踏在食槽中采食,如果食槽易于接近的话,个别猪甚至钻进食槽,站立食槽的一角,就像野猪拱地觅食一样,以吻突沿着食槽拱动,将食料搅弄出来,抛撒一地。

猪的采食具有选择性,特别喜爱甜食,研究发现未哺乳的初生仔猪就喜爱甜食。颗粒料和粉料相比,猪爱吃颗粒料;干料与湿料相比,猪爱吃湿料,且花费时间也少。

猪的采食是有竞争性的,群饲的猪比单饲的猪吃得多、吃得快,增重也高。猪在白天采食 6～8 次,比夜间多 1～3 次,每次采食持续时间 10～20 分钟,限饲时少于 10 分钟,任食(自由采食)不仅采食时间长,而且能表现每头猪的嗜好和个性。仔猪每昼夜吸吮次数因年龄不同而异,在 15～25 次范围,占昼夜总时间的 10%～20%,大猪的采食量和摄食频率随体重增大而增加。

在多数情况下,饮水与采食同时进行。猪的饮水量是相当大的,仔猪初生后就需要饮水,主要来自母乳中的水分,仔猪吃料时饮水量约为干料的 2 倍,即水与料之比为 3∶1;成年猪的饮水量除饲料组成外,很大程度取决于环境温度。吃混合料的小猪,每昼夜饮水 9～10 次,吃湿料的平均 2～3 次,吃干料的猪每次采食后立即需要饮水,自由采食的猪通常采食与饮水交替进行,直到满意为止,限制饲喂猪则在吃完料后才饮水。月龄前的小猪就可学会使用自动饮水器饮水。

二、排泄行为

猪不在吃睡的地方排粪尿,这是祖先遗留下来的本性,因为野猪不在窝边拉屎撒尿,以避免敌兽发现。

在良好的管理条件下,猪是家畜中最爱清洁的动物。猪能保持其睡窝床干洁,能在猪栏内远离窝床的一个固定地点进行排粪尿。猪排粪尿是有一定的时间和区域的,一般多在食后饮水或起卧时,选择阴暗潮湿或污浊的角落排粪尿,且受邻近猪的影响。据观察,生长猪在采食过程中不排粪,饱食后 5 分钟左右开始排粪 1～2 次,多为先排粪后再排尿,在饲喂前也有排泄的,但多为先排尿后排粪,在两次饲喂的间隔时间里猪多为排尿而很少排粪,夜间一般排粪 2~3 次,早晨的排泄量最大,猪的夜间排泄活动时间占昼夜总时间的 1.2%~1.7%。

三、群居行为

在无猪舍的情况下,猪能自我固定地方居住,表现出定居漫游的习性,猪有合群性,但也有竞争习性,大欺小,强欺弱和欺生的好斗特性,猪群越大,这种现象越明显。

一个稳定的猪群,是按优势序列原则,组成有等级制的社群结构,个体之间保持熟悉,和睦相处,当重新组群时,稳定的社群结构发生变化,则暴发激烈的争斗,直至重新组成新的社群结构。

猪群具有明显的等级,这种等级刚出生后不久即形成,仔猪出生后几小时内,为争夺母猪前端乳头会出现争斗行为,常出现最先出生或体重较大的仔猪获得最优乳头位置。同窝仔猪合群性好,当它们散开时,彼此距离不远,若受到意外惊吓,会立即聚集一堆,或成群逃走,当仔猪同其母猪或同窝仔猪离散后不到几分钟,就出现极度活动,大声嘶叫,频频排粪尿。年龄较大的猪与伙伴分离也有类似表现。

猪群等级最初形成时,以攻击行为最为多见,等级顺位的建立,是受构成这个群体的品种、体重、性别、年龄和气质等因素的影响。一般体重大的、气质强的猪占优位,年龄大的比年龄小的占优位,公比母、未去势比去势的猪占优位。小体型猪及新加入到原有群中的猪则往往列于次等,同窝仔猪之间群体优势序列的确定,常取决于断奶时体重的大小,不同窝仔猪并圈喂养时,开始会激烈争斗,并按不同来源分小群躺卧,24~48 小时内,明显的统治等级体系就可形成,一般是简单的线型。在年龄较大的猪群中,特别在限饲时,这种等级关系更明显,优势序列既有垂直方向,也有并列和三角关系夹在其中,争斗优胜者,次位排在前列,吃食时常占据有利的采食位置,或优先采食权。在整体结构相似的猪群中,体重大的猪往往排在前列,不同品种构成的群体中不是体重大的个体而是争斗性强的品种或品系

16

占优势。优势序列建立后,就开始和平共处的正常生活,优势猪的尖锐响亮的呼噜声形成的恐吓和用其吻突佯攻,就能代替咬斗,次等猪马上就退却,不会发生争斗。

四、争斗行为

争斗行为包括进攻防御、躲避和守势的活动。

在生产实践中能见到的争斗行为一般是为争夺饲料和争夺地盘所引起,新合并的猪群内的相互交锋,除争夺饲料和地盘外,还有调整猪群居结构的作用。当一头陌生的猪进入一群中,这头猪便成为全群猪攻击的对象,攻击往往是严厉的,轻者伤皮肉,重者造成死亡。如果将两头陌生性成熟的公猪放在一起时,彼此会发生激烈的争斗。它们相互打转、相互嗅闻,有时两前肢趴地,发出低沉的吼叫声,并突然用嘴撕咬,这种斗争可能持续 1 小时之久,屈服的猪往往调转身躯,号叫着逃离争斗现场,虽然两猪之间的格斗很少造成伤亡,但一方或双方都会造成巨大损失,在炎热的夏天,两头幼公猪之间的格斗,往往因热极虚脱而造成一方或双方死亡。猪的争斗行为,多受饲养密度的影响,当猪群密度过大,每猪所占空间下降时,群内咬斗次数和强度增加,会造成猪群吃料攻击行为增加。降低饲料的采食量和增重。这种争斗形式一是咬其对方的头部,二是在舍饲猪群中,咬尾争斗。新合群的猪群,主要是争夺群居次位,争夺饲料并非为主,只有当群居构成形成后,才会更多地发生争食和争地盘的格斗。

五、性行为

性行为包括发情、求偶和交配行为,母猪在发情期,可以见到特异的求偶表现,公、母猪都表现一些交配前的行为。

发情母猪主要表现卧立不安,食欲忽高忽低,发出特有的音调柔和而有节律的哼哼声,爬跨其他母猪,或等待其他母猪爬跨,频频排尿,尤其是公猪在场时排尿更为频繁。发情中期,在性欲高度强烈时期的母猪,当公猪接近时,调其臀部靠近公猪,闻公猪的头、肛门和阴茎包皮,紧贴公猪不走,甚至爬跨公猪,最后站立不动。接受公猪爬跨。管理人员压其母猪背部时,立即出现呆立反射,这种呆立反射是母猪发情的一个关键行为。

公猪一旦接触母猪,会追逐它,嗅其体侧肋部和外阴部,把嘴插到母猪两腿之间,突然往上拱动母猪的臀部,口吐白沫,往往发出连续的、柔和而有节律的喉音哼声,有人把这种特有的叫声称为"求偶歌声",当公猪性兴奋时,还出现有节奏的排尿。

有些母猪表现明显的配偶选择,对个别公猪表现强烈的厌恶,有的母猪由于内激素分泌失调,表现性行为亢进,或不发情和发情不明显。

公猪由于营养和运动的关系,常出现性欲低下,或公猪发生自淫现象,群养公猪,常造成稳固的同性性行为的习性,群内地位低的公猪多被其他公猪爬跨。

六、母性行为

母性行为包括分娩前后母猪的一系列行为,如絮窝、哺乳及其他抚育仔猪的活动等。

母猪临近分娩时,通常以衔草、铺垫猪床絮窝的形式表现出来,如果栏内是水泥地而无垫草,只好用蹄子抓地来表示,分娩前 24 小时,母猪表现神情不安,频频排尿、磨牙、摇尾、拱地、时起时卧,不断改变姿势。分娩时多采用侧卧,选择最安静时间分娩,一般多在下午 4 时以后,特别是在夜间产仔多见。当第一头小猪产出后,有时母猪还会发出尖叫声,当小猪吸吮母猪时,母猪四肢伸直亮开乳头,让初生仔猪吃乳。母猪整个分娩过程中,自始至终都处在放奶状态,并不停地发出哼哼的声音,母乳乳头饱满,甚至奶水流出容易使仔猪吸吮到。母猪分娩后以充分暴露乳房的姿势躺卧,形成一热源,引诱仔猪挨着母猪乳房躺下,授乳时常采取左倒卧或右倒卧姿势,一次哺乳中间不转身,母仔双方都能主动引起哺乳行为,母猪以低度有节奏的哼叫声呼。仔猪哺乳,有时是仔猪以它的召唤声和持续地轻触母猪乳房来发动哺乳,一头母猪授乳时母仔猪的叫声,常会引起同舍内其他母猪也哺乳。仔猪吮乳过程可分为四个阶段,开始仔猪聚集乳房处,各自占据一定位置,以鼻端拱摩乳房,吸吮,仔猪身向后,尾紧卷,前肢直向前伸,此时母猪哼叫达高峰,最后排乳完毕,仔猪又重新按摩乳房,哺乳停止。

母仔之间是通过嗅觉、听觉和视觉来相互识别和相互联系的,猪的叫声是一种联络信息。例如:哺乳母猪和仔猪的叫声,根据其发声的部位(喉音或鼻音)和声音的不同可分为嗯嗯之声(母仔亲热时母猪叫声),尖叫声(仔猪的惊恐声)和鼻喉混声(母猪护仔的警告声和攻击声)三种类型,以此不同的叫声,母仔互相传递信息。

母猪非常注意保护自己的仔猪,在行走、躺卧时十分谨慎,不踩伤、压伤仔猪,当母猪躺卧时,选择靠栏三角地不断用嘴将其仔猪排出卧位慢慢地依栏躺下,以防压住仔猪,一旦遇到仔猪被压,只要听到仔猪的尖叫声,马上站起,防压动作再重复一遍,直到不压住仔猪为止。

带仔母猪对外来的侵犯,先发出警报的吼声,仔猪闻声逃窜或伏地不动,母猪会张合上下颌对侵犯者发出威吓,甚至进行攻击。刚分娩的母猪即使对饲养人员捉拿仔猪也会表现出强烈的攻击行为。这些母性行为,地方猪种表现尤为明显。现代培育品种,尤其是高度选育的瘦肉猪种,母性行为有所减弱。

七、活动与睡眠

猪的行为有明显的昼夜节律,活动大部分在白昼,在温暖季节和夏天。夜间也有活动和采食,遇上阴冷天气,活动时间缩短。猪昼夜活动也因年龄及生产特性不同而有差异,仔猪昼夜休息时间平均 60% ～ 70%,种猪 70%,母猪 80% ～ 85%,肥猪为 70% ～ 85%。休息高峰在半夜,清晨 8 时左右休息最少。

哺乳母猪睡卧时间表现出随哺乳天数的增加睡卧时间逐渐减少,

走动次数由少到多,时间由短到长,这是哺乳母猪特有的行为表现。

哺乳母猪睡卧休息有两种,一种属静卧,一种是熟睡,静卧休息姿势多为侧卧,少为伏卧,呼吸轻而均匀,虽闭眼但易惊醒,熟睡为侧卧,呼吸深长,有鼾声且常有皮毛抖动,不易惊醒。

仔猪出生后3天内,除吸乳和排泄外,几乎全是酣睡不动,随日龄增长和体质的增强活动量逐渐增多,睡眠相应减少,但至40日龄大量采食补料后,睡卧时间又有增加,饱食后一般较安静睡眠。仔猪活动与睡眠一般都尾随效仿母猪。出生后10天左右便开始同窝仔猪群体活动,单独活动很少,睡眠休息主要表现为群体睡卧。

八、探究行为

探究行为包括探查活动和体验行为。猪的一般活动大部来源于探究行为,大多数是朝向地面上的物体,通过看、听、闻、尝、啃、拱等感官进行探究,表现出很发达的探究躯力,探究躯力指的是对环境的探索和调查,并同环境发生经验性的交互作用。猪对新近探究中所熟悉的许多事物,表现有好奇、亲近的两种反应,仔猪对小环境中的一切事物都很"好奇",对同窝仔猪表示亲近。探究行为在仔猪中表现明显,仔猪出生后2分钟左右即能站立,开始搜寻母猪的乳头,用鼻子拱掘是探查的主要方法。仔猪的探究行为的另一明显特点是,用鼻拱、口咬周围环境中所有新的东西。用鼻突来摆弄周围环境物体是猪探究行为的主要方面,其持续时间比群体玩闹时间还要长。

猪在觅食时,首先是拱掘动作,先是用鼻闻、拱、舔、啃,当诱食料合乎口味时,便开口采食,这种摄食过程也是探究行为。同样,仔猪吸吮母猪乳头的序位,母仔之间彼此能准确识别也是通过嗅觉、味觉探查而建立的。

猪在猪栏内能明显地区划睡床、采食、排泄不同地带,也是用鼻的嗅觉区分不同气味探究而形成的。

九、异常行为

异常行为是指超出正常范围的行为,恶癖就是对人畜造成危害或带来经济损失的异常行为,它的产生多与动物所处环境中的有害刺激有关。如长期圈禁的母猪会持久而顽固地咬嚼自动饮水器的铁质乳头。母猪生活在单调无聊的栅栏内或笼内,常狂躁地在栏笼前不停地啃咬着栏柱。一般随其活动范围受限制程度增加则咬栏柱的频率和强度增加,攻击行为也增加,口舌多动的猪,常将舌尖卷起,不停地在嘴里伸缩动作,有的还会出现拱癖和空嚼癖。

同类相残是另一种有害恶癖,如神经质的母猪在产后出现食仔现象。在拥挤的圈养条件下,或营养缺乏或无聊的环境中常发生咬尾异常行为,给生产带来极大危害。

十、后效行为

猪的行为有的生来就有,如觅食、母猪哺乳和性的行为,有的则是后天发生的,如学会识别某些事物和听从人们指挥的行为等,后天获得的行为称条件反射行为,或称后效行为。后效行为是猪生后对新鲜事物的熟悉而逐渐建立起来的。猪对吃、喝的记忆力强,它对饲喂的有关工具、食槽、饮水槽及其方位等,最易建立起条件反射,例如:小猪在人工哺乳时,每天定时饲喂,只要按时给以笛声或铃声或饲喂用具的敲打声,训练几次,即可听从信号指挥,到指定地点吃食。由此说明,猪有后效行为,猪通过任何训练,都可以建立起后效行为的反应,听从人的指挥,达到提高生产效率的目的。

以上猪的十个方面行为特性,为养猪者饲养管理好猪群提供了科学依据。在整个养猪生产工艺流程中,充分利用这些行为特性精心安排各类猪群的生活环境,使猪群处于最优生长状态下,发挥猪的生产潜力,达到繁殖力高、多产肉、少消耗,获取最佳经济效益。

第三节　猪的动物福利

动物福利可以简单地理解为：维持动物生理、心理健康与正常生长所需要的一切事物。18 世纪初，欧洲一些学者提出：动物和人一样有感情，有痛苦，只是它们无法用人类的语言表达见解，这可以说是动物福利思想的起源。动物福利理念建立的前提是：认为动物和人类一样，是有感知、有痛苦、有恐惧、有情感需求的。动物福利的核心内容是：不是我们不能利用动物，而是应该怎样合理、人道地利用动物，要尽量保证这些为人类做出贡献和牺牲的动物享有最基本的权利。如在饲养时给它一定的生存空间，在宰杀运输时尽量减轻他们的痛苦，在做试验时减少它们无谓的牺牲。

欧洲国家在涉及制定动物福利法律法规时，考虑了动物生理福利和心理福利两个方面。动物福利的基本原则是：①不受饥渴的自由——自由接近饮水和饲料，无营养不良，以保持身体的健康和充沛的活力；②生活舒适的自由——必须提供自由合适的环境，无冷热和生理上的不适，不影响正常的休息和活动；③不受痛苦伤害和疾病威胁的自由——饲养管理体系应将损伤和疾病风险降至最小限度，对动物应采用预防或快速诊断和治疗的措施，一旦发生情况时能立即识别并进行处理；④生活无恐惧的自由——确保具有避免精神痛苦的条件，并予以救治，应提供必要条件使动物表现出在物种进化过程中获得强烈动机所要实施的行为；⑤享有表达天性的自由——提供足够的空间，合理的设施及同类动物伙伴。

一、仔猪的福利

1. 剪牙

仔猪出生时锋利的犬牙会造成弱小仔猪的伤害、吸奶时损害母猪的乳头。犬牙一般都被剪掉，剪牙时一般从牙根部把牙剪掉，不能只剪犬牙的尖锐部位，因为用这种方法剪牙时可能会造成牙齿破裂，暴露牙龈，导致慢性牙痛。研究发现，当磨平而不直接剪掉犬牙时，牙齿和牙龈问题将会很少发生。美国一般直接对仔猪进行剪牙，但在瑞典，农民喜欢利用电锉把犬牙锉平，避免了牙的破裂，因电锉只是锉掉犬牙的尖锐部分。欧盟新的法规在规定猪的福利时要求猪的犬牙被磨平或锉平而不是剪掉。

2. 断尾

仔猪的断尾是为了避免咬尾带来的一系列问题。咬尾起初是零散的，但一旦出现将会引发仔猪自相残杀，咬尾行为主要见于群养的生长猪。研究发现，经常有机会拱土的猪很少表现出咬尾行为。在干净、干燥、卫生的环境（提供干草和其他物质以供咀嚼）中猪很少发生咬尾。许多因素会引起猪咬尾，如营养不良、气候恶劣、卫生和通风条件差等，因此，良好的饲养管理和猪舍设备设施，可以预防猪咬尾的发生。断尾可以成功地预防咬尾造成的自残现象。在瑞典，法律上规定禁止对猪断尾并必须提供干净的干草。

3. 去势

仔猪在去势时，特别是在切除睾丸感觉剧烈的疼痛时会发出痛苦的尖叫声，国外研究表明，仔猪在小于 8 日龄且没有使用麻醉药时去势产生的应激反应较大。3 日龄时去势会暂时降低体增重，而在 10 日龄时去势却不会。有局部麻醉时去势要比没有麻醉时去势时心率低，且叫声也更少，这表明麻醉药的使用减少了去势的应激反应。欧盟关于猪福利的新法规规定，去势应该避免痛苦，并且必须在仔猪 7 日龄前由有经验的兽医使用合适的麻醉药条件下进行。

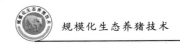

4.断奶

传统的养猪中,仔猪到双月龄左右时才断奶,而且母猪也只有等到合适的时机才重新配种。但当实行工业化养猪后,很小就对仔猪进行断奶,一般在3～4周龄时,也有些猪场还实行超早期断奶或中早期断奶。仔猪的早期断奶,虽然使养猪生产者获得了母猪年生产能力即年产胎数和仔猪数的极大增加,但对仔猪而言,由于消化系统和免疫系统尚未完全发育,对疾病有较大的易感性。因此,对于早期断奶的幼猪来说,采用适口性好和消化率高的饲粮,并研究合适的饲料添加剂就显得比较必要,这些措施会较大地降低下痢和死亡的发生,并能够尽可能提高仔猪的福利。

仔猪需要精心的照料,饲养时应注意:采用无痛阉割技术;断犬牙、打耳号应尽量减少对猪的伤害;混群尽可能要早,断奶前最好;平均断奶时间应与动物健康及福利权衡比较而取舍。

二、生长育肥猪的动物福利

在育肥猪的生产中,直接有害于生产效率的应激状况或错误状况,如饲料营养欠佳,猪舍地表不良,圈栏设计不合理,卫生状况恶劣或群居动物有恃强凌弱的行为,如咬耳、咬腹和咬尾等会导致猪生产性能的降低。

营养缺乏不仅直接降低饲料摄入、生产性能下降,影响猪只存活,还可能会造成相互咬尾等恶习。经常得到饲养管理者善待的猪与很少得到善待的猪相比,前者易于管理,血液中皮质激素水平较低、生长较快,饲养者的态度和举止行为既影响动物福利,也影响动物的生产性能。生长肥育猪的饲养应注意营养的全面、猪舍应分区(采食区、休息区、排粪区)来满足猪群同时侧躺所需要的空间、地面材料和结构应确保猪蹄的健康、当发现有明显不良行为的猪只时应将其转离原群等。

三、母猪的福利

1.限位栏的使用

母猪饲养在限位栏内是为了防止母猪躺卧压死新生仔猪的装置，并可以防止母猪的争斗。分娩栏虽保护了仔猪，但是严重限制了母猪，使其经常呈现无奈地重复行为。母猪失去了在分娩前衔草筑窝的习性和适当活动的空间，对母猪的福利和自由存在极大的妨碍，往往造成很大的应激。英国政府从1999年开始禁止应用这种方式。尽管限位栏可以减少仔猪死亡，但不能消除死亡。通过研究，一种既能保护仔猪，又可以提供母猪更多自由的分娩设施：非关闭式方法饲养目前在英国和其他地区得到商业性的应用。

2.母猪群养与营养

母猪群养是为了改进空怀和怀孕母猪的笼架或拴系饲养，但群养可出现过度的饲料争夺，群居地位高的母猪可以获取多于其应得一份的日粮，而胆怯的和较年轻的母猪刚好相反，且随着母猪的多次组群，饥饿、损伤和慢性恐惧的现象会周而复始地产生。

四、种公猪的动物福利

现代人工选育提高了猪的生长速度、饲料报酬，但同时也降低了猪的福利水平，造成猪体变长、变瘦，容易发生腿病，并且发现猪的生长速度和成活率存在负相关。人工选育高瘦肉率品种可能导致"母猪瘦小症"，从而导致不发情，这些都降低了种猪的福利水平。

种猪限位栏的使用也会影响其福利。在一些工业化育种猪场，种公猪始终饲养在限位栏中，只有在刺激母猪发情和收集精液时才有运动，严重缺乏运动，造成福利水平低下。而种公猪的不良管理使得动物皮质类固醇水平高于良好管理条件下的水平，既导致了新母猪妊娠率降低，又延迟了青年公猪的性发育。因此，可以预期，生产体系若产生较多应激而造成皮质类固醇水平升高,就会降低动物的健康状况、增高动物的死亡率、降低生长率及繁殖性能。

五、运输中猪的动物福利

研究表明,和非运输猪相比,运输猪在上路后5小时内的血浆皮质醇水平保持较高的水平,这说明运输应激是存在的。在装载时猪血浆中皮质醇水平达到最高峰,装载时猪的混合会进一步加剧应激反应,与非混合运输的猪相比,混合运输的猪会增加活动,增加打斗和血浆皮质醇水平。猪在运输途中会发生诸如呕吐、咀嚼、口吐白沫,并不断呼吸空气等晕车现象。为了尽量减少运输中应激,运输前尽量避免饲喂,选择较好的路面,降低运输车震动频率和运输速度,因为这些因素会增加猪的心率。猪对不同类型的应激很敏感。猪在粗糙的路途中皮质醇水平更高。

实际上,善待动物,提供舒适的环境,给予营养完善的饲粮均可明显提高其生产力,减少相互间的争斗,保持它们的健康,提高它们的存活力,最终获益的还是人类。如对准备屠宰的动物,在运输过程中给予较好的通风条件,运输时间适当,在宰前有充分的休息和饮水,在屠宰时采取不使其感觉痛苦的方法,可以明显提高屠体的品质。

关注猪的动物福利有利于生产性能的发挥,浙江金华种猪场保育猪栏的新设计是在休息区上方0.8米左右处挂一些会发出声音的"玩具"(经消毒处理后内放小石子的易拉罐)以满足仔猪嬉闹、玩耍的行为特性,使猪在不紧张、不枯燥的环境中生长。这种方法更体现动物福利和善待动物。浙江金华种猪场加系大约克核心群在5年多的生产实践中充分证明了这一点。

思考题

1. 猪有哪些生物学特征?

2. 猪有哪些行为学特征?

3. 在当前以经济效益为主导的养猪业中,应关注猪的哪些福利?

規模化生态养殖技术

第三章

猪的品种与引种

导　　读　本章首先介绍了猪的经济类型,然后按猪的来源分别介绍了中国地方猪种和国外引进猪种,这些内容为养猪户选择饲养什么样的品种提供了参考,养猪户应因地制宜选择合适的品种。猪的配套系是当前以及今后相当长的时间内国内外生产肉猪的主要种源,它来源于某些品种猪,但是猪的配套系更直接针对商品猪生产,能给养猪生产带来更大的经济效益。猪的选择与引种这一节,可以为养猪企业本场选种或从场外引种提供一些有价值的参考意见,避免盲目引种和选种。猪的经济杂交直接面向商品猪生产,养猪企业可以参考这些经济杂交方式,选用适合本场情况的杂交模式,开展商品猪生产,使本场所饲养的猪群更健康、养殖的效益更高。

第一节　猪的经济类型

　　人们从不同的经济价值考虑,而培育出适合不同市场需求的不同类型的猪种。根据猪的产肉特点和外形特征,大致将猪分为瘦肉型猪、脂肪型猪、兼用型猪三种不同经济类型。纵观世界养猪业品种经济类型的发展,随着经济的腾飞、人们生活水平的提高和对瘦肉需求的增加,逐渐由脂肪型猪向肉脂兼用型猪、再向瘦肉型猪的不断演变。

一、瘦肉型猪

国家标准 GB 8468—87 和 GB 8470—87 规定,瘦肉型猪的胴体瘦肉率至少为 55%,其生长发育快,肥育期短。瘦肉型猪在肥育期有较高的氮沉积能力,生产瘦肉的能力强,能有效利用饲料转化为瘦肉,瘦肉占胴体重 55%～65%。猪的外形特点是:躯体长,胸腿肉发达,身躯呈流线型,体长比胸围长 15～20 厘米,背膘厚 1.5～3.0 厘米,腰背平直,腿臀丰满,四肢结实。在国外,这类猪又分为鲜肉型和腌肉型,丹系长白猪是典型代表。

二、脂肪型猪

脂肪型猪能生产较多的脂肪,一般脂肪占胴体重 45%～50%,胴体瘦肉率仅占 35%～45%,背膘厚 5.0 厘米以上。这种类型的猪成熟早,繁殖力高,耐粗饲,适应性强,肉质好。对蛋白质饲料需要较少,需要较多的碳水化合物饲料,单位增重消耗的饲料较多。猪的外形特点是:体躯宽深而稍短,颈部短粗,下颌沉垂而多肉,四肢短,大腿较丰满,臀宽平厚,胸围大于或等于体长。早年的巴克夏猪是典型的代表。

三、兼用型猪

这种类型猪的体形、胴体肥瘦度、背膘厚度、产肉特性、饲料转化率等均介于瘦肉型猪和脂肪型猪之间,有的偏向于瘦肉型猪,称为肉脂兼用型猪,有的偏向于脂肪型猪,称为脂肉兼用型猪。瘦肉占胴体重 45%～55%,背膘厚 3.0～4.5 厘米。北京黑猪为典型代表。

第二节　中国地方猪种

中国不但是一个养猪大国,同时具有丰富的地方猪种资源。据目前初步统计,全国列入省级以上《畜禽品种志》和正式出版物的地方猪种有近 100 个,列入国家级保护的有 34 个,各省重点保护的也有几十个。

一、中国地方猪种类型

根据猪种来源、地理分布和生产性能等特点,将我国地方猪种划分为六大类型:华北型、华南型、华中型、江海型、西南型和高原型。

1. 华北型

主要分布于秦岭和淮河以北,包括自然区划中的华北区、东北区和蒙新区。主要特点是体躯较大,四肢粗壮;皮厚多皱褶,毛粗密,鬃毛发达;背毛多为黑色,偶在末端出现白斑;冬季密生绒毛;头较平直,嘴筒较长;耳大下垂,额间多纵行皱纹。繁殖力强,经产母猪每窝产仔 12 头以上。代表猪种主要有民猪、八眉猪和淮猪等。

2. 华南型

主要分布于广西壮族自治区、广东省偏南大部分地区、云南省的西南与南部边缘和福建省及台湾省的东南。主要特点是猪体质疏松,早熟易肥,个体偏小,体形呈现矮、短、宽、圆、肥的特点;头较短小,面凹,额部皱纹不多且以横纹为主,耳小直立或向两侧平伸;毛稀,毛色多为黑白花或黑色。繁殖力低,每胎 6～10 头。代表猪种有两广小花猪、滇南小耳猪和海南猪等。

3. 华中型

主要分布于湖南、江西和浙江南部以及福建、广东和广西的北部,安徽、贵州也有分布。主要特点是个体较华南型大,骨较细,背腰较宽,多下凹,毛色以黑白花为主,头尾多为黑色,体躯中部有大小不等的黑斑,个别有全黑色。繁殖力中等以上,每窝产仔 10～13 头,肉质细嫩。代表品种有金华猪、大花白猪和华中两头乌猪等。

4.江海型

主要分布于汉水和长江中下游沿岸以及东南沿海地区。外貌特点是骨骼粗壮,腹较大,皮厚而松且多皱褶,耳大下垂。毛色由北向南由全黑逐步向黑白花过渡,个别有全白者。繁殖性能特好,每窝产仔 13 头以上,高者可达 15 头以上。代表品种有太湖猪、湖北阳新猪、虹桥猪及台湾猪等。

5.西南型

主要分布于四川盆地和云贵高原的大部分地区,以及湘鄂西部。主要特点是体格较大,头大颈短,额部多纵行皱纹,且有旋毛,背腰宽而凹,腹大而下垂,毛色以全黑为多,也有黑白花或红色。产仔不多,每窝8～10 头,屠宰率低,脂肪多。代表品种有内江猪、荣昌猪、乌金猪及关岭猪等。

6.高原型

主要分布于青藏高原。该型猪属小型晚熟品种,主要特点是体形紧凑,背窄而微弓,腹紧凑不下垂;臀、大腿较倾斜,欠丰满;头狭长呈锥形,嘴小,耳小竖立,形似野猪。背毛长密,鬃毛发达,毛色多为全黑,少数为黑白花和红色。产仔极少,每窝产仔 5～6 头。生长缓慢,屠宰率低,胴体中瘦肉多,适应高寒气候。代表猪种有藏猪等。

二、中国地方猪种代表品种介绍

(一)民猪

1.产地及分布

原产于东北和华北部分地区。现有繁殖母猪近 2 万头,广泛分布于辽宁、吉林、黑龙江和河北北部等地区。

2.体型外貌

全身被毛黑色,体质强健,头长中等,面直,耳大下垂,体躯扁平,背腰狭窄,臀部倾斜,四肢结实粗壮。民猪分为大、中、小三种类型。体重在150千克以上的大型猪称大民猪;体重在95千克左右的中型猪称为二民猪;体重在65千克左右的小型猪称荷包猪。

3.生产性能

在体重18～90千克肥育期,日增重458克左右。体重90千克时屠宰率为72%左右,胴体瘦肉率为46%。成年体重:公猪200千克,母猪148千克。公猪一般于9月龄,体重90千克左右时配种;母猪于8月龄,体重80千克左右时初配。初产母猪产仔数11头左右,3胎以上母猪产仔数13头左右。

4.利用

民猪与其他猪正反交都表现较强的杂种优势。以民猪为基础分别与约克夏、巴克夏、苏白、克米洛夫和长白猪杂交,培育成哈白猪、新金猪、东北花猪和三江白猪,均能保留民猪的抗寒性强、繁殖力高和肉质好的优点。

5.评价

民猪具有抗寒力强,体质强健,产仔数多,脂肪沉积能力强和肉质好的特点,适合放牧及较粗放管理,与其他品种猪杂交,杂种优势明显。但脂肪率高,皮较厚,后腿肌肉不发达,增重较慢。

(二)两广小花猪

1.产地及分布

原产于广东、广西,是由陆川猪、福建猪、东莞猪和两广小花猪归并,1982年起统称为两广小花猪。

2.体型外貌

体型较小,具有头短、耳短、颈短、脚短、尾短的特点,故有"五短猪"之称。毛色除头、耳、背、腰、臀为黑色外,其余均为白色,耳小向外平深。背腰凹,腹大下垂。

3.生产性能

成年公猪平均体重 130.96 千克,成年母猪平均体重 112.12 千克;75 千克屠宰时屠宰率为 68% 左右,胴体瘦肉率 37.2%;肥育期平均日增重 328 克;性成熟早,平均每胎产仔 12.48 头。

4.评价

具有皮薄、肉质嫩美的优点,但生长速度较慢,浪费饲料严重,体型偏小。

(三)中国小型猪

1.产地及分布

目前已开发利用的主要有产于贵州和广西交界处的香猪;产于西藏自治区的藏猪;产与海南省的五指山猪(老鼠猪);产于云南省西双版纳的微型猪,这是云南农大和西双版纳种猪场合作,在滇南小耳猪的基础上选育而成的小型猪。

2.生物学特性

体型小发育慢,6 月龄体重在 20~30 千克,平均日增重 120~150克;性成熟早,一般 3~4 月龄性成熟,繁殖力强;抗逆性强,对不良的生态和饲料条件有较强的适应能力;产仔数少,一般为 5~6 头。

3.评价

一是作为实验动物。由于猪和人在生理解剖、营养代谢、生化指标等特征上有较大的相似性,尤其是心血管系统结构与人更为相似,所以小型猪是研究人类疾病预防和治疗的理想实验动物。二是制作烤乳猪。小型猪早熟,肉嫩味美,皮薄骨细,加工成的烤乳猪无腥味,外焦里嫩,别具风味。所以,小型猪是我国的宝贵品种资源。

(四)太湖猪

1.产地及分布

原产于江苏、浙江、上海等地,由二花脸猪、梅山猪、枫泾猪、米猪、沙乌头猪、嘉兴黑猪和横泾猪等地方类型猪组成,1973 年开始统称为太湖猪。

2.体型外貌

太湖猪体型中等,各类群间有所差异。其中以梅山猪较大,骨骼粗壮;米猪骨骼细致;二花脸猪、枫泾猪、横泾猪和嘉兴黑猪介于两者之间;沙乌头猪体质比较紧凑。太湖猪头大额宽,额部皱纹多且深,耳大下垂,耳尖与嘴筒齐或超过嘴端,背腰微凹,胸较深,腹大下垂,臀部较高而倾斜。全身背毛黑色或灰色,被毛稀疏,四肢末端白色,俗称"四白脚"。乳头数 8～9 对。

3.生产性能

生长速度较慢,6～9 月龄体重 65～90 千克,屠宰率 67％左右,胴体瘦肉率 39.90％～45.08％,成年公猪体重 140 千克;母猪体重 114千克。产仔数平均为 15.8 头,3 月龄可达到性成熟,泌乳力强,哺乳率高。

4.评价

由于太湖猪以其繁殖力高而著称于世,所以许多国家如法国、美国、匈牙利、朝鲜、日本、英国等国家都引进太湖猪与其本国猪种进行杂交,以提高本国猪种的繁殖力。

(五)宁乡猪

1.产地及分布

原产于湖南省宁乡县的草冲和流沙河一带。现在主要分布于宁乡、益阳、安化、怀化及邵阳等县、市。

2.体型外貌

宁乡猪分"狮子头"、"福字头"、和"阉鸡头"三种类型。头中等大小,额部有横纹皱褶,耳小下垂,颈粗短,背凹陷,腹部下垂,斜臀,四肢粗短,多卧系。被毛短而稀,毛色为黑白花,分为"乌云盖雪"、"大黑花"和"小黑花"三种。

3. 生产性能

体重 22～96 千克阶段,日增重 587 克。体重 90 千克左右时屠宰率为 74%,胴体瘦肉率 35% 左右。成年公猪体重 113 千克左右开始配种。初产母猪产仔数 8 头左右,经产母猪产仔数 10 头左右。

4. 评价

具有早熟易肥、脂肪沉积能力强和性情温顺等特点。用它与长白猪进行正反杂交,都具有杂种优势。

(六)金华猪

1. 产地及分布

金华猪产于浙江省金华地区的义乌、东阳和金华。

2. 体型外貌

体型不大,凹背,腹下垂,臀宽而斜,乳头 8 对左右。

3. 生产性能

成年公猪体重 140 千克,成年母猪体重 110 千克,8～9 月龄肉猪体重为 63～76 千克,屠宰率 72%,10 月龄胴体瘦肉率 43.46%,产仔数平均 13.78 头。

4. 评价

具有性成熟早,繁殖力高,肉质好,适宜腌制优质金华火腿及腌用肉。缺点是,肉猪后期生长慢,饲料利用率较低。

(七)内江猪

1. 产地及分布

主要产于四川省的内江、资中、简阳等市、县,主要饲养单位为内江市中区猪场。

2. 体型外貌

内江猪体型大,体质疏松,头大嘴短,额角横纹深陷成沟,耳中等大,下垂,体躯宽深,背腰微凹,腹大,四肢较粗壮。皮厚,全身被毛黑色,鬃毛粗长。

3.生产性能

在农村低营养饲养条件下,体重 10～80 千克阶段,日增重 226 克,屠宰率 68％,胴体瘦肉率 47％。在中等营养水平下限量饲养,体重 13～91 千克阶段,日增重 400 克,体重 90 千克时屠宰率 67％,胴体瘦肉率 37％。公猪成年体重约 169 千克,母猪成年体重约 155 千克。公猪一般 5～8 月龄初次配种,母猪一般 6～8 月龄初次配种,初产母猪平均产仔数 9.5 头,3 胎及 3 胎以上母猪平均产仔 10.5 头。

4.评价

内江猪对外界刺激反应迟钝,对逆境有良好适应性,在我国炎热的南方和寒冷的北方都能正常繁殖生长。另外,用内江猪与其他猪进行杂交,都能表现良好的杂种优势。因此,内江猪是我国华北、东北、西北和西南等地区开展猪杂种优势利用的良好亲本之一。

(八)荣昌猪

1.产地及分布

荣昌猪产于四川省荣昌和隆昌。主要分布于永川、泸县、泸州、宜宾和重庆市。

2.体型外貌

体型较大,头中等大,面微凹,耳中等大,下垂,额部有横纹且有旋毛。背腰微凹,腹大而深,臀稍倾斜。四肢细致、结实。除两眼四周、头部有大小不等的黑斑外,被毛均为白色。

3.生产性能

成年公猪体重平均 158 千克,成年母猪平均体重 144 千克。体重 87 千克时屠宰率 69％,胴体瘦肉率 39％～46％。公猪 5～6 月龄可用于配种,母猪 7～8 月龄、体重 50～60 千克时可初次配种。在农村,初产母猪产仔数 7 头左右,3 胎及 3 胎以上母猪平均产仔数 10.2 头;在选育群中,初产母猪平均产仔数 8.5 头,经产母猪平均产仔数 11.7 头。

4.评价

具有适应性强、瘦肉率较高、配合力较好和鬃质优良等特点,用它

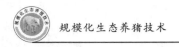

与其他品种猪杂交,杂种优势明显,是地方品种资源中的优良品种。

第三节　国外引进猪种

一、大白猪

(一)产地与分布
原产于英国约克郡及其邻近地区,又称大约克夏猪。它是目前在世界上分布最广的瘦肉型猪种之一,在全世界猪种中占有重要地位。

(二)体型外貌
体大,毛色全白,少数额角皮上有小暗斑,颜面微凹,耳大直立,背腰多微弓,四肢较高。平均乳头数 7 对。

(三)生产性能
在我国饲养的大白猪,母猪初情期 5 月龄左右,一般于 8 月龄体重达 120 千克以上配种。初产母猪产仔 9～10 头,经产母猪产仔 10～12 头,产活仔数 10 头左右,成年公猪体重 250～300 千克,成年母猪体重 230～250 千克。肥育猪在良好的饲养条件下(农场大群测定),日增重 855 克,胴体瘦肉率 61%。各地因饲料水平与饲养条件不同而有所差异。

约克夏猪也叫大白猪,原产于英国,分布在世界各地。大约克夏猪头长,额面宽且呈中等凹陷,嘴巴微向上翘,耳大直立,毛色全白,体格大,体形匀称、呈长方形,背腰多微弓,四肢粗壮且较高,乳头 7 对左右,乳头较小。大约克夏猪生长较快,饲养条件越好长得越快。

(四)评价

具有增重快、饲料利用率高、繁殖性能高、肉质好的特点,经过多年的驯化已基本适应我国的条件。用大白猪作父本,与我国的地方品种猪杂交,其一代杂种猪日增重和胴体瘦肉率较母本都有较大幅度的提高,杂种猪(大白猪×太湖猪)日增重的杂种优势率17.40%。在国外三元杂交中大白猪常用作母本,或第一父本。

二、长白猪

(一)产地与分布

产于丹麦,在世界上广泛分布。目前瑞典、法国、美国、德国、荷兰、日本、澳大利亚、新西兰、加拿大等国都有该猪,并各自选育,相应地称为该国的"系",但具代表性的还是丹麦长白猪。我国1964年首次从瑞典引入。以后陆续从多国引入,现全国均有分布。

(二)体型外貌

全身白色,体躯呈流线型,耳向前平伸,背腰比其他猪都长,全身肌肉附着多,乳头7~8对。

(三)生产性能

成年公猪体重为246.2千克,成年母猪为218.7千克。母猪初产仔10~11头,经产仔11~12头。肥育猪在良好条件下,日增重可达950克,胴体瘦肉率60%~63%,各地依来源不同,饲养水平不同,有较大的差异。

(四)评价

具有生长快,省饲料、瘦肉率高,母猪产仔多,泌乳性能好等优点。

用长白猪作父本,与我国猪种进行杂交,杂交效果明显,能显著提高我国猪种的生长速度和瘦肉率。但是长白猪具有体质较弱,抗逆性差,对饲养条件要求高等缺点。

长白猪原产于丹麦,在世界上的影响仅次于大约克夏猪。长白猪头较长,颜面直,嘴筒长,耳大前倾,背毛全白,体格较大,体侧长深,腹线平直紧凑,肢体较高,大腿丰满充实,皮薄、骨细实,乳头 6～7 对,乳头较细。

三、杜洛克猪

(一)产地与分布

原产于美国纽约州。1978 年我国首次从英国引入,以后陆续从美国、匈牙利、日本较大数量地引入。现分布于全国。

(二)体型外貌

毛色为红棕色,从金黄色到暗红色,深浅不一,耳中等大且下垂,颜面微凹。体躯深广,肌肉丰满,四肢粗壮。

(三)生产性能

成年公猪体重 340～450 千克,母猪体重为 300～390 千克。母猪产仔 8～9 头。生长育肥猪 20～90 千克阶段,日增重 760 克。屠宰率 74.38%,膘厚 1.86 厘米,胴体瘦肉率 62%～63%。

(四)评价

适应性强,对饲料要求较低,喜食青绿饲料,能耐低温;对高温耐力差。适宜作为"洋三元"的终端父本。

杜洛克猪适应性强,对饲料要求低,喜食青绿饲料,能耐低温,但对高温的耐力较差。杜洛克是大型猪种之一。杜洛克猪头中等大,颜面微凹,耳中等大,耳尖下垂,被毛红棕色,从金黄色到暗红色,深浅不一,体躯、深广,背腰较宽,肌肉丰满,肢体粗长,乳头 6 对。杜洛克猪生长发育较快,公猪 6 月龄体重达 101.1 千克。

四、汉普夏猪

(一)产地与分布

原产于美国,是北美分布较广的品种,目前在美国数量仅次于杜洛克猪,占第二位。我国 1934 年首次少量引入,作为与其他国外品种对比。1978 年陆续从匈牙利、美国引入数百头。

(二)体型外貌

毛色特征突出,即在肩颈接合部有一白带(包括肩和前肢),其余均为黑色,故有"银带猪"之称。尾、蹄可允许有白色,但若体躯白色超过 2/3,或头部有白色,或上半身有旋毛或红毛,都属美国登记协会规定的不合格特征。从体型上看,汉普夏猪体型较大,耳中等且直立,嘴长而直,体躯较长,四肢稍短而健壮,背腰微弓,后躯肌肉丰满,乳头 6 对以上。

(三)生产性能

成年公猪体重 315～410 千克,成年母猪体重 250～340 千克。母猪初产仔 7～8 头,经产 9～10 头。肥育猪在良好条件下,日增重 725～845 克,胴体瘦肉率 61％～62％,屠宰率 73.05％,各地因饲养水平不同而有所差异。

(四)评价

具有瘦肉率高,眼肌面积大,胴体品质好等优点。以汉普夏作父本,地方品种猪作母本杂交,能显著提高商品猪的瘦肉率。河北省就以

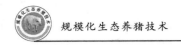

汉普夏作终端父本,组建了河北省的冀合白猪杂优猪。但是,汉普夏猪与其他瘦肉型猪比较,存在着生长速度慢、饲料报酬差的缺点。

五、皮特兰猪

(一)产地与分布

原产于比利时的布拉特地区的皮特兰村,是用当地一种黑白斑土种猪与法国引进的贝叶猪杂交,再与泰姆沃斯猪杂交选育而成。1950年作为品种登记,是近10年来欧洲较为流行的猪种。我国上海农业科学院畜牧兽医研究所在20世纪80年代首次从法国引进。以后其他省、直辖市亦多次引进。

(二)体型外貌

被毛是大块黑白花、灰白花斑且有旋毛,耳中等大,稍向前倾,体躯短,背腰宽,眼肌面积大,后腿丰满。

(三)生产性能

一般产仔10头左右,生长发育和饲料利用率一般。但背膘薄,胴体瘦肉率很高,一般为70%。其缺点是生长缓慢,尤其是体重90千克以后显著减慢。肉质不佳,肌纤维较粗,氟烷测验阳性率高达88%。

(四)评价

胴体瘦肉率高,但生长缓慢,肉质不佳,易发生灰白肉。所以利用皮特兰猪进行杂交时,常把皮特兰猪与杜洛克猪或汉普夏猪杂交,杂交后代公猪作为杂交系统的终端父本,这样既可提高商品猪的瘦肉率,又可防止灰白肉的出现。

第四节 猪的配套系

一、配套系的定义、优点及其形成

配套系是为了使期望的性状取得稳定的杂种优势而利用各品种猪建立的繁育体系，或者简称配套系就是一个繁育体系。这个体系基本由原种猪、祖代猪、父母代猪以及商品代猪组成，其中的原种猪又称为曾祖代猪。

配套系是指一些专门化品系经科学测定之后所组成的固定杂交繁殖、生产的体系，在这个体系中，由于各系种猪所起的作用不同，因此在体系中必须按照固定的杂交模式生产而不能改变，否则，就会影响商品猪的生产性能。

配套系是一个特定的繁育体系，这个体系中包括纯种（系、群）繁育和杂交繁育两个环节；配套系有严密的代次结构体系，以确保加性效应和非加性效应的表达；配套系追求的目标是商品代肉猪的体质外貌、生产性能及胴体品质的完美和良好整齐度。

配套系猪育种的实践中，可以基于以上模式有多种形式，或多于四个系，如五个系的 PIC 配套系猪、斯格配套系猪，或少于四个系，如三个系的达兰配套系猪。

配套系猪通常有 3～5 个专门化品系组成，各专门化品系基本来源于几个品种：长白猪、大白猪、杜洛克猪、皮特兰猪等，各猪种改良公司分别把不同的专门化品系用英文字母或数字代表。随着育种技术的进步，各专门化品系除了上述纯种猪之外，近年来还选育了合成类型的原种猪，这样的专门化品系选育过程基本经历了猪种改良公司的选育，分别按照父系和母系的两个方向进行选育，父系的选育性状以生产速度，饲料利用率和体形为主,而母系的选育以产仔数、母性为主。这些理论为培育专门化品系指明了方向,在养猪业中,品种概念逐渐被品系概念所替代。

配套系猪与现行的三元杂交猪的差别在于期望性状(如产仔头数、生长速度、饲料转化率等)可以获得比通常的三元杂交(或多种杂交方式)更加稳定的杂种优势,其终端产品的商品肉猪具有通常的三元杂交猪无法相比的高加工品质:整齐划一,屠宰率、分割率高等,这些优秀的品质是通过配套的体系(从原种、祖代、父母代直到商品代)实现的。

配套系猪种有4大优势:

1. 瘦肉率更高

配套系瘦肉率在65%～70%之间,"洋三元"在60%～65%之间。

2. 繁殖能力更强

配套系一胎产仔12头以上,两年5胎,"洋三元"一胎8～9头,一年2胎。

3. 生长周期更短

配套系长到90～100千克需160天左右,"洋三元"则需170天左右。

4. 成本更低

配套系每长1千克肉消耗约2.8千克饲料,而"洋三元"消耗3.5千克左右。

配套系猪是养猪业发展中的新事物,它的出现是基于生物种内不同品种(种群)生物杂交的后代,在许多经济性状上,有超过其父母平均值倾向的现象,即杂种优势现象,猪也是这样,由于杂种优势的存在,人们力图通过最简单的办法获得并代代相传,以提高生产效率,但遗传学理论和实践证明,杂种优势是无法通过自群繁殖的方式代代相传,于是,聪明的人想通过一定的体系获得和保持杂种优势,并根据市场的需求,不断发展和提高杂种优势的水平,这个想法首先在粮食生产中得到实现,杂种优势在农业生产中大显身手,大幅度提高了粮食产量。这种现象引起养猪人的关注,国外的猪育种公司从20世纪的六七十年代就研究配套系猪育种,并在八九十年代推出商业化配套系猪种,在养猪生产中逐步推广,配套系猪曾有混交种、杂优猪等称呼。我国适时从国外引进了配套系种猪,通过长期的饲养和研究,国内的种猪公司也开展配套系猪的选育。目前世界上的主要配套系猪都已经落户我国,并在生产中起到积极作用。

二、引进配套系

(一)PIC 配套系猪

PIC 配套系猪是 PIC 种猪改良公司选育的世界著名配套系猪种之一,PIC 公司是一个跨国种猪改良公司,目前总部设在英国牛津。PIC 中国公司成立于 1996 年,在 1997 年 10 月从 PIC 英国公司遗传核心群直接进口了五个品系共 669 头种猪组成了核心群,开始了 PIC 种猪的生产和推广,经过长期的饲养实践证明,PIC 种猪及商品猪符合中国养猪生产的国情。

1. PIC 配套系猪配套模式与繁育体系

PIC 配套系猪配套模式与繁育体系见图 3-1。

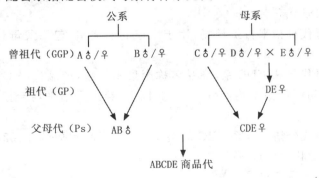

图 3-1　PIC 配套系猪配套模式与繁育体系

2. 曾祖代原种各品系猪的特点

PIC曾祖代的品系都是合成系,具备了父系和母系所需要的不同特性。

A系瘦肉率高、不含应激基因、生长速度较快、饲料转化率高,是父系父本。

B系背膘薄,瘦肉率高,生长快,无应激综合征,繁殖性能同样优良,是父系母本。

C系生长速度快,饲料转化率高,无应激综合征,是母系中的祖代父本。

D系瘦肉率较高,繁殖性能优异,无应激综合征,是母系父本或母本。

E系瘦肉率较高,繁殖性能特别优异,无应激综合征,是母系母本或父本。

3. 祖代种猪

祖代种猪提供给扩繁场使用,包括祖代母猪和公猪。

祖代母猪为DE系,由D系和E系杂交而得,毛色全白。初产母猪平均产仔10.5头以上,经产母猪平均产仔11.5头以上。

祖代公猪为C系。

4. 父母代种猪

父母代种猪来自扩繁场,用于生产商品肉猪,包括父母代母猪和公猪。

父母代母猪CDE系,商品名称康贝尔母猪,产品代码C22系,被毛白色,初产母猪平均产仔10.5头以上,经产母猪平均产仔11.0头以上。

父母代公猪AB系,PIC的终端父本,产品代码为L402,被毛白色,四肢健壮,肌肉发达。

5. 终端商品猪

ABCDE是PIC五元杂交的终端商品肉猪,155日龄达100千克体重;育肥期饲料转化率1:(2.6～2.65),100千克体重背膘小于16毫米;胴体瘦肉率 66％;屠宰率 73％;肉质优良。

PIC 公司拥有足够的曾祖代品系,在五元杂交体系中,根据市场和客户对产品的不同需求,进行不同的组合用以生产祖代、父母代以及商品猪。目前 PIC 中国公司的父母代公猪产品主要有 L402 公猪,陆续推出的新产品有 B280、B337、B365 以及 B399 等;父母代母猪除了 PIC 康贝尔 C22 以外,将陆续供应市场的还有康贝尔系列的 C24、C44 父母代母猪等。

(二)迪卡配套系

北京养猪育种中心 1991 年从美国引入迪卡配套系种猪 DEK-ALB,它是美国迪卡公司在 70 年代开始培育的。迪卡配套系种猪包括曾祖代(GGP)、祖代(GP)、父母代(PS)和商品杂优代(MK)。1991 年 5 月,我国由美国引进迪卡配套系曾祖代种猪,由五个系组成,这五个系分别称为 A、B、C、E、F。这五个系均为纯种猪,可利用进行商品肉猪生产,充分发挥专门化品系的遗传潜力,获得最大杂种优势。迪卡猪具有产仔数多、生长速度快、饲料转化率高、胴体瘦肉率高的突出特性,除此之外,还具有体质结实、群体整齐、采食能力强、肉质好、抗应激等一系列优点。产仔数初产母猪 11.7 头,经产母猪 12.5 头。达 90 千克体重日龄为 150 天,料肉比 2.8:1,胴体瘦肉率 60％,屠宰率 74％。

(三)斯格配套系

斯格遗传技术公司是世界上大型的猪杂交育种公司之一。斯格猪配套系育种工作开始于 60 年代初,已有 40 年的历史。他们一开始是从世界各地,主要是欧美等国,先后引进 20 多个猪的优良品种或品系,作为遗传材料,经过系统的测定、杂交、亲缘繁育和严格选择,分别育成了若干个专门化父系和母系。这些专门化品系作为核心群,进行继代选育和必要的血液引进更新等,不断地提高各品系的性能。目前育成的 4 个专门化父系和 3 个专门化母系可供世界上不同地区选用。作为母系的 12 系、15 系、36 系三个纯系繁殖力高,配合力强,杂交后代品质均一。它们作为专门化母系已经稳定了近 20 年。作为父系的 21 系、23 系、33 系、43 系则改变较大,其中 21 系产肉性能极佳,但因为含有纯合的氟烷基因利用受到限制。其他的三个父系都不含氟烷基因,23 系的产肉性能极佳;33 系在保持了一定的产肉性能的同时,生长速度很快;43 系则是根据对肉质有特殊要求的美洲市场选育成功的。河北斯格种猪有限公司根据中国市场的需要选择引进 23、33 这两个父系和 12、15、36 这三个母系组成了五系配套的繁育体系,从而开始在我国繁育推广斯格瘦肉型配套系种猪和配套系杂交猪。

(四)达兰配套系

目前,荷兰有 5 家专业生产种猪的公司,有 5 个配套系模式:父系应用杜洛克、皮特兰、大白;母系应用大白、荷兰长白和芬兰长白合成。根据中国政府和荷兰政府协定,在北京西郊共同建立"中荷农业部——北京畜牧示范培训中心",该中心所属一个种猪场,饲养荷兰达——斯坦勃公司育成的配套系种猪。属于四系配套的配套系种猪。

三、我国目前已形成的配套系猪

(一)罗牛山瘦肉猪配套系Ⅰ系

根据市场需求和实际条件,利用引进优良猪种资源,创建了罗牛山瘦肉猪配套系Ⅰ系,主要经济性状指标为,商品代肉猪 162 日龄达 100 千克体重,胴体瘦肉率 67%,肉质优良,父母代产仔数、产活仔数 10.35 头、9.81 头。

(二)中育配套系

北京养猪育种中心经过十年的开拓和发展,运用现代育种理论和配套系技术,培育出了具有国际先进水平、适应中国市场需求的中育配套系。中育 1 号拥有 2 个祖代育种场,2 个父母代场,于 2001 年开始推出中育配套系系列中试产品。已经销售到黑龙江、辽宁、吉林、天津、河北、河南、山东、内蒙古、宁夏、甘肃、新疆、青海、海南、广东、湖南、湖北等 28 个省市和自治区,产生了良好的经济效益和社会效益。中育 1 号配套模式确定为四系配套,商品猪命名为中育 1 号(Chinese Breed 01)。CB01 达 100 千克体重日龄为 147.40 天,背膘厚为 13.32 毫米,饲料转化率为 2.27,瘦肉率 66.34%。

(三)冀合白猪配套系

冀合白猪配套系包括 2 个专门化母系和 1 个专门化父系。母系 A 由大白猪、定县猪、深县猪三个品系杂交而在,母系 B 由长白猪、汉沽黑猪和太湖猪、二花脸三个品系杂交合成。父系 C 则是由 4 个来源的美系汉普夏猪经继代单系选育而成。冀合白猪采取三系配套、两级杂交方式进行商品肉猪生产。选用 A 系与 B 系交配产生父母代 AB,AB 母猪再与 C 系公猪交配产生商品代 CAB 并全部育肥。商品猪全部为白色。其特点是母猪产仔多、商品猪一致性强、瘦肉率高、生长速度快。

A、B 两个母系产仔数分别为 12.12 头、13.02 头,日增重分别为 771 克和 702 克,瘦肉率分别为 58.26% 和 60.04%。父系 C 的日增重 819 克,料肉比 2.88∶1,瘦肉率 65.34%。父母代 AB 与父系 C 杂交,产仔数达 13.52 头,商品猪 CAB154 日龄达 90 千克,日增重 816 克,瘦肉率 60.34%。

第五节 猪的选择与引种

一、种猪的选择

选种是一门学问,俗话说,行家看门道,外行看热闹。对公猪与母

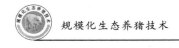

猪的选择,要求是不一样的。

(一)生产性能关

1.公猪的选择

(1)系谱记录　从系谱记录上要选择无隐睾、阴囊疝、脐疝等遗传缺陷的种猪后代,出生体重在同一窝中较大的、生长速度较快的优秀个体。

(2)外形选择　过去育种技术水平落后时,大部分都采用外形选择,公猪应选择四肢粗壮、结实,睾丸对称饱满,体形健壮、腮肉少,臀部丰满、包皮较小的个体。如果是种猪场,挑选公猪时还应该注意公猪的乳头排列,血统要尽量多。经验告诉我们,公猪一定要选择淘气一些的。一般眼光有神、活泼好动、口有白沫的公猪性欲都较旺盛。

(3)遗传育种值　如果有种猪性能测定成绩的,要选择 EBV 值大的,说明该猪综合性能较好的。如果体重较大,一定要选择有性欲表现的,最好是花高价钱购买采过精液、检查过精液品质的公猪,这样,可以做到万无一失。

2.母猪的选择

选择母猪的要求与公猪不同,因为母猪注重的是繁殖性能,所以要选择身体匀称,背腰平直,眼睛明亮而有神,腹宽大而不下垂的个体,同时,骨骼要结实,四肢有力,乳头排列整齐,有效乳头数在 6 对以上。

(二)免疫关

种猪要求健康、无任何临床病征和遗传疾患(如脐疝等)。选猪前应对目标场及该地区的疫病流况进行了解,避免从疫区引进种猪。必要时可对一些可能存在的传染病进行实验室化验,以排除某些疫病隐性感染的可能性。

(三)环境适应关

实践中大多数引种者往往只重视品种自身的生产性能指标,而忽视品种原产地的生态环境,因而引种后常常达不到预想的结果。所以,场引种时还要把好种猪的环境适应关,引种时要综合考虑本场与供种场在区域大环境和猪场小环境的差别,尽可能地做到本场与供种场的环境的一致性。所以,这就要求我们引种时不宜舍近求远。

二、种猪的引进

(一)引进品种

国内种猪市场上外来瘦肉型品种主要有:纯种猪、二元杂种猪及配套系猪等,引种时主要考虑本场的生产目的即生产种猪还是商品猪,是新建场还是更新血缘,不同的目的引进的品种、数量各不相同。

1. 生产种猪

一般需引进纯种猪,如大白、长白、杜洛克,可生产销售纯种猪或生产二元杂种猪。

2. 生产商品猪

小规模养殖户可直接引进二元杂种母猪,配套杜洛克公猪或二元杂种公猪繁殖三元或四元商品猪;大规模养猪场可同时引入纯种猪及二元母猪。纯种猪用于杂交生产二元母猪,可补充二元母猪的更新需求,避免重复引种,二元杂种猪直接用于生产商品猪。也可直接引入纯种猪进行二元杂交,二元猪群扩繁后再生产商品猪。这种模式的优点一是投资成本低,二是保证所有二元品种纯正,三是猪群整齐度高。缺点是见效慢,大批量生产周期长。

(二)引种的时间、体重、数量

1. 时间

新建场引种时要在建场前考察良种场家,一般依据引种数量多少先建 1~2 栋母猪舍,隔离封闭消毒后就可进行引种。它的缺点是不利于防疫,或各种设备及设施不完善,不便开展工作;优点是至少提前半年见效益,引种应避开养猪效益高峰年,这时引种,种猪挑选余地小,而且价位较高,引种后繁殖的后代很可能又进入下一个低谷期。引进种猪数量较多时,应分批进行,以增加选择强度和便于有计划地配种,尽可能均衡生产。

2.体重

引进种猪并不是体重越大越好,一般在45～60千克较为理想,而且,如果全年均衡产仔,还要把体重距离拉开,以便分批配种。体重太小,种猪的生长发育未完全,不好确定性成熟时体形到底好不好,也有一些缺陷尚未表露出来,尤其是公猪,最少也要买70千克以上的。体重太大,长途运输容易出麻烦,稍有些拥挤、挤压,还容易造成猪只四肢麻木。

3.数量

要更新血缘可引进少量公猪母猪,达到增加或更新血缘的目的即可;如果新建场也不要按生产规模全部购入,引种数量为本场总规模的1/5～1/4较适宜;一般引种头数要比最大母猪容积量多15%,因为种猪在生产过程中由于各种原因会造成淘汰,如不多引种15%,会造成产房等设施不能满负荷生产,降低使用率。一般猪场采用本交时公、母猪的比例为1:(20～25),但往往引进公猪时相对要多于此比例,以免个别公猪不能用时,耽误母猪配种,增加母猪的无效饲养日。

(三)引种时猪场的选择

选择适度规模、信誉度高、有《种畜生产经营许可证》、有足够的供种能力,且技术水平较高的场家。

(1)选择场家要把种猪的健康放在第一位,必要时在购种前进行采血化验,合格后再进行引种。一般建场时间短,并且种猪来源于国外的疫病较少。

(2)种猪的系谱要清楚。

(3)选择售后服务较好的场家。

(4)尽量从一家猪场选购,否则会增加带病的可能性。

（5）选择场家应先进行了解或咨询后，再到场家与销售人员了解情况，切忌盲目考察，以免看到一些表面现象，看到的猪可能只是一些"模特猪"。

（四）选择种猪时的注意事项

选种时注意公母猪的血缘关系（搞杂交除外），纯繁时与配公母猪尽量不要有血缘关系。引种数量较大时，每个品种公猪血统不少于5个，且公母比例、血缘分布适中。

选择的种猪应符合本品种特征，全身无明显缺陷，种猪肢蹄、体尺、发育、乳头评分良好；对母猪的外阴、乳头、腹线，公猪的睾丸、包皮、性欲要重点观察。值得注意的是选择母猪时，那些"体形优美"者往往繁殖力不高。

最好由有多年实践经验的养猪专业人员进行选种。

如选择的种猪是测定猪群的，要选择育种值高的特级猪（可能价格也高）。

选种时要心中有标准，切忌进行比较，容易选"花眼"。对父本的选择要严格一些。

挑选的种猪必须带有耳号，并附带耳标、免疫标志牌。

（五）引种前的准备

尽可能在隔离舍饲养引进的种猪，但隔离舍必须保证干净，最好是从来没有装过猪，或者应把隔离舍彻底清洗、消毒、晾干后再进行引种。

引进的种猪要有活动场所，最好是土地面，每天应进行适当的运动，保证肢蹄的健壮。

进猪前饮水器及主管道的存水应放干净，并且保证圈舍冬暖夏凉。

准备一些药物及饲料，药物以抗生素为主（如痢菌净、支原净、阿莫西林、土霉素、爱乐新、氟苯尼考等），预防由于环境及运输应激引起的呼吸系统及消化系统疾病。最好从场家购买一些全价料或预混料，保证有一周的过渡期，有条件的可准备一些青绿多汁饲料，如胡萝卜、白

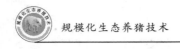

菜等。

引种前要有卸猪台或卸猪架,或者堆一堆与车高度相同的细沙。

(六)运输时的注意事项

运输方式一般有汽运、空运、铁路运输等,常见的为汽车运输。

引种时要有运输经验的专业人员押车。

运输前应准备好《动物运载工具消毒证明》、《出县境动物检疫合格证明》、《五号病非疫区证明》、《猪免疫卡》、种猪的系谱、发票、对方场的免疫程序、购种合同、饲料配方,个别省市还需要引种方畜牧部门出具的"引种证明"。

运输车辆要有专门的隔栏,防止途中挤压。车底板最好装有苇帘、稻草或麦麸皮,防止肢蹄损伤。

最好用专门运输车辆,防止车辆带病传染种猪,在装猪前12小时用消毒液对车辆及用具进行两次以上彻底消毒。车辆应配备手电、水桶等备用物品。

装猪前最好注射一支长效抗生素(如长效土霉素),应激敏感种猪可注射镇静剂(如盐酸氯丙嗪)。

长途运输每个隔栏的猪不宜过多,以每头猪都能躺卧为准,但也不宜太少。一则运输成本增加;二则太松反而易损伤种猪。装猪时大小猪分栏装,有爬跨行为的公猪最好使用单栏。

长途运输应尽量走高速公路,避免堵车、急刹车、急转弯,如中途发现异常,随时停车检查,驱使猪只站立,观察有无受压种猪。

装猪时应轻轰慢赶,防止损伤肢蹄。夏季应在早晚凉爽时进行,如气温太高可边装边用水浇淋猪体和车厢。夏季注意通风、防拥挤、防暑、防雨淋和太阳直射;冬季注意保暖防风,但在侧面或后面留有通风处,篷布要有透气性。

装猪完成后要尽快起程,防止停留时间过长,猪只打斗引起损伤。

(七)引种后的短期饲养管理

这一阶段非常关键,主要任务是使种猪尽快适应环境及恢复体能,为完成下一步的配种任务做准备。

卸车时应防止损伤种猪,卸完后不要急于轰入圈舍,应在原地休息30分钟,用围布按大小、品种、公母缓慢轰入猪栏,一般每栏饲养4~5头,公猪体重在70千克以上也可每栏饲养3~4头,但体重过大或有爬跨行为的公猪应使用单栏饲养。

分栏完成后,应对猪只进行消毒,喷一些有气味的药物(如来苏儿、空气清洁剂),并有专人看护12小时以上,防止猪只打斗。

到场后12小时内不给种猪饲喂饲料,保证清洁充足的饮水,饮水中最好加一些电解质、多维或饲喂青绿饲料。饲喂饲料要逐渐加量,3~5天后恢复正常喂量,并且在饲料中加一些抗生素(如支原净、阿莫西林),冬春季节更为重要,要连续投药10天左右。个别生病猪要及时进行治疗。

种猪的饲料应依据体重、品种,饲喂各阶段的种猪料,不能喂肥猪料或妊娠母猪料,体重达90千克以后要限制饲喂,并且在饲料中加入一些青绿饲料(如胡萝卜、苜蓿草粉)。

种猪体重达90千克以后,要保证每头种猪每天2小时的自由运动时间(赶到运动场),增强其体质,促进发情。

夏季饲养后备母猪可在饲料中加适量的生物素和维生素C、小苏打,防止热应激。

适应期(7~15天)过后,应先对种猪进行驱虫,并按免疫程序进行免疫接种(必要时作抗体水平监测)。

种猪达6月龄左右时,应查看系谱做好配种方案,并且开始调教后备公猪。对一些影响繁殖的疾病,如无疫苗保护可在新引后备种猪运动场上堆放原猪群粪便。

总之,引种应有科学的计划、谨慎的态度、细致的饲养管理才能成功。

第六节　猪的经济杂交

猪的经济杂交,是利用两个或三个以上不同品种(或品系)的猪进行杂交,使其获得具有良好经济性状的杂交后代,用以生产育肥。经济杂交的目的是为了获得有高度经济利用价值的杂交后代,以增加商品猪(育肥猪)的数量,提高质量,满足人民生活的需要,并降低生产成本,增加经济收入,经济杂交的后代一般不作繁殖用,更不宜作种用。但在必要时,也可将一部分优秀的杂交母猪选留下来,供进一步杂交用,经济杂交还可以使生活力,耐受力,抗病力和繁殖力提高,饲料利用效率改善和生长速度加快。

国外的生产实践和科学实验证明:利用经济杂交生产肥猪,是增产猪肉和提高质量的一个多快好省的办法。杂种比纯种产仔多、生重大、成活率高、断奶体重大;杂种在肥育期内日增重快,饲料利用率高;杂种抗病力强,发病率低。广大农村开展经济杂交过程中,群众反映饲养杂交肥猪有"一爱三好"的说法:即一爱生得多、长得快、逗人爱;三好即像公猪,个体大,外形好;像母猪,耐粗饲、体质好;少饲料、出肉多、味道好。猪的经济杂交,是培育高产量瘦肉型商品猪,生猪销售市场,满足人民生活需要,生产成本,提高养猪经济效益的关键措施。

猪的经济杂交是有计划地选用2个或者2个以上不同品种猪进行杂交,利用杂种优势来繁殖具有高度经济价值育肥猪的一种改良方法。获取杂种优势的基本条件之一是杂种亲本选择。亲本遗传基础(基因)差异越大,杂种优势表现就越明显。因此说,搞好猪的经济杂交,关键在于杂交亲本和杂交方式的选择。

一、选择优良的杂交亲本

所谓杂交亲本,即猪进行杂交时选用的父本和母本(公猪和母猪),公猪与母猪在某些性状上遗传力表现不同。实践证明,要想使猪的经济杂交取得很明显的饲养效果,一个重要的条件父本必须是高产量瘦肉型良种公猪,选择父本要着重考虑产肉体型、生长速度、饲料报酬、胴体的品质等性状。如近几年我国从国外引进的长白猪、大约克夏猪、杜洛克猪、汉普夏猪、迪卡配套系猪等高产量瘦肉型种公猪等,它们的共同特点是生长快、耗料低、体型大、瘦肉率高,是目前最受欢迎的父本。凡是通过杂交选留的公猪,其遗传性能很不稳定,要坚决淘汰,绝对不能留作种用。母本应选择当地分布广泛,选择母本则侧重于产仔数、泌乳力、生活力及母性品质等繁殖方面的性状,选择适应性强的地方品种母猪,如太湖猪、哈白猪、内江猪、北京黑猪,里岔黑猪、烟台黑猪或者其他杂交母猪。由于地方母猪适应性强,母性好,繁殖率高,耐粗饲,抗病力强等,所以,利用良种公猪和地方母猪杂交后产生的后代,一是生长快,饲料报酬高;二是繁殖力强,产仔多而均匀,初生仔体重大,成活率高;三是生活力强,耐粗饲,抗病力强,胴体品质好。由此可知,亲本间的遗传差异是产生杂种优势的根本原因。不同经济类型(兼用型×瘦肉型)的猪杂交比同一经济类型的猪杂交效果好。瘦肉型×脂肪型,南方品种×北方品种(梅山公×哈母),长白公×哈母,白毛猪×黑毛猪等优势明显。因此,在选择和确定杂交组合时,应重视对亲本的选择。

最容易获取杂种优势的性状有:体质强健性、活体重、产仔数、泌乳力、育成头数、断奶窝重等。比较容易获取杂种优势的经济性状有:生长速度、饲料报酬等;不易获取杂种优势的性状有:外形结构、胴体长度、屠宰率、背膘厚及肉的品质等。对这几个指标,杂交时亲本质量的选择是主要的。

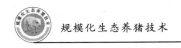

二、选择合理的杂交方式

根据实际饲养条件及模式,因地制宜,有计划地合理选择杂交方式,是养猪场(户)搞好猪经济杂交的前提。

(一)二元杂交

又称"简单经济杂交",是利用两个不同品种的公、母猪进行杂交所产生的杂种一代猪,全部用来育肥。这就是目前养猪生产推广的"母猪本地化、公猪良种化、肥猪杂交一代化",是应用最广泛、最简单的一种杂交方式(图3-2,表3-1)。模式名:甲品种♂(公)×乙品种♀(母),F_1杂交一代肉猪(5%甲、50%乙)。例如:用本地烟台黑母猪与长白公猪进行杂交所产生的"长烟一代杂种猪",全部用来育肥,在良好的饲养管理条件下,日增重752克,精料重比2.55∶1,瘦肉率52.5%,经烟台黑猪纯种繁殖的后代日增重多105克,精料重比下降0.58,瘦肉率提高3.46%。

二元方式简单,杂交一代的血统,父本、母本各占50%,杂种优势率最高可达20%左右,具有杂种优势的后代比例能达到100%。二元杂交是由两个纯种相互杂交,其遗传性比较稳定,杂交效果可靠,杂交方法简单易行,成本低,容易推广。缺点是父本和母本品种均为纯种,不能利用父体和母体的杂种优势,并且杂种的遗传基础不广泛,因而也不能利用多个品种的基因加性互补效应。

(二)三元杂交

它是用甲品种母猪与乙品种公猪杂交的一代杂种猪群选育的母猪,再和丙品种公猪进行交配所产生的后代,全部育肥(表3-2)。模式名:甲♂×乙♀—丙♂×杂1代♀(甲50%、乙50%)—杂2代(甲25%、乙25%、丙50%)(商品猪)。这种杂交方式由于母本是二元杂种,能充分利用母本杂种优势。另外,三元杂交比二元杂交能更好地利

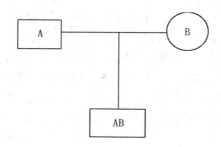

图 3-2　二元杂交

表 3-1　二元杂交组合

母本	父本	杂交组合	瘦肉率/%	屠宰率/%
哈白	杜洛克	杜×哈	59.38	75.58
梅山	长白	长×梅	51.00	72.99
苏太	长白	长×苏太	59.67	75.40
苏太	大约克夏	约×苏太	59.33	75.30
东北民猪	杜洛克	杜×民	56.04	73.90
黑花	杜洛克	杜×花	57.34	76.00
哈白	汉普夏	汉×哈	57.36	—
黑花	汉普夏	汉×花	55.04	—
哈白	长白	长×哈	57.04	—
三江	杜洛克	杜×三	62.13	—

表 3-2　三元杂交组合(二洋一本)

母本	第一父本	第二父本(终端父本)	杂交组合	瘦肉率/%
哈白	长白	杜洛克	杜×长哈	62.20
哈白	杜洛克	长白	长×杜哈	62.68
上海白	长白	杜洛克	杜×长上	60
上海白	汉普夏	杜洛克	杜×汉上	65
梅山	汉普夏	大约克夏	约×汉梅	60
三江白	大约克夏	杜洛克	杜×约三	62

用遗传互补性。例如,用"长烟一代杂种母猪"再和杜洛克公猪杂交所产生的后代称"杜长烟杂种猪",通过饲养试验资料证明,杜长烟杂交商品猪,日增重 717 克,精料重比 2.44∶1,瘦肉率达 60.23%。比长烟杂种一代猪,精料重比下降 0.11,提高瘦肉率 8%。因此,三元杂交在商品肉猪生产中已被逐步采用。

三元杂交的效果不稳定。原因是要利用二元杂交的一代杂种,再与第三品种杂交,最终获得三元杂交的商品猪。由于一代杂种的遗传性不稳定,具有较强的可塑性易受外界条件的影响而变化,再与第三品种杂交时杂种优势不稳定。三元杂种会出现一致性差的分离现象,但三元杂交可充分利用二元杂交一代繁殖性能的杂种优势。由于繁殖性能主要决定于母本,所以三元杂交时二元杂种主要用做母本。三元杂交的杂种优势高低取决于三个品种自身种质的优点,只有纯种亲本生产性状水平高,才能充分发挥杂种优势。为了提高原种质量,必须重视原种猪的选育工作。

二元杂交的亲本都是纯种,产仔数不增多,子代是杂种,杂种优势表现在子代生活力的提高,所以断奶育成数,断奶窝重和断奶后增重率分别提高 19%、28% 和 7%。三元杂交时,利用二元一代杂种做母体,发挥繁殖性能的杂种优势。由于母猪为杂种一代,仔猪也是杂种,两者均有杂种优势,一般它比二元杂交肥育效果更好。实践表明杜×长大是一个比较理想的三元杂交组合,产仔数提高 8%,断奶育成数比二元杂交提高 23%,比纯种提高 42%,断奶窝重比二元杂交提高 23%;比纯种提高 51%。三元杂交的后代要求较高的营养水平,营养水平低生产性能反而下降。

实际生产中不少小型猪场或专业户利用国内优良地方品种与国外引进品种作二元、三元杂交,形成内二元或内三元。如杜梅、杜大梅或其他本地猪种。这种组合优点是产仔多、耐粗饲、适应性强、好养,缺点是肥肉多、生长速度慢、料肉比高。内三元适合于农村利用农副产品下脚料的专业户养猪场。

而集约化猪场应使用"杜长大"外三元的模式。因为:①外三元肉猪瘦肉率高;②每增重 1 千克毛重可节约饲料 0.2 千克,一头猪可节省饲料 20 千克;③出栏时间可提早 15～30 天,可提高猪栏利用率。所以养一头外三元猪比内三元猪要多收入 60～80 元。

(三)轮回杂交

它是用 2 个或 2 个以上不同品种猪进行杂交,以保持后代杂种优势。母本也可以从三元杂交猪群中直接选择,再和另一良种公猪进行杂交。采用轮回杂交方式,不仅能够保持杂种母猪的杂种优势,提供生产性能更高的杂种猪用来育肥,可以不从外地引进纯种母猪,以减少疫病传染的风险,而且由于猪场只养杂种母猪和少数不同品种良种公猪来轮回相配,在管理上和经济上都比二元杂交、三元杂交具有更多的优越性。这种杂交方式,不论养猪场还是养猪户都可采用,不用保留纯种母猪繁殖群,只要有计划地引用几个肥育性能好和胴体品质好,特别是瘦肉率高的良种公猪作父本,实行固定轮回杂交,其杂交效果和经济效益都十分很明显。

两个品种杂交后,选择优秀杂种后代母猪,逐代地分别与原始亲本品种回交,如此继续不断地轮回下去,以保持杂种的优势,凡是杂种公猪和不合格的杂种母猪都进行肥育作为商品肉猪。模式名:甲♂×乙♀—乙♂×杂 1♀(甲 50%、乙 50%)—甲♂×杂 2♀(甲 25%、乙 75%)—乙♂×杂 3♀(甲 62.5%、乙 37.5%)—杂 4(甲 31.25%、68.75%)。

二品种轮回杂交,在轮回三代以后,后代所含的两品种的血统基本趋于平衡,各占 1/3 或 2/3 逐代互变。二品种轮回杂交只需饲养 2 个亲本品种的公猪,但为了防止亲缘交配,每代都要更换公猪,造成一定浪费。基本母猪群则是每代选留的杂种母猪,可以充分利用杂种母猪繁殖性能的杂种优势,但杂种母猪的遗传性不稳定,并有高度可塑性,从而降低杂种的生活力和生产性能。在轮回杂交过程中,回交亲本品种的遗传比例在后代提高,如果它是高产品种,则回交要求较高的饲养条件,否则杂种优势就不能明显表现出来。如果该亲本是低产品种,那

回交后代的生产性能受遗传性的影响就会下降。

(四)顶交

顶交是利用近交公猪与非近交母猪交配。应用近交公猪杂交比利用近交母猪更实际,公猪对后代的影响仅靠遗传方式,而近交母猪与小母猪必须保持其妊娠及哺乳期仔猪的需要环境条件。从实际出发,近交母猪与非近交母猪相比,没有什么优越性(近交母猪繁殖力低、母性差)。一个商品猪场近交母猪需要头数多,花费大,成本比近交公猪高。近交公猪和小母猪顶交与非近交公猪相比,每窝平均产仔多一头,平均断奶窝重增加16.6千克。

(五)专门化品系杂交

近20年来,国外在提高猪群生产性能的方法上发生了很大变革,纯种选育提高和近交系选育已不再是育种工作的主攻方向,而杂交育种,特别是专门化品系(综合品系)的选育已成为各国普遍重视的先进方法。现以黑龙江省引入美国迪卡合成系(专门化品系)猪为例加以说明。它包括A、B、C、E、F五个专门化品系,黑龙江省青冈县专门成立青冈迪卡猪集团,下设迪卡祖代一场、二场两个猪场生产父母代种猪,并将父母代种猪按套(每套1公、10母)销售给养殖专业户,在专业户生产迪卡商品肉猪。

总之,随着我国养猪业向专业化、规模化的逐步发展,充分利用本地区现有丰富的猪品种资源,开展有计划的品种间杂交,在有条件的养猪场培育一些专门化品系,开展配套系间杂交,建立完整的繁殖体系和严格的疫病控制措施,是多快好省地发展我国商品瘦肉型猪生产的基本途径。

思考题

1. 按经济类型划分,猪分为几类? 分类标准是什么?

2. 中国地方猪种可概括为几大类? 每个类型的特点是什么?

3.中国地方猪种代表品种有哪些？中国地方猪种的优缺点是什么？

4.目前中国引进的主要外国猪种有哪些？这些猪种的特点是什么？

5.目前中国养殖的猪配套系有哪些？国外的猪配套系有哪些？国内自己培育的猪配套系有哪些？各自的有缺点是什么？

6.猪场内部选种应注意哪些事项？分几个阶段进行？

7.引进猪种时应注意哪些事项？

8.猪的经济杂交分为几类？各自的优缺点是什么？

第四章

猪的营养与饲料

导　　读　猪的营养与饲料是一个问题的两个方面,猪的营养是科学配制猪饲料的基础,只有了解了猪的营养与饲料知识才能给不同阶段、不同环境、不同品种的猪科学地配制饲料,也才能保证不同的猪充分发挥各自的遗传潜能,给养猪企业创造最大的经济效益。在养猪成本中,饲料成本占 70%~80%,科学配制饲料、节约饲料成本就可以降低养殖成本。

本章首先介绍了饲料的营养功能,便于读者了解猪需要哪些营养,饲料能够提供哪些营养,为科学配制猪饲料打下基础。猪的常用饲料和猪的饲养标准是从饲料和猪两个方面了解供和需的关系,在此基础上开展猪的饲料配合。猪的生态饲料是规模化生态养猪的主要养殖饲料,利用猪的生态饲料和其他抗生素替代品就可以做到在养猪生产中不用或少用抗生素,提高猪肉产品的无公害和安全性。养猪生产中禁用抗生素是当前和将来养猪的发展趋势,了解相关内容可以为生产优质猪肉提供参考。当前猪的疾病非常复杂,单纯靠治疗已不能解决问题,必须首先把猪养好,从营养的角度让猪处于健康状态,猪的抵抗疾病能力强、免疫力强就可以不用药或少用药，这样就可以达到猪群既健康饲养成本又低的目标。

第一节　饲料的营养功能简介

人们把生物从外界摄取维持自身生命所必需的物质及其消化、吸收和排泄过程称为营养（nutrition）。而人类饲喂给的营养物质称为饲料（feedstuff），对食物或饲料中所包含的各种营养物质则统称为营养素（nutrients）。

自然界中的各种物质均由化学元素所组成，在已知的一百多种元素中，至少有 26 种为动物所必需，这些元素绝大部分以化合物的形式存在。目前已清楚了解到，动物需要的营养物质达数十种，可以概括为七大类，即蛋白质、脂肪、碳水化合物、矿物质、维生素、纤维素和水。虽然这些物质在各种饲料中的含量有所不同，但其对实验动物的营养作用是一致的。它们各具有独特的营养功能，在机体代谢过程中又密切联系，共同参加、推动和调节生命活动。

一、水及其营养功能

水对于动物生存的重要性仅次于氧气，没有水的存在，任何生命活动都无法进行。大部分饲料均含有水分，但不同的种类含水量差异很大。对于植物性饲料，同一种原料由于收割期不同、利用部位不同、加工方法及贮存时间的不同，其水分的含量也不尽相同。

动物对水的需要量受多种因素的制约，如动物种类、年龄、生长性能、环境温度湿度等，因此无法规定动物的需水量。及时获得足够的清洁饮水是动物进行正常代谢、生长、发育和维持健康必不可少的条件之一。

二、蛋白质及其营养功能

蛋白质是构成一切细胞和组织的重要成分,是生命存在的形式和物质基础。在动物的生命活动中对动物机体具有重要的营养作用。它是构造机体组织、细胞的基本原料,动物的肌肉、神经、结缔组织、皮肤、血液等均以蛋白质为基本单位。

蛋白质是修补机体组织的必需物质,动物各组织器官的蛋白质通过新陈代谢不断更新;蛋白质可以代替碳水化合物及脂肪的产热作用,在动物体内,当供给热能的碳水化合物及脂肪不足时,蛋白质也可以在体内经分解、氧化释放热能。多余的蛋白质可以在肝脏、血液及肌肉中贮存一定数量,或经脱氨作用转化为脂肪,以备营养不足时重新分解供应热能。

蛋白质的基本构成单位是氨基酸,已知的氨基酸有 20 多种,以不同的组合形式,形成不同的蛋白质,饲料中的蛋白质只有被消化分解为简单的氨基酸才能够被动物吸收利用。因此,蛋白质营养的实质是氨基酸营养。

氨基酸可分为必需氨基酸和非必需氨基酸,必需氨基酸是指在动物机体内不能合成或合成的速度及数量不能满足动物正常生长需要,必须由饲料来供给的氨基酸,包括精氨酸、蛋氨酸、苯丙氨酸、赖氨酸、组氨酸、异亮氨酸、亮氨酸、缬氨酸、苏氨酸、色氨酸;非必需氨基酸指动物体内能够合成,不依赖饲料供给的氨基酸,包括丙氨酸、丝氨酸、天门冬氨酸、谷氨酸、酪氨酸、胱氨酸、甘氨酸等。

蛋白质的合理利用,不但要求日粮满足必需氨基酸的种类和数量,而且要求各种必需氨基酸之间的平衡。所谓氨基酸平衡,是指日粮氨基酸组分之间的相对含量与动物机体氨基酸需要量之间比值较为一致的相互比例关系。与氨基酸平衡对应的另外一个问题是氨基酸失衡,一种或几种必需氨基酸过多或过少,相互间比例与动物的需要不一致,从而造成饲料利用率降低,生长迟缓、繁殖力下降的现象。

蛋白质营养价值的高低,主要决定于其氨基酸组成是否平衡。在饲养实践中,常用多种饲料搭配或添加部分必需氨基酸的方法,来提高饲料蛋白质的营养价值,这种作用即为蛋白质的互补作用。如在苜蓿的蛋白质中赖氨酸含量较多为 5.4%,而蛋氨酸含量较少为 1.1%;而玉米蛋白质中赖氨酸的含量较少为 2.0%,蛋氨酸含量较多为 2.5%;把这两种原料按一定的比例进行搭配,则两种限制性氨基酸的含量有所提高,利用率也相应得到提高。因此,所谓蛋白质的互补作用实际上是必需氨基酸的互相补充。实验证明,在饲料中添加一定比例的赖氨酸、蛋氨酸可显著提高饲料的利用率。

三、脂肪及其营养功能

脂肪是脂类和类脂等一些物质的总称,可分为脂肪与类脂两大类。脂肪由三分子脂肪酸与一分子的甘油结合而成;类脂由脂肪酸、甘油及其他含氮物质等结合而成。这类物质在用乙醚浸泡饲料时溶于乙醚,因此总称为粗脂肪。

脂肪是动物热能的主要来源,在体内是化学能贮备的最好形式,饲料中脂肪含量越高,所含能值也越高。脂肪也是构成动物组织的重要组成部分,各种器官和组织如神经、肌肉及血液等均含有脂肪。作为饲料中脂溶性维生素的溶剂,脂肪可保证动物对脂溶性维生素的消化、吸收和利用。

脂肪酸也分为两大类,即不饱和脂肪酸(脂肪酸碳链中部分碳原子互相以双键相连)及饱和脂肪酸(脂肪酸碳链中碳原子单键相连)。在不饱和脂肪酸中,亚油酸、亚麻酸和花生四烯酸在动物体内不能合成,必须由饲料供给,称为必需脂肪酸。必需脂肪酸是构成组织的组成成分,对维持细胞及亚细胞膜的功能和完整性很重要。必需脂肪酸参与类脂代谢,在调节胆固醇的代谢,特别是输送、分解和排泄方面有重要意义。亚油酸是合成前列腺素的原料。

在以植物原料为主的饲料中,一般必需脂肪酸不易缺乏,故很少另

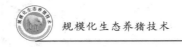

外添加。

四、碳水化合物及其营养功能

碳水化合物是由碳、氢、氧三种元素构成,包括糖、淀粉、纤维素、半纤维素、木质素等,通常在把碳水化合物分为粗纤维和可溶性碳水化合物(或称无氮浸出物)两大类。

粗纤维由纤维素、半纤维素、多缩戊糖及镶嵌物质(木质素、角质等)所组成,是植物细胞壁的主要组成部分,也是饲料中最难消化的物质。纤维素即真纤维,其化学性质很稳定,弱的无机酸不能使其分解,在80%的硫酸作用下,才可达到水解的目的,其营养价值与淀粉相近。半纤维素在植物界的分布最广,易被稀酸所水解,大部分半纤维素和多糖一样,由相同的组成部分构成;另一些则由不同的单糖组成,个别的半纤维素则由非糖物质的分子构成。木质素是最稳定、最坚韧的物质,一般认为木质素含有甲氧基乙酰基及芳香环。

一般动物难以利用粗纤维,但对草食性动物尤其是复胃动物,粗纤维却是必不可少的。在家兔、豚鼠等草食动物饲料中,如粗纤维含量不足,可造成消化机能紊乱,产生消化道疾病等。在反刍动物和马属动物,粗纤维在瘤胃及盲肠中经发酵形成的挥发性脂肪酸(乙酸、丙酸、丁酸),参与体内的碳水化合物代谢,通过三羧酸循环,形成高能磷酸化合物,产生热能,是重要的能量来源。

无氮浸出物是一类易溶解的物质,包括单糖、二糖、多糖和淀粉等,可为单胃动物提供营养,又称为有效碳水化合物,是动物机体能量物质的主要来源。除主要供给动物所需的热能外,多余部分可转化为体脂和糖原,贮存在机体中以备必需时利用。

五、矿物质及其营养功能

饲料经充分燃烧后所余物质称为矿物质,或称为灰分,主要为钾、钠、钙、磷等。矿物质是动物生长发育和繁殖等生命活动中所不可缺少的一些金属和非金属元素,根据矿物质在动物体内含量不同分为常量元素(占动物体重的 0.01％以上)和微量元素(不足体重的 0.01％)。常量元素包括钙、磷、钠、氯、硫、镁、钾等,微量元素包括铁、铜、锌、锰、碘等元素。这些元素有的是动物体的重要组成部分(如钙、磷是构成骨骼的主要成分),有的对机体的各种生理过程起着重要作用(如铁参与血液对氧的运送过程),如供给不足就会出现一系列缺乏症,过量供应时,则会出现中毒症。

矿物质对动物的营养有独特的作用:在体内不能产热,但却与产生能量的碳水化合物、脂肪及蛋白质的代谢密切相关;在动物体内既不能合成也不能在代谢中消失,只能排泄于体外;虽然含量少但对动物的生命活动却很重要。

六、维生素

维生素是动物进行正常代谢活动所必需的营养素,属小分子的有机化合物,以辅酶或酶前体的形式参与酶系统工作。虽然动物的需要量甚微,但对调节代谢的作用甚大。除个别维生素外,大多数在动物体内不能合成,必须由饲料或肠道寄生的细菌合成后提供。在正常情况下,水溶性维生素和维生素 K 不会缺乏,但在高温灭菌时应当给予补充。豚鼠和灵长类动物体内不能合成维生素 C,必须在饲料中供给。

维生素种类很多,习惯上根据溶解性不同,分为脂溶性维生素及水溶性维生素。

脂溶性维生素包括维生素 A、维生素 D、维生素 E、维生素 K,可溶于脂肪和脂肪溶剂中,不溶于水。由于吸收后可在体内贮存,短期供给不足不会对生长发育和健康产生不良影响。

水溶性维生素主要有 B 族维生素和维生素 C。由于很少或几乎不在体内贮存,水溶性维生素短时间缺乏或不足均会引起体内某些酶活性的改变,阻抑相应的代谢过程,从而影响动物生长发育和抗病力,但

在临床上不一定表现出来,只在较长时间后才出现缺乏症。

反刍动物瘤胃微生物可合成足够需要的 B 族维生素。单胃动物虽肠道微生物也可合成,但可以利用的较少,多数随粪排出体外。具有食粪癖的动物如兔,可从粪中得到 B 族维生素的补充。

七、各种营养素间的关系

各种营养物质在代谢过程中,相互间存在着多种多样的复杂关系,一种营养物质在机体内的吸收利用,往往与其他营养物质密切相关。

饲料中能量物质(碳水化合物和脂类)和蛋白质的比例(也称为蛋能比)应适当。比例不当会影响营养素的利用率,造成浪费甚至造成营养障碍。动物生长发育的不同阶段对能量和蛋白质的要求是不同的。不同动物之间差别也很大,要按需供给。蛋白质的供给也不是越多越好,过多的供给蛋白质会造成机体将多余的蛋白质转化为能量,从而造成了蛋白质的浪费,同时又使饲料成本增加。

纤维与其他营养素的利用一般呈负相关,即纤维多其他营养素的消化利用率降低,但对于草食动物纤维素又是必需的一种营养素,如家兔饲料中纤维素的含量过低时会造成消化障碍甚至死亡。

蛋白质的供给量对某些维生素如维生素 A、维生素 D、维生素 B_2 等的吸收也有明显的影响。如蛋白质不足,饲料中维生素 A 的利用率就降低。脂类含量也与维生素尤其是脂溶性维生素的吸收有明显关系。高脂饲料会影响钙的吸收,高蛋白质饲料则能提高机体对钙磷的吸收。

各种营养素的缺乏或过量供给都会导致机体正常的生理状态遭到破坏,使动物发生疾病,这类疾病通常称为代谢病。

第二节 猪的常用饲料

猪的常用饲料种类很多,按营养划分为蛋白质饲料、能量饲料、粗饲料、青绿饲料、青贮饲料、矿物质饲料和饲料添加剂等。

一、蛋白质饲料

猪的生长发育和繁殖以及维持生命都需要大量蛋白质,通过饲料来供给。若蛋白质供应不能满足需要,就会使猪消瘦,生长停滞,生产性能下降,容易发病,甚至死亡。蛋白质营养的必须性和不可代替性,使蛋白质饲料在养猪生产中占有特别重要的地位。蛋白质饲料一般指干物质中粗纤维含量低于18%,其中粗蛋白含量高于20%的豆类、饼粕类以及动物性饲料。

(一)植物性蛋白质饲料

植物性蛋白质饲料主要来源于榨油工业的副产品和叶蛋白质饲料,如豆粕(饼)、花生粕(饼)、棉籽粕(饼)、亚麻仁饼、玉米胚芽饼、芝麻饼等。

1.豆科籽实

豆科籽实常用作饲料的有大豆、豌豆和蚕豆(胡豆)。在我国大豆的种植面积较大,总产量比豌豆、蚕豆多,用作饲料的30%。这类饲料除具有植物性蛋白质饲料的一般营养特点外,最大的优点是蛋白质品质好,赖氨酸含量1.80%~3.06%,与能量饲料配合使用,可弥补部分赖氨酸缺乏的弱点。但该类饲料含硫氨基酸含量偏,难以满足育肥猪生长后期的需要。另一特点是脂溶性维生素A、维生素D较缺。豌豆、蚕豆的维生素A比大豆稍多,B族维生素也仅略高于谷实类。

豆科籽实含有抗胰蛋白酶、皂素、血细胞凝集素和产生甲状腺肿的物质，它们影响该类饲料的适口性、消化率以及动物的一些生理过程。这些物质经适当热处理即会失去作用。因此，这类饲料应当熟喂，且喂量不宜过高，在喂饲豆类籽实前，需经过110℃至少3分钟的加热处理，一般在饲粮中配给10%～20%。否则，会使肉质变软，影响胴体品质。

2. 大豆饼（粕）

豆粕和豆饼是制油工业不同加工方式的副产品。豆粕是浸提法或预压浸提法取油后的副产物。粗蛋白质含量在43%～46%，豆饼的加工工艺是经机械压榨浸油，粗蛋白质含量一般在40%以上。豆粕（饼）是最优质的植物性蛋白质饲料，富含赖氨酸和胆碱，消化水平高，适口性好，易消化等，必需氨基酸比例组成也相当好，与动物性蛋白相似，基本上能满足猪生长的氨基酸需要，美中不足的是豆粕中蛋氨酸含量不足，在饲料配合中同时配合添加蛋氨酸以增加饲料氨基酸营养的全面性与均衡性。含胡萝卜素、硫胺素和核黄素较少。另外，豆粕中粗纤维含量极低，不到1%，而且能量价值较高，豆粕中的可溶性碳水化合物主要是糖类，淀粉含量低，易于消化。豆粕（饼）的质量与加工工艺条件有关，这是因为大豆种子中含有多种抗营养因子，如抗胰蛋白酶、红细胞凝集素、皂角苷等物质，这类物质的存在影响营养物质在主体内的吸收。品质良好的豆粕颜色应为淡黄色至淡褐色。太深表示加热过度，蛋白质品质变差。太浅可能加热不足，大豆中的抗胰蛋白酶灭活不足，影响消化，使用时易导致仔猪拉稀。未经榨油的大豆经过适当处理（如炒熟、膨化或110℃高温处理数分钟）后，由于富含油脂（18%）和蛋白质（38%），香味浓，可作为猪饲料的良好组成成分。大豆饼（粕）适口性好，不同生理阶段的猪均可食用。仔猪配合饲料中，大豆饼（粕）用量15%～25%；生长育肥猪前期用量10%～25%，后期用量6%～13%，不能过高，否则产生软脂猪肉；妊娠母猪配合饲料中用量4%～12%，哺乳母猪用10%～20%。

3. 菜籽饼（粕）

菜籽饼（粕）是我国南方地区最有潜力的蛋白质饲料资源，年产量近 700 万吨,其中仅 5％～10％用作饲料。菜籽饼(粕)均含有较高的蛋白质,达 34％～38％。氨基酸组成较平衡,含硫氨基酸含量高是其突出的特点,且精氨酸与赖氨酸之间较平衡。菜籽饼(粕)的粗纤维含量较高,平均在 13％以上,可溶性糖的含量较低,影响其有效能值。菜籽饼(粕)含磷较高,磷高于钙,且大部分是植酸磷。微量元素中含铁量丰富,而其他元素则含量较少。

菜籽饼中含有芥子苷,芥子苷体内经过一系列代谢,产生的代谢中间产物和终产物能抑制肉猪生长,影响母猪繁殖。使用前必须进行脱毒处理,具体的脱毒措施可用土埋法进行,现在我国已有相应的脱毒剂面世。茶籽饼(粕)不脱毒只能限量饲喂,生长肥猪的配合饲料中用量一般为 10％～15％;繁殖母猪配合饲料中用量以 3％～5％为宜。在国外,生长育肥猪的用量控制在 10％以内,繁殖母猪用量 3％。

4.棉籽饼(粕)

棉籽饼(粕)在我国产量较多,年产约 400 万吨,用于饲料的仅占 16％左右。因此,棉籽饼(粕)也是一种很有开发潜力的植物蛋白饲料资源。

棉籽饼(粕)粗蛋白质含量为 36％～41％,氨基酸组成中赖氨酸含量低,富含精氨酸,氨基酸的平衡度不如豆粕;粗纤维含量为 10％～14％,能量价值为含消化能 12.13 兆焦/千克左右;矿物质含量很不平衡,钙低(0.16％)、磷高(1.2％)。因此,饲料中添加棉籽饼时应同时添加赖氨酸,并且与其他蛋白质性饲料配合使用。此外,应注意棉籽饼中的游离棉酚对机体的毒害作用,可引起贫血、不育和呼吸困难。现在可以通过加热处理(10℃蒸煮 1 小时或 70℃蒸煮 2 小时)来破坏棉酚,进行脱毒。

5.花生仁饼(粕)

我国花生仁饼(粕)产量是居第四位的植物性蛋白质资源,年产量约 125 万吨,黄淮海平原地区主产区,年产量约 103 万吨。

花生仁饼(粕)粗纤维含量低,蛋白质含量高,富含精氨酸、组氨酸、但赖氨酸、蛋氨酸较缺,是猪喜爱的一种植物性蛋白饲料。但因其脂肪含量高,且饱和性低,喂量不宜过多。生长肥育猪饲粮中用量不超过15％,否则胴体软化;仔猪、繁殖母猪的饲粮中用量低于10％为宜。花生仁饼(粕)、鱼粉、血粉等配合饲喂,或加入氨基酸添加剂,补充赖氨酸和蛋氨酸。花生仁饼(粕)宜贮藏在低温干燥处,高温高湿条件下易感染黄曲霉而产生黄曲霉素,导致猪中毒,幼猪最为敏感,加热和蒸煮均无法去毒。因此,切忌饲喂霉变的花生仁饼(粕)。

6. 葵籽饼(粕)

脱壳向日葵籽饼(粕)蛋白质含量为36％～40％,粗纤维为11％左右,但带壳者分别为20％以下和22％左右。成分与棉饼(粕)相似。在蛋白质组成上以蛋氨酸高、赖氨酸低为主要特点(与豆粕相比,蛋氨酸高53％,赖氨酸低47％)。与豆粕配合作用时(取代豆粕50％左右),能使氨基酸互补而得到很好的饲养效果,但不宜作为饲粮中蛋白质的唯一来源。带壳饼(粕)的用量不超过5％。

7. 芝麻饼(粕)

芝麻饼(粕)的蛋氨酸是所有饼粕中含量最高的,比豆粕、棉粕高2倍,比菜粕、葵籽粕高1/3,色氨酸含量也很丰富,粗蛋白含量高达40％,粗纤维8％,矿物质含量丰富。但因种壳中含草酸和植酸,影响矿物质的利用,一般不能作为蛋白质的唯一来源,猪饲粮中的适宜用量为7.5％。用量达15％时,只要与豆饼、鱼粉配合使用,使氨基酸平衡,也可获得较好的饲喂效果。

8. 玉米面筋粉

玉米面筋粉是在湿法制造淀粉或玉米糖浆时,原料玉米除去淀粉、胚芽及玉米皮后所剩下的产品,有蛋白质含量40％以上和60％以上两种规模。在氨基酸组成中以含大量蛋氨酸、胱氨酸、亮氨酸为特点,但赖氨酸、色氨酸明显不足。用量应限制在5％以下为宜。

(二)糟渣类

酿造、制粉和制粮的副产品,包括醋糟、酒糟、粉渣、豆腐渣、酱渣等。酒糟干物质粗蛋白含量为22％～31％,尤以大麦酒糟为高,最低的是啤酒糟。刚出厂的酒糟含水量达 64%～76%，占猪日粮的比重不宜过大，否则难以满足营养需要。喂猪时要做到四忌。

1. 豆腐渣喂猪"四忌"

一忌生喂：生豆腐渣中含有抗胰蛋白酶等，猪吃后易腹泻。因此，最好将豆腐渣煮沸 15 分钟，冷却后再饲喂，以分解毒素，提高利用率；二忌过量：一般饲喂量不超过日食量的 1/3，喂量过大容易引起消化不良；三忌单喂：豆腐渣因钙、胡萝卜素、尼克酸等缺乏，长期饲用易引起各种疾病，用其喂猪须搭配一定比例的玉米、糠麸和矿物质元素，并加喂青饲料，力求营养成分全面；四忌喂陈渣：时间长而腐败变质的要禁喂，若轻度变酸，喂前可在 1 千克豆腐渣中加入 50 克的石灰粉或小苏打粉进行中和。

2. 酒糟喂猪"四忌"

一忌白酒糟：白酒糟因酒精浓度高，纤维含量太高不宜喂猪；二忌过量：酒糟属于"火性"饲料，大量饲喂易引起便秘。所以，不宜喂 25 千克以下的小猪，中猪和大猪喂量也不易过多。新鲜酒糟肉猪不能超过日粮的 5%，母猪不能超过日粮的 20%，干酒糟不能超过日粮的 10%；三忌单喂：酒糟中的无氮浸出物含量偏低，所含粗蛋白质的品质也较差，且缺乏胡萝卜素等营养物质。因此，喂猪时应搭配一定比例的玉米、糠麸、豆饼等精饲料，补充适量的骨粉、蛋壳粉、微量元素等矿物质饲料，同时还应搭配一定量的青饲料，效果会更好；四忌喂种猪：因酒糟中含有酒精、甲醇等，用来喂种公猪易导致精子畸形、母猪受胎率下降；喂怀孕母猪易发生流产、产弱小猪崽或死胎；喂哺乳母猪，母猪奶汁品质差，猪崽也易发生下痢。因此，种公猪、怀孕母猪、哺乳母猪要禁喂。

（三）动物性蛋白质饲料

动物性蛋白质饲料包括水产副产品、乳品加工副产品、动物屠宰的下脚料、微生物蛋白饲料及其蚕蛹等。含能量和矿物质较高，猪必需的氨酸的含量也较完全，粗蛋白质含量达 55%～84%，赖氨酸尤其丰富，但蛋氨酸略少,氨基酸含量比较均衡,有较高的生物学价值和利用价值。消化率一般都在 80% 以上,矿物质和维生素含量较丰富,且比较均衡,尤其是 B 族维生素含量较多。但在育肥后期不宜多喂动物性蛋白质饲料,以免影响屠宰品质。

1. 鱼粉

鱼粉是优质的动物性蛋白饲料,在常用蛋白质饲料中效果最好。在实际应用中,鱼粉种类繁多,质量差别很大。优质进口鱼粉的蛋白质含量可达 60% 以上,而且蛋白质品质好,含有多种必需氨基酸,尤其是赖氨酸、蛋氨酸和色氨酸含量丰富,并且含有丰富的钙、磷、硒、碘和多种维生素。国产的鱼粉质量一般差一些,蛋白质含量在 35%～50% 之间。在饲料的实际配比中,鱼粉的用量一般不超过 10%,主要用于仔猪和种猪饲养。鱼粉不耐长期贮存,尤其是在高温高湿季节,容易发霉变质,变质的鱼粉可诱发消化道疾病。

2. 肉骨粉

肉骨粉营养价值因采用骨的比例不同而异,一般说来,粗蛋白含量在 30%～40% 之间,氨基酸组成较好,但是赖氨酸和蛋氨酸含量明显比鱼粉要低,而且肉骨粉的消化率一般只有 80% 左右,并且钙磷含量高,与其他蛋白质饲料一块混合使用较好。

3. 微生物蛋白性饲料

这类饲料是由各种微生物细胞制成的蛋白质饲料,包括酵母、细菌、真菌和一些单细胞藻类。其中以饲用酵母应用最为成功。发酵制成的酵母混合饲料的粗蛋白含量一般可达 20%～40%,有的能达到 60%,只是动物的利用效果并不是很好。酵母有较高含量的 B 族维生素,可是蛋氨酸缺乏,而且适口性一般,饲料中的添加量应该注意控制。

4. 血粉和蚕蛹粉

血粉和蚕蛹粉是工业生产中的副产品,二者的蛋白质含量均在 70% 以上,含有多种必需氨基酸。与其他植物性蛋白质饲料混合使用可明显提高猪的增重,但是二者的添加量不能太多。

二、能量饲料

谷实类能量饲料包括玉米、稻谷、大麦、谷子、高粱、荞麦、稗子等。含淀粉70％以上，粗蛋白质10％左右，粗脂肪、粗灰分各占3％，水分约占14％。粗纤维少，适口性好，消化率高。粗蛋白质含量偏少，猪体必需的氨酸含量甚微，矿物质贫乏，维生素种类及含量也大都较少。糠麸类能量饲料包括麦糠、高粱糠、稗糠等。其粗蛋白质含量高于谷实类，一般为10％～16％；粗纤维多；无氮浸出物少于谷实；钙少，磷的含量超过猪体需要量1倍以上，但以植酸磷为主，不能被猪充分利用；维生素E丰富，B族维生素也多于谷实，合理使用有助于饲粮营养平衡。

玉米含淀粉多，粗纤维仅2％～2.5％，适口性好；但粗蛋白质、矿物质和维生素含量均不能满足猪体需要，必须与其他饲料搭配。玉米在日粮中所占比例不宜超过50％。在育肥后期用红薯干、麦类、豌豆取代一部分玉米，可获得高品质的肉脂。稻谷含粗蛋白质8％，无氮浸出物63％，但粗纤维多有坚硬外壳，喂饲前需粉碎。其饲用价值相当于玉米的80％～90％。大麦有硬壳，喂用前须粉碎，粗蛋白质含量高于玉米，达10％～12％，脂肪、钙和维生素A、维生素D、尼克酸、维生素B_2含量比玉米高3倍。用大麦喂的猪，屠体脂肪洁白硬实，属上等饲料。在日粮中添加量可达30％。饲用价值相当于玉米的90％。

稻糠又称米糠，含粗蛋白质12％～13％，粗脂肪13％，粗纤维13％，磷1.3％，B族维生素丰富，但钙少。其营养价值与玉米相当，添喂量不宜超过30％，否则会降低肉脂品质，还容易导致猪群发生皮炎。麦麸粗蛋白质含量可达12％～17％，质量高于小麦，含赖氨酸0.67％、蛋氨酸0.11％，B族维生素较丰富。但钙、磷比例不平衡，含能量较低。麦麸适口性好，体积膨大，具有轻泻性且耐贮藏。

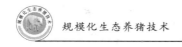

三、粗饲料

粗饲料包括各种农作物稿秕、藤、青干草、树叶类等,饲料天然水分含量在45%以下,粗纤维含量多,按饲料干物质计粗纤维≥18%,消化率较低,便可填充猪的肠胃以饱腹,刺激消化功能。

粗饲料包括青干草、青绿饲料、青贮饲料等。

1. 青饲料类

青绿饲料包括芭蕉秆、草木樨、各种叶菜牧草等。青饲料是常用的维生素补充饲料。如果猪日粮缺乏青饲料,饲料的消化利用率都较低,猪生长很慢。青饲料含无机盐比较丰富,钙磷钾的比例适当。日粮中有足够的青饲料,猪很少发生因缺乏无机盐而引起的疾病。

青饲料无污染的情况下,最好不要洗。因为鲜嫩的青饲料,洗得越净,水溶性维生素损失越多。煮青饲料就更糟了,因高温会使大部分维生素、蛋白质遭到破坏,加热后还会加速亚硝酸盐的形成,猪吃后易中毒。青饲料现采现用,不要堆放。青饲料鲜嫩可口,猪爱吃,如堆放太久,很容易发热变黄,不仅破坏了部分维生素,降低了适口性,而且也会产生亚硝酸盐而引起猪中毒。喂量适度,按干物质计算,占日粮的20%~25%,按鲜量计算,约为75%。

各种青饲料可打浆使用。打浆的饲料猪喜欢吃,有利于消化吸收。打浆的设备很简单,一般把普通的锤式粉碎机筛板上的小筛眼改成直径3~4厘米的大筛眼,并在青料上洒水,趁湿打浆。也可用自制旋刀打浆机打浆。使用时,先向打浆池子倒入净水,水深为池子深度的1/3,然后开动电动机,逐渐加入青料,随着水的流动流到刀片下,如此循回即将青料打成浆状。打成浆状后关闭电动机,将浆液取出即可喂猪。

2. 树叶类

我国树木资源丰富,树叶中含有丰富的蛋白质、矿物质和维生素,有100多种树的叶子可以用作猪饲料。用树叶喂猪,成本低、增重快、省精料、效益高,并有利于提高抗病力。树叶既可鲜喂,也可以采收后进行窖贮、缸贮,晒干粉碎后还可在冬、春枯草期饲喂猪。

槐树叶含粗蛋白质 19.1%、粗脂肪 54%、无氮浸出物 44.6%、钙 2.4%、磷 0.03%、赖氨酸 0.96% 以及多种维生素,尤其是胡萝卜素和维生素 B_2 含量丰富;2 千克槐叶粉的蛋白质含量相当于 1 千克豆饼。在猪饲料中添加 10%～15% 的槐叶粉,可以代替鱼粉饲料。

松针即松树的叶子,不仅营养丰富(每千克松针含胡萝卜素 250 毫克、钙 1.2 克、铁 320 毫克及铜、锌、钴等矿质元素),而且含有植物杀菌素,可以促进猪的生长,提高产品率,预防肠胃道疾病及各种维生素缺乏症,并对种公猪具有提高精液分泌量的作用。在种公猪的日粮中添加 4% 的松针粉,可使采精量提高 8%～10%。

泡桐树叶粉含粗蛋白质 19.32%、粗纤维 11.11%、粗脂肪 5.8%、无氮浸出物 54.83%、磷 0.21%、钙 1.93%。用泡桐树叶作饲料,除可提供营养物质外,还有促进猪生长和加快增重。据试验,体重 6～8 千克的断奶仔猪,每头每天添加 30 克泡桐树叶粉,连喂 2 个月,比对照组增重 24%;25～30 千克的架仔猪,隔天每头一次喂给 60 克泡桐树叶粉,连喂 1 个月,比对照组平均每头多增重 14%。

旱柳树叶中含粗蛋白质 11.1%、粗脂肪 2.11%、粗纤维 11.96%、无氮浸出物 54.13%、钙 0.57%、磷 0.08% 以及多种氨基酸,其主要营养成分含量高于一般牧草,粗纤维含量比一般牧草低,适口性好,可以直接打浆喂猪,也可以粉碎、发酵后喂猪。

另外,桑树、梨树、桃树、杨树、榆树、柿树、柑橘、葡萄、紫穗槐、杏、李等树的叶子,经过适当处理后,都可以用来饲喂猪。一般春季采集的嫩鲜叶适口性好,营养价值也高,夏季的青叶次之,秋季的落叶最差。

四、青贮饲料类

青贮是将新鲜可饲喂的青绿植物填装入青贮窖内,经过相当长的发酵过程制成一种优良饲料。在青料常年供应中占主要地位。青贮饲料可常年保存,扩大了饲料来源,随时供给猪只以青绿多汁饲料,填补

冬季和青黄不接时青绿饲料的不足。

1. 青贮的原料

利用青玉米秸、南瓜、大头菜、白菜帮、胡萝卜、甜菜和薯类秧蔓、树叶等进行青贮,都取得良好效果。

青贮要有适宜的含水量。青贮原料水分过多,酪酸菌易于生长,常引起腐臭。过酸或水分流失,猪不爱吃;水分过少,压实不好,易透空气,适于霉菌的繁殖,可能霉烂。青贮原料适宜含水量为70%~75%,含水少的可适量加水,水多的可晾晒一定的时间后再进行青贮。

青贮原料应有较多的糖分,才适于乳酸菌的生长。青贮料中的乳酸,主要是由糖转化来的,所以原料必须含有一定的糖分,才能使乳酸菌迅速生长,这是获得品质好的青贮饲料的关键之一。一般青玉米秸、甜菜、向日葵、薯秧等都含有相当数量的糖分,含糖量一般不低于新鲜原料重量的1%~1.5%。蛋白质多的植物不宜单贮,最好与含糖多的植物混合青贮。

2. 青贮技术

(1)窖址选择 青贮窖要设在地势高燥、排水良好、地下水位低、土质结实、距离畜舍近的地方。窖形多用圆形,易踏实,损失少,一般口径直径3米,深3米。长方形窖四角不易踏实,损失较大,一般不常用。青贮窖的容积及青贮料量的计算,先求出青贮窖的容积,然后再乘青贮原料单位容积重量,就得出全窖青贮料的重量。窖壁要平滑、垂直,否则,会影响青贮料下沉,原料疏松易透气,影响青贮料的品质。地下水位高时,窖底距地下水位50厘米,以防窖底出水。

(2)调制步骤 玉米过早收割产量低,有霜害时,也可在乳熟期收割。豆科野草在现蕾期或开花初期收割,禾本科野草在抽穗期收割。各种树的嫩枝叶可在7~8月份青贮。马铃薯秧在收获前1~2天进行青贮。南瓜充分成熟后进行青贮。胡萝卜缨、白菜帮在收获同时进行青贮。收割时应随时剔除干枯的玉米秸和有毒害的野草、野菜等。洒过杀虫药的原料,经过相当长时间才能进行青贮。①原料的搬运和切碎:防止水分蒸发。收割的当日铡完,不堆积过夜。②装窖:切碎的原料装入窖内时，随贮随踏实，踩踏时要特别注意周边及四角的地方，防止空气透入窖内。原料中水分少时逐层均匀加水，或与水分多的饲料混合青贮。水分过多时应加少量糠麸或干草粉，调节原料的含水量。当青贮窖装满时，要高出地面1.5米。贮完立即封窖，先盖一层厚10厘米左右的干净秸秆或青草，然后加30～40厘米厚的湿土。1～2天后再培一次土。以后要经常检查、培土，以防因下沉发生裂缝而进入空气。③开窖取用：青贮原料完成发酵过程后，即可开窖取用。禾本科青贮原料一般经40～50天后取用，豆科经60～70天取用。取用时先把覆盖土全部除去，然后，把秸秆及表层霉烂的青贮料取出扔掉，见到优良新鲜的青贮料时，一层一层取喂。切忌挖洞掏取青贮料。

五、块根、块茎、瓜果类

如甘薯、马铃薯、木薯、南瓜、甜菜、西瓜皮、西葫芦等，它们共同特点是水分含量很高，味道好，猪爱吃。缺点是蛋白质含量较低。

红薯（甘薯）营养价值较高，以熟喂为好，患有黑斑病的红薯会使猪中毒，不能用作饲料。马铃薯以熟饲为好，没有成熟和发芽的马铃薯含有一种名为龙葵素的有毒物质，采食过多容易引起胃肠炎，这种物质在青绿的皮上、芽眼中含量最多，喂前注意剜去，蒸煮也可以降低其毒性，但蒸煮的剩水不能喂猪。木薯中含有氢氰酸，能使猪中毒，可采取浸泡、煮沸、晒干或干热到70～80℃等方法减毒。

六、青干草类

青干草类是用新鲜的野生牧草或栽培草晒制而成的。品质好的干草颜色青绿，气味芬香，含有丰富的蛋白质、无机盐和胡萝卜素，适口性好，容易消化。干草的营养价值与收割期、调制和贮藏方法有密切关系。豆科牧草自始花到盛花，禾本科牧草由抽穗到开花，为适宜的收割期。青草在晒前把茎压扁，容易干燥，制成的干草颜色鲜绿，味道好。

第三节　猪的饲养标准

一、饲养标准

饲养标准是根据大量科学试验和动物生产实践所得的结果,经过归纳整理和分析,得出每天应供给动物所需营养物质的定额。饲养标准是动物营养需要研究应用于动物饲养实践的最具权威的表达,经过了大量的科学试验. 又在生产实践中不断总结完善,反映了动物生存和生产对饲料及营养物质的客观要求,具有很强的科学性和广泛的指导性。它是动物生产中组织饲料供应、设计饲料配方。生产平衡饲粮和对动物实行标准化饲养的技术指南和科学依据。然而,饲养标准是一个群体平均数,在生产中动物所处的环境条件与试验条件不尽相同,所以在具体使用饲养标准时,还可根据猪群情况和饲养管理条件作必要的调整,使之更符合猪群的需要。

目前各国使用的猪的饲养标准,在形式和内容上虽有所区别,但主要是按猪的类型、性别、年龄、体重和生产情况等,分别规定每日每头猪的营养需要量及每千克风干饲粮应具有的营养价值。

(一)饲养标准的含义

不能把饲养标准和饲料标准(定额)等同起来,两者含义不同。

1. 简单含义

系指畜禽每日每头需要营养物质的系统、概括、合理的规定,或每千克饲粮中各种营养物质的含量或百分比。

2. 正式含义

饲养标准是用以表明家畜在一定生理生产阶段下,从事某种方式的生产,为达到某一生产水平和效率,每头每日供给的各种营养物质的种类和数量,或每千克饲粮各种营养物质含量或百分比。它加有安全系数(保险系数、安全余量)。并附有相应的饲料营养价值表。

(二)营养需要的概念

1. 营养供给量

营养供给量是结合生产组织的人为供应量,它实质上是以高额为基础,能保证群体大多数家畜需要的营养物质都能满足。它加有安全系数,所以仍有些浪费。

2. 营养需要

营养需要是指畜禽最低营养需要量,它反映的是群体的平均需要量,未加安全系数。生产单位可根据自己的饲料情况和畜群种类体况加以适当调整,安排满足需要量。

(三)定额饲养与饲养定额

(1)定额饲养和饲养标准差不多,它是根据饲养标准和猪群具体情况来确定各类猪群每日所需(食)营养物质的种类和数量,即根据饲养标准来定额故有的称为"标准饲养"。

(2)饲养定额是指把已确定的营养物质的种类和数量的需要量定到某一具体的猪群身上,即饲养定额。

(四)饲养标准的作用

科学饲养标准的提出及其在生产实践中的正确运用,是迅速提高我国养猪生产和经济、合理利用饲料的依据,是保证生产、提高生产的重要技术措施,是科学技术用于实践的具体化,在生产实践中具有重要作用。

合理的饲养标准是实际饲养工作的技术标准,它由国家的主管部门颁布。对生产具有指导作用,是指导猪群饲养的重要依据,它能促进实际饲养工作的标准化和科学化。饲养标准的用处主要是作为核计日粮(配合日粮、检查日粮)及产品质量检验的依据。通过核计日粮这个基本环节,对饲料生产计划、饲养计划的拟制和审核起着重要作用。它是计划生产和组织生产以及发展配合饲料生产,提高配合饲料产品质量的依据。无数的生产实践和科学实践证明,饲养标准对于提高饲料利用效率和提高生产力有着极大的作用。

二、饲养标准的性质和应用

(一)饲养标准的科学性、实用性与相对合理性

动物的饲养标准是以营养科学的理论为基础,以生产实践的结果为依据,它的各项指标及数值都是从大量的科学试验得来,而已经过广泛的中间试验和生产实践的验证,查阅和依据了国内外大量的科学文献。所以动物的饲养标准是近代营养、饲养科学技术发展的总结和生产实践经验的总结的总结,即两个总结的总结。它既反映了营养需要科学性的一面,又有切合实际的一面,是理论结合实际,具有高度的科学性和实用性。例如中国近几年采用自己制订的猪饲养标准,经过中间试验和小批量生产检验。采用饲养标准 11 667 头猪比未采用的10 101 头猪,平均饲养期缩短 25 天(125:150),每头猪的日增重提高19.9%(560 克:467 克),瘦肉率提高 21.7%(56:46),饲料利用效率提高 22.7%(0.27:0.22),平均每头出栏商品猪纯收益增加 5.44 元。由此可见,饲养标准具有很高的科学性和实用性,对生产实践有很大的指导作用。然而由于实际生产条件的复杂和多种多样,饲养标准的正确应用和动物的营养需要,又要受许多因素的影响,诸如动物种类、品种类型、年龄、性别、生理状态、生产水、生产目的、地区、气候、饲料条件、饲养方式、环境条件以及社会经济等,所以饲养标准的科学性是相对于生产上的盲目性而言,它本身具有一定局限性,它规定的需要量数值不可能太细、太具体,反映的是群体的平均数,因而就具有概括性。由于饲养标准是在一定的科学发展水平的历史背景下产生的,它的制

订要受营养、饲养科学发展水平的约束。因为营养饲养科学还有许多未知领域和技术尚需人们去深入认识和掌握,现在的饲料营养价值评定与营养需要测定的原理和方法还有弱点,因此饲养标准的科学性和实用性,是目前科学技术水平和生产条件下的科学性和实用性,故具有相对的合理性。

(二)饲养标准的普遍性、地域性与特殊性

动物的营养需要与饲养标准是一定历史条件下对客观事物和规律的反映,是当时(时期)当地(国家)科学技术发水平的反映。由于同类动物种质特性的稳衡性,以及科学技术知识的积累和生产条件的改善,在一定时期内是渐进的和连续的,因此不同时期饲养标准之间基本原理和不少指标有许多共同之处,前后各版次之间有一定的继承性,具有相对稳定性。由于世界各国制订饲养标准都依据共同的营养、饲养科学的理论基础和实验手段,所以饲养标准的基本原理和基本内容有许多共同之点,一个国家的饲养标准往往被另一些国家所采用,或作为借鉴用以制订自己国家的饲养标准,所以饲养标准又具有普遍性。但是,由于各国的社会制度、生产体系、管理条件、生产目标、饲料资源、动物种类、环境条件等方面存在着不同的差异,各国的饲养标准有许多反映本国特点、适应本国国情的个性,所以饲养标准又具有明显的地域性和特殊性。以中国猪的饲养标准为例,由于中国的猪种、饲料来源、生产条件、粮食供应、饲养制度、经营方式、劳力资源以及自然条件等与发达国家不同,所以养猪生产不能盲目追求高日粮、高水平、高速度、高度机械化,而是在以本国植物性饲料日粮为主的条件下,引入瘦肉率高的外种公猪与本国地方良种母猪进行二元或三元杂交,以其杂交后代作为饲养对象,以达到既提高饲料利用效率和经济效益,又有较快日增重和较高瘦肉率的目的。

(三)饲养标准的原则性和灵活性

任何饲养标准的产生,既是当时(时期)当地(国家)科学技术发展

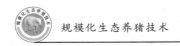

水平的反映,又都来源于饲养实践,反过来又指导新的实践,为畜牧生产实践服务,使畜牧生产者有了科学饲养的依据。

饲养标准的提出,一方面使饲料工业生产配合饲料有章可循,另一方面使畜牧工作者饲养动物有据可依,因此在饲养实践中应力求按照饲养标准配制日粮,核计饲粮,进行配合饲料的生产,提高配合饲料质量,坚持饲养标准的原则性;然而,畜牧业生产的条件是非常复杂和千变万化的,影响的因素也很多,因此,在使用饲养标准时,又要掌握灵活性,但是灵活性不是随意性,因为饲养标准的灵活应用是以当代营养饲养科学的理论为依据,以具体实践为根据的。所以使用时应根据生产条件的具体情况和实际应用后的效果加以适当的调整,灵活地应用,不能生搬硬套,从而使饲养标准更加切合当时当地以及某一动物具体的生产实际。

同时,在生产实践中,要注意两个角度的营养需要,即生理代谢角度和实际生产角度,例如从生理代谢角度看,猪对氨基酸需要,无所谓必需与非必需氨基酸,20 种氨基酸统属需要之列,但从生产实际出发,则生长猪仅需要 10 种必需氨基酸,甚至只需要考虑其中 3～4 种限制性氨基酸,特别是赖氨酸和蛋氨酸。并且要考虑理想蛋白质,注意各种氨基酸的配比。

第四节　猪的饲粮配合

饲粮配合是饲养实践中的重要环节之一,饲粮配合的合理与否,直接影响动物的生产性能、饲料资源的利用以及养殖效益。通常将满足 1 头猪 1 昼夜所需各种营养物质而采食的各种饲料总量称为日粮。养殖生产中多为群饲,因此常根据日粮中各种饲料重量换算成百分含量后自制成满足某一类猪群需要的混合饲料,然后按日分顿饲养或自由采食,这种按日粮中各种饲料比例配制成的混合饲料称为饲粮。一般将能量和营养物质含量与比例可全面满足猪营养需要的日粮(饲粮)称为全价日粮,否则称为非全价日粮(饲粮)。

一、配合饲料的分类

目前配合饲料有两种分类方法:

(1)按营养和用途的特点分为添加剂预混合饲料、浓缩料和全价料。这是配合饲料产品的基本类型。

添加剂预混料是指将一种或多种微量组分(各种维生素、矿物质、合成氨基酸、某些非营养性添加剂等)与稀释剂或载体按要求配比均匀混合构成的中间型配合饲料。它是全价配合饲料的核心部分,其生产目的是使含量极微的添加剂经过稀释扩大,从而使其中有效成分均匀分散在配合饲料中。一般要求添加剂预混料的添加比例占全价配合饲料的1%或稍高。

浓缩饲料是指全价饲料中除去能量饲料,其余部分由蛋白质饲料、常量矿物质饲料和添加剂预混料配合而成。配合饲料是浓缩饲料加上能量饲料,即全价饲料。浓缩饲料与能量饲料配合比例大致是3︰7左右。

使用添加剂预混料和浓缩饲料,可以免去能量饲料如玉米等的往返运输费用,就地取材配合全价饲料,降低饲料成本,同时可发挥大型饲料生产企业的技术和设备优势,提高一般养猪场(户)的饲料质量。目前养猪场(户)利用添加剂预混料或浓缩饲料配合全价饲已成为一种较为普遍的做法。

(2)按饲料形状分为粉状饲料、颗粒饲料、碎粒料、压扁饲料以及其他,包括膨化漂浮饲料、块状料、液体饲料。现实中小猪用全价料的多些;小型猪场用浓缩料的多些;大型猪场用预混料的多些。

二、配合饲料配方设计原则

配合饲粮必须遵循以下几项原则：

● 饲粮应满足猪全面的营养需要。因此配制饲粮必须以饲养标准基础，全面满足猪对能量、蛋白质和氨基酸、矿物质以及维生素等的需要。饲粮营养浓度特别是能量浓度和蛋白比应适宜。所谓能量浓度，是指1千克饲粮中含能量（通常用消化能）的多少。饲料能量浓度过高时，不限量饲喂会造成浪费，按标准饲喂猪又没有饱腹感；饲粮能量浓度过低时。由于猪胃肠容积有限，很难摄取到足够量的能量和营养物质。

● 饲粮的饲料组分应符合猪的消化生理特性。猪消化利用粗纤维的能力差，故饲粮中的粗纤维含量应控制在相应水平，否则不仅降低猪的生产性能和饲料利用率，还会影响饲料的适口性。

● 配制饲粮时应既考虑满足猪的营养需要，又设法降低饲粮成本。因此饲料原料的选用而因地制宜，就地取材，做好经济核算。

1.按猪只体重来配制不同的饲料

从猪只生长发育的整个过程中来看，小猪阶段主要表现为骨骼的生长、中猪阶段主要长肉、大猪阶段主要长膘这一生长发育规律，同时猪只对营养的吸收也有一定规律，蛋白质的需要是前高后低，脂肪沉积是前低后高。在育肥期20～35千克，中猪阶段35～60千克，大猪阶段60～90千克，根据三个不同阶段猪的生理特点、消化功能、生长速度不同，所需要的能量、蛋白质、矿物质和维生素的数量和比例就不同，要求饲料原料和配方也应该不同，不要采用一个配方喂到底的方式养育肥猪。

2.饲料营养要全面、品种要多样化

在保证玉米、糠麸、饼粕、动物性饲料比例的同时，更要满足矿物质和维生素的添加比例。每一类饲料最好多用几种原料，这样可以起到营养互补，提高饲料利用率的目的。例如，在选择饼粕类蛋白饲料时，

要多用几种原料,豆粕赖氨酸含量较高,而蛋氨酸含量很低,通过多种原料的配伍来互补各种

3.配好的饲料浓度要适宜、体积要适当

猪的饲料是由能量饲料和蛋白饲料为基础日粮,常用"玉米＋豆粕"型等配方来配制,单位营养水平高,猪吃多了浪费,吃少了又没有饱腹感。相反,如果采用过多的粗饲料、青绿饲料来作为猪的日粮,就会出现营养水平过低,饲料体积大、即使吃饱了也满足不了生长发育所需要的营养,直接导致育肥猪生长速度缓慢。所以育肥猪饲料应严格控制粗饲料、牧草、糟渣类及糠麸类饲料的配合比例。另外,发酵稻草、玉米秸不能喂育肥猪。

4.饲料原料必须安全无毒

在猪的饲料中,不能使用发霉变质的饲料原料、禁用药物和瘦肉精等对人身体健康有毒有害的物质。出栏前 15 天,饲料内不要加入任何药物和添加剂。不要盲目地追求猪睡觉、排黑粪、红皮和饲料香味。冬季不能使用冰冻结块的饲料。

三、各阶段育肥猪的生理特点和饲料配合技术

1.断奶仔猪

断奶仔猪是整个育肥猪最关键的时期,也是长身体的基础期,这阶段特点是肌肉、骨骼等组织器官相对生长速度快,生理机能不完善,胃酸分泌不足,蛋白酶、淀粉酶形成减少,对植物性饲料消化率降低,容易引起消化不良而发生腹泻。因此,日粮应该采用高能量、高蛋白、低纤维的精料型,维生素、微量元素必须充足。营养水平控制在消化能 13.81 兆焦/千克、粗蛋白质 18%、赖氨酸 1.2%、钙 0.7%、磷 0.6%、粗纤维小于 4%。

仔猪饲料中最好加入下列物质:0.5%～3%有机酸,可以使防腹泻和助消化的功效更明显;5%～10%乳清粉,能够提高胃肠道酸度和各种消化酶的活性,从而提高饲料的转化率和生长速度;0.2%～0.3%猪

用复合酶制剂,可以促进饲料营养的消化吸收;3%～5%植物油,提高饲料的能量浓度;用膨化大豆粉或炒熟大豆粉代替豆饼,对仔猪更有益。由于小规模饲养户可能购买和使用这些原料不方便。因此,建议小规模的饲养户最好喂一周仔猪颗粒料,然后逐渐过渡到幼猪料。

应控制添加比例的饲料有糠麸不超过10%;普通大豆饼的添加比例在20%以下,蛋白质不足部分可以用鱼粉、奶粉、喷雾干燥血粉等动物性蛋白饲料补充;不加杂饼、粗糠。

2. 幼猪

这个阶段的特点是骨骼和肌肉的生长快速.而脂肪的增长比较缓慢,胃的容积较小,神经系统和机体对外界环境的抵抗力也正处于逐步完善阶段。因此,除了对蛋白质需要量大外,对钙、磷、维生素和微量元素要求也比较高。营养水平控制在消化能13.39兆焦/千克、粗蛋白质16%、赖氨酸1.0%、钙0.6%、磷0.5%、粗纤维小于4%。

该阶段猪的生理机能基本完善,淀粉酶和蛋白酶的分泌日趋正常。饲料酵母、杂饼、血粉可分别添加3%～5%。糠麸可加10%～15%,但不能喂粗糠和饭店的下脚料。

3. 中猪

中猪以长皮、骨、肉为主,脂肪沉积能力弱,但生长强度大,单位增重耗料少,应抓住这个强度生长时期进行强度饲养,实行优饲。此时能量摄入量是增重和瘦肉生长限制因素,在营养全价、成本允许的前提下,尽可能采用高能量日粮,以便提高日增重和饲料转化率。实践证明,高能日粮饲养的肉猪可以缩短饲养周期20～35天。为了应对高速生长可能带来的应激,必须适当增加维生素、微量元素、氨基酸的比例,提高适口性、降低日粮的粗纤维含量。营养水平控制在消化能12.97兆焦/千克、粗蛋白质14%、赖氨酸0.85%、钙0.60%、磷0.5%、粗纤维小于5%,饲料酵母、杂饼、血粉可以加5%～8%。中猪后期可以加5%粗糠和一定比例煮熟的饭店下脚料。还可以喂5%～10%的优质青绿饲料。

4.大猪

大猪特点是消化功能完善,对各种饲料的消化吸收力强。运动量少,脂肪组织生长旺盛,肌肉和骨骼的生长相对较缓慢。因此,肥育后期重点满足能量饲料的供给,降低蛋白质饲料的比例。由于能量饲料转化为脂肪的效率高,而蛋白质转化为脂肪的效率又低,所以不能大量利用豆粕催肥。营养水平控制在消化能 12.97 兆焦/千克、粗蛋白质13%、赖氨酸 0.7%、钙 0.5%、磷 0.4%、粗纤维小于 6%。

一般情况下粗糠可以加 15% 左右,青饲料 10%～15%。鱼粉、鱼油、蚕蛹粉、未经处理的鸡粪不宜添加,否则影响猪的肉质。

四、配合饲料配方设计的注意点及发展方向

饲料配方是根据动物的营养需要、饲料的营养价值、原料的现状及价格等条件合理地确定各种饲料的配合比例,它必须满足动物的营养,充分发挥动物的生长、生产能力,获得数量多、品质好、成本低的产品,所以设计饲料配方时必须了解动物对各种营养物质的需要量和各种饲料原料的特性,只有在此基础上才能进行合理科学的饲料配合。

1.浓缩料设计中试差法与四边形法的应用

(1)试差法　也称试配法。是一种比较简便和易于掌握的饲粮配合方法。其实质是反复对比所给饲料中提供的各营养物质总量与标准需要量,并根据两者之差调整各饲料比例直至其差值最小甚至消失。试差法的主要步骤是:

第一步,查表:从饲养标准中查出猪的营养需要量或每千克饲粮中营养成分含量;从饲料营养成分表中查出拟选用的各种饲料的营养成分含量。

第二步,试配:试定各种选用饲料的配合比例,并计算出试配饲粮中各种主要营养成分的含量,然后将其与饲养标准进行比较。

第三步:调整加试配调粮营养成分含量与饲养标准不符,则需调整试配饲粮中的饲料比例或更换饲料种类,再进行计算、比较,如此反复,

直至使饲粮中的营养成分含量与饲养标准规定的数值基本相符合。一般情况下,只要试配几种营养成分含量与饲养标准基本相符,便不再进行调整。

第四步,补充:根据需要补充微量元素添加剂、复合维生素添加剂等。

示例:利用试差法配制 20～60 千克体重阶段瘦肉型生长猪全价饲粮。现场可供选择的饲料原料有玉米、大豆饼、小麦麸、鱼粉、磷酸氢钙、食盐、微量元素添加剂。复合维生素添加剂等。

第一步:查饲养标准可知,20～60 千克体重瘦肉型生长猪每千克饲料营养成分含量指标为:消化能 12.97 兆焦,粗蛋白质 16.0%,赖氨酸 0.75%,蛋氨酸＋胱氨酸 0.38%,钙 0.06%,磷 0.50%,食盐 0.23%。

查饲料营养成分表找出拟选用饲料的营养成分含量。

第二步:初步拟定各种饲料占饲粮比例,并计算所试配饲粮的营养成分含量然后与饲养标准进行比较。

第三步:经比较,试配饲粮的营养成分与饲养标准基本相符;符合生长猪要求,故不再进行调整。

第四步:根据需要补充食盐、微量元素添加剂和维生素添加剂。

(2)四边形法 也称四角法。这种方法首先解决能量和粗蛋白质两项需要指标,使之符合饲养标准的规定数额,然后再补足其他各项需要,最终配成全价饲粮。

利用四边形法配合饲粮时,通常先根据饲养习惯和饲料条件确定部分饲料用量,并计算出这部分给定饲料中所含的各种营养物质总量,然后将所提供的营养物质总量与饲养标准相比较,求出差值,再用求出的两种或两种以上不同蛋白能量比(单位重量每兆焦消化能对应的粗蛋白质克数)的饲料,依四边形法计算补足所缺的能量和蛋白质。当所留出饲料在两种以上时,可以先将饲料根据其性质混合成两种不同蛋白比(一种高于所缺部分的蛋白比,一种低于所缺部分的蛋白质)的混合料,然后按四边形法计并满足能量和蛋白质需要的两种混合料比例。

再依原混合料中各种饲用原料所占比例分别求出各种饲料在饲粮中的数量。最后补足同粮中所缺的其他营养物质。

示例：利用四边形法配制60～90千克体重阶段瘦肉型肉猪的全价饲粮。现场可供选择的饲料原料有玉米、大豆饼、小麦麸、米糠、石粉、磷酸氢钙、食盐、微量元素添加剂、复合维生添加剂等。

第一步：查饲养标准可知，60～90千克体重瘦肉型每千克饲粮营养成分含量。

第二步：根据饲料原料的具体情况，确定部分饲料的给量。小麦麸、米糠为加工副产物，来源广，价格低，但粗纤维含量较高，按瘦肉型猪营养需要，确定小麦麸给量为15％，米用给量为10％，按饲料营养成分计算此两种饲料的提供营养物质。将小麦麸和米糠提的营养物质总量与饲养标准比较，计算出各种营养物质缺量。

第三步：用四边形法计算玉米与大豆饼的给量。为使四边形的计算结果能同时满足消化能和粗蛋白质两项需要，应寻求一个双关指数。这里最适用的是蛋白能量比得出计算结果。

按四边形的规定，标准尚缺部分的蛋白的虽比为目标要求达到的，应写在四边形中心，玉米和大豆饼的蛋白能量比分别写在四边形的左上角和左下角。将玉米和大豆饼蛋白能量由与标准尚缺部分的蛋白能量比的差值写在相应的对角线位置。

四边形法计算结果可知，当玉米和大豆饼的消化能按20.211 3与4.420 9比例配合时，即可同时满足所缺消化能及粗蛋白质。即玉米所提供的消化能占所缺消化能的比例为 20.211 3÷（20.211 3＋4.420 9）×100％＝82.05％，大豆饼所提供的消化能占所缺消化能的比例为17.95％。由此可计算玉米和大豆饼应满足的消化能分别为：8.456 1兆焦和1.848 9兆焦。所以玉米的重量应为0.596 0千克，大豆饼的重量为0.136 9千克。按此重量加入玉米和大豆饼后检查各项营养成分的满足情况。

经比较可知，消化能、粗蛋白质、赖氨酸与饲养标准基本相符，磷超标，但经计算有效磷恰好满足标准需要，蛋氨酸＋胱氨酸超标，但无妨。

尚有钙、食盐等需要补充。

第四步:补足其他指标。由以上计算可知,尚缺钙4.234 8克,食盐2.5克。现有原料中石粉含钙35%,需添加石粉量为12.10克,这样可使饲粮钙符合饲养标准要求。再按饲养标准要求加入食盐25克,补充微量元素添加剂、复合维生素添加剂,即可配制成满足60~90千克体重阶段瘦肉型肉猪营养需要的全价饲粮。所以,按计算结果,饲粮组成如下:

饲料	配比/%
玉米	59.6
大豆饼	13.7
小麦麸	15.0
米糠	10.0
石粉	1.21
食盐	0.25
合计	99.76

注:按要求添加微量元素添加剂和复合维生素添加剂。

需要指出是,上述计算结果并不是唯一的解,更不一定最为合理,要得出更为科学(最佳)的饲粮配方,只有借助于电子计算机等才能解决。

2.以理想蛋白质模式理论为基础设计配方

理想蛋白质模式理论是对蛋白质的氨基酸营养价值和动物对氨基酸需要量两方面研究的结晶。

3.组合应用非营养性添加剂

众多试验与应用效果证实,益生素、酶制剂、酸化剂、低聚糖、抗生素等饲料添加剂,不仅单独添加对提高饲料利用率、促进动物生产性能的充分发挥有良好的作用,而且它们之间科学组合使用具有加性效果,是目前国内外提高养殖经济效益采用的一种有效、经济和简捷的途径。

4.应用小肽的营养理论指导饲料配方

传统的观点一直认为动物采食的蛋白质,在消化道内蛋白酶和肽酶的作用下降解为游离氨基酸后才能被动物直接吸收利用。但在许多的试验中,人们发现动物对饲料各种氨基酸的利用程度不完全受单一限制氨基酸水平的影响,按照蛋白质降解为游离氨基酸的理论使氨基酸纯合日粮或低蛋白平衡氨基酸日粮,动物并不能达到最佳生产性能。随着人们对蛋白质消化吸收及其代谢规律研究的不断深入,人们发现蛋白质降解产生的小肽(二肽、三肽)和游离氨基酸一样也能够被吸收,而且小肽比游离氨基酸具有吸收速度快、耗能低、吸收率高等优势。据报道,在仔猪饲粮中添加富肽制剂,可使饲料转化率提高 11.06％,提减仔猪重 12.93％,腹泻率降低 60％,经济效益提高 15.63％。

5.应用配方软件技术提高配方设计的科学性和准确性

计算机配方软件技术由初等代数上升为高等教学,主要是应用运筹学的各种规划方法,使配方设计由单纯的配合走向配合与筛选结合,能够较全面地考虑营养、成本和效益,克服了手工配方的缺点,为配方调整、经济分析和采购决策提供大量的参考信息,大大提高配方设计效率,实现成本最小化、收益最大化的目标。

五、各类猪群饲料配制注意事项

1.仔猪料

仔猪料的配制应充分考虑到仔猪的消化道的特点和抵抗力的特点去配制,不能只求经济,忽视效益。

2.后备猪料

后备猪料中应考虑到钙、磷的添加数量和比例。

3.公猪料

考虑到公猪生产的特点,结合猪精子的组成成分,在配制饲料时应加大蛋白饲料和部分矿物质微量元素的添加。

4.妊娠母猪料

应考虑怀孕前后期对营养需求的不同添加各种成分。

在配合饲料里,科技含量最大的就是配方,最不好把握的就是原料。但是,随着计算机技术在饲料行业的应用,配方已经不再是技术的核心。将来养殖行业与饲料行业将会成为一体。但是目前作为一般的小型的养猪场,最好还是用预混料去配制饲料,而不是自己去配制采供原料去做全价料。

第五节　猪的生态饲料

随着畜牧业生产规模的不断扩大和集约化程度的不断提高,畜牧生产过程中产生的大量氨气、硫化氢、粪臭素、三甲基氨等恶臭气体和粪尿中的氮磷等元素、重金属等,造成了严重的环境污染;同时,随着经济的不断发展和人民生活质量的逐步提高,不仅要求食物富含营养、卫生安全,而且也要求整个生产的全过程有良好的环境。因此,配制生态营养饲料,降低畜牧业环境污染,成为促进畜牧业可持续发展、从根本上治理畜牧业污染的一项行之有效的措施。

一、生态饲料的提出

畜牧生产对环境造成的污染主要来自畜禽粪尿排出物及食物中有度有害物质的残留,其根源在于饲料。畜禽饲养者和饲料生产者为最大限度地发挥畜禽的生产性能,往往在饲料配制中有意提高日粮蛋白浓度,造成粪尿中氮的排出增多。不注意饲料中矿物元素、微量元素及有毒有害物质在畜禽体内的富集和消化不完善物质的排出,致使畜禽食品有害物质残留超标,危害了人体健康,磷、铜、砷、锌及药物添加剂排出后,造成水土的污染,恶化了人们的生活环境。

随着动物营养研究的进一步深入和人类环保意识的不断增强,解决畜禽产品公害和减轻畜禽对环境污染问题被提到了重要议事日程。生态饲料就是利用生态营养学理论和方法,围绕畜禽产品公害和减轻畜禽对环境污染等问题,从原料的选购、配方设计、加工饲喂等过程进行严格质量控制,并实施动物营养调控,从而控制可能发生的畜禽产品公害和环境污染,使饲料达到低成本、高效益、低污染的效果。

其特点如下:

(1)强调最佳饲料利用率——提高饲料资源利用率、减少排泄;

(2)强调最佳动物生产性能——追求饲养效果和经济性;

(3)强调安全性——尽可能减少且合理地使用抗生素和其他药添加剂,不使用激素或违禁药物添加剂,不滥用可能对环境造成污染或危害的非药物添加剂;

(4)强调饲料的适口性和易消化性;

(5)强调采用非抗生素和非化学合成添加剂,特别是天然有机提取物改善饲料的品质和利用效率;

(6)强调改善动物产品的营养品质和风味;

(7)提倡使用有助于动物排泄物分解和驱除不良气味的安全性饲料添加剂,强调促进生态和谐;

(8)提倡采用合理的饲料添加工艺提高饲料利用率,减少药物的交叉污染。

就现实情况而言,我们在实用日粮的配合中必须放弃常规的配合模式而尽可能降低日粮蛋白质和磷的用量以解决环境恶化问题。同时要添加商品氨基酸、酶制剂和微生物制剂,可通过营养、饲养办法来降低氮、磷和微量元素的排泄量。采用消化率高、营养平衡、排泄物少的饲料配方技术。因此,生态饲料可以用公式表示为:生态饲料=饲料原料+酶制剂+微生态制剂+饲料配方技术。饲料原料型生态饲料:这种饲料的特点是所选购的原料消化率高、营养变异小、有害成分低、安全性高,同时,饲料成本低。如秸秆饲料、酸贮饲料、畜禽粪便饲料、绿肥饲料等。当然,以上的饲料并不能单方面起到净化生态环境的功效,它需要与一定量的酶制剂、微生态制剂配伍和采用有效的饲料配方技术,才能起到生态饲料的作用。微生态型生态饲料:在饲料中添加一定量的酶制剂、益生素,能调节胃肠道微生物菌落,促进有益菌的生长繁殖,提高饲料的消化率。具有明显降低污染的能力。如在饲料中添加一定量的植酸酶、蛋白酶、聚精酶等酶制剂能有效控制氮、磷的污染。综合型生态饲料:这种饲料综合考虑了影响环境污染的各种因素,能全面有效地控制各种生态环境污染。但这种饲料往往成本高。

二、生态饲料的配制

1.原料的合理选择

饲料原料是加工饲料的基础,选择原料首先要保证原料的 90% 来源于已认定的绿色食品产品及其副产品,其他可以是达到绿色食品标准的产品。其次,要注意选购消化率高、营养变异小的原料。据测定,选择高消化率的饲料至少可以减少粪尿中 5% 氮的排出量。再次是要注意选择有毒有害成分低、安全性高的饲料,以减少有毒有害成分在畜禽体内累积和排出后的环境污染。

2.饲料的精准加工

饲料加工的精准程度对畜禽的消化吸收影响很大,不同的畜禽对饲料加工的要求是不一样的。李德发(1994)报道,猪饲料颗粒在 700~800 微米之间,饲料的转化率最高。采用膨化和颗粒化加工技术,可以破坏和抑制饲料中的抗营养因子、有毒有害物质和微生物,改善饲料卫生,提高养分的消化率,使粪便排出的干物质减少 1/3。

3.配制氨基酸平衡日粮

氨基酸平衡日粮,是指依据"理想蛋白质模式"配制的日粮。即日粮的氨基酸水平与动物的氨基酸水平相适应的日粮。据报道,在满足有效氨基酸需要的基础上,可以适当降低日粮的蛋白质水平。有研究资料表明,畜禽粪便、圈舍排泄污物、废弃物及有害气体等均与畜禽日粮中的组成成分有关。将猪日粮中的蛋白质含量每降低 1%,氮的排出量则减少 8.4%。如果将日粮中的粗蛋白含量从 18% 降低到 15%,即可将氮的排放量降低 25%。如果将鸡的日粮中蛋白质减少 2%,粪便排氮量可减少 20%。粪便污染的恶臭主要由蛋白质的腐败所产生,是日粮中营养物质吸收不全造成的,如果提高日粮蛋白质消化率或减少日粮蛋白质供应量,那么恶臭物质的产生将会大大减少。这不仅可以节省蛋白质资源,而且也是从根本上降低畜禽粪便氮污染的重要措施。

4.根据畜禽品种及其不同的生长阶段配制日粮

动物不同的生长阶段其营养需要差别很大,生产中要尽可能地准确估计动物各阶段环境下的营养需要及各营养物质的利用率,设计出营养水平与动物生理需要基本一致的日粮,这是减少养分消耗和降低环境污染的关键。近年的许多研究报道表明,根据畜禽不同年龄、不同生理机能变化及环境的改变配制日粮,可以有效地减少氮磷的排放量。氨基酸需要随畜禽年龄和生理状态而异,要使氮的损失降到最低,必须经常调整氨基酸的供给量。对饲养种猪而言,实行阶段饲喂对降低氮的排出是有益的,妊娠母猪对氮的需要量远低于泌乳母猪,妊娠期重新配制日粮比使用同种日粮可降低氮的排出量15%～20%,且不影响繁殖性能。

三、合理利用饲料添加剂

在日粮中添加酶制剂、酸化剂、益生素、丝兰提取物、寡聚糖和中草药添加剂等,能更好地维持畜禽肠道菌群平衡,提高饲料消化率,减少环境污染。

1.添加酶制剂

Officerh 和 Batterham(1992)对猪的试验表明,添加微生物植酸酶后猪回肠的蛋白质和必需氨基酸的表观消化率提高了9%～12%。对肉鸡的研究也表明,日粮中添加植酸酶,可节约1%的蛋白质,使氮的排泄量降低10%,而不影响其生产性能和胴体品质。同时,添加微生物植酸酶可使粪便磷的排泄量减少50%,而通过减少外源磷的添加或提高饲料转化率的方法仅能降低10%(Simous 和 Versteegh,1990)。Lei 等(1993)研究表明,在断奶仔猪玉米-豆粕型日粮中添加 750 单位/

千克植酸酶,植酸酶的利用率呈线性升高趋势,粪便中磷的排泄量降低42%。在家禽、仔猪或生长育肥猪的(小麦或大麦)基础日粮中添加 β-葡聚糖酶和木聚糖酶,可减少非淀粉多糖产生的黏性物,提高能量、磷和氨基酸的利用率。

2. 添加酸化剂

酸化剂主要用于仔猪。在断奶仔猪日粮中添加 1%~2% 柠檬酸和延胡索酸,可改善饲料利用效率 5%~10%,提高增重 4%~7%,降低仔猪腹泻率 20%~50%。仔猪日粮加酸的效果与酸化剂的种类、添加量和饲粮类型有关。延胡索酸的适宜添加量为饲粮的 2%~3%,柠檬酸为 1%,而以乳酸为基础的复合酸化剂一般添加 0.1%~0.3%。从饲粮类型看,全植物性饲粮酸化的效果比含大量动物性饲料的效果要好。肉鸡和犊牛饲粮中添加酸化剂对提高饲料利用率,减少环境污染,促进动物健康和生长也有一定的作用。

3. 添加益生素

当动物肠道内大肠杆菌等有害菌活动增强时,会导致蛋白质转化为氨、胺和其他有害物质或气体,而益生素可以减少氨和其他腐败物质的过多生成,降低肠内容物、粪便中氨的含量,使肠道内容物中甲酚、吲哚、粪臭素等的含量减少,从而减少粪便的臭气。芽孢杆菌在大肠中产生的氨基化氧化酶和分解硫化物的酶类,可将臭源吲哚化合物完全氧化成无臭、无毒害、无污染的物质。同时芽孢杆菌还可以降低动物体内血氨的浓度。另外,在饲料中添加嗜酸乳酸杆菌、双歧杆菌、粪链球菌等均能减少动物的氨气排放量,净化厩舍空气,降低粪尿中氮的含量,减少对环境的污染。

4. 添加丝兰提取物

1982 年美国研究者测定出丝兰提取物中的有效成分,可限制粪便中氨的生成,提高有机物的分解率,从而可降低畜禽舍空气中氨的浓度,达到除臭效果。最新的研究表明,此提取物有两个活性成分,一个可与氨结合,另一个可与硫化氢、甲基吲哚等有毒有害气体结合,因而具有控制畜禽排泄物恶臭的作用。同时,它还能协同肠内微生物分解饲料,提高肠道的消化机能,促进营养成分的吸收,并能抑制微生物区系尿素酶的活性,从而抑制尿素的分解,减少畜禽排泄物中 40%～50% 的氨量。

5.添加沸石、钙化物等

沸石是天然矿物除臭剂,内部有许多孔穴,能产生极强的静电吸附力。添加到饲料中或撒盖在粪便及畜禽舍地面上,或作为载体用于矿物质添加剂,均可起到降低畜禽舍内温度和氨浓度的作用。同时,它可交换吸附一些放射性元素和重金属元素,对畜禽消化道氨气、硫化氢等有害气体也有很强的吸附作用。如在猪日粮中添加 5% 的沸石,可使排泄物中氨气含量下降 21%。另外,在畜禽日粮中添加硫酸钙、氯化钙和苯甲酸钙,也能降低粪便的 pH 值,从而减少氨气的挥发。

6.添加寡聚糖

目前动物营养界研究的寡聚糖都是功能性寡聚糖,它是一种动物微生态调节剂及免疫增强剂。近年来,国外研究证明,寡聚糖具有类似抗生素的作用,但却具备无污染、无残留、功能强大的特点,因而成为动物营养界研究开发新型生态营养饲料添加剂的热点之一,是取代抗生素的理想生态营养饲料添加剂。它可以促进动物后肠有益菌的增殖,提高动物健康水平;通过促进有害菌的排泄、激活动物特异性免疫等途径,提高畜禽的整体免疫功能,有效地预防畜禽疾病的发生。

7.中草药添加剂

中草药添加剂是以天然中草药的物质(阴阳、温热、寒凉)、物味(酸、甜、苦、辣、咸)、物间关系等传统中医理论为主导,辅以动物饲养和饲料工业更现代科学理论技术而制成的纯天然的绿色饲料添加剂。中草药属纯天然物质,具有与食物同源、同体、同用的特点,应用于饲料行业,是一种理想的生态营养饲料添加剂,可起到改善机体代谢、促进生长发育、提高免疫功能及防治畜禽疾病等多方面的作用。如艾叶、大蒜、苍术等,不仅能促进畜禽生长发育,而且还能提高畜禽对饲料的利用率。

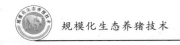

第六节　养猪生产中禁用抗生素的对策

抗生素因其在促进畜禽生长,提高饲料转化率,预防畜禽疾病,维持动物健康等方面具有显著的效果,在畜禽养殖业中得到广泛的应用。然而,长期在饲料中大量添加抗生素可引发耐药性及药物残留等问题,影响肉产品的质量,甚至可能危害消费者的健康。近年来,抗生素的规范使用备受养猪行业的关注。瑞典于1986年开始全面禁止在猪饲料中使用抗生素,随后欧盟于2006年全面禁止抗生素作为饲料添加剂进行使用。抗生素滥用的潜在威胁及消费者对畜产品安全的呼声日益高涨,这对我国养猪业提出了严峻的挑战,寻找抗生素替代物及相应的饲养管理措施,是我国养猪业亟待解决的问题。

从北欧禁用抗生素的情况来看,通过营养手段,加强动物管理并改善动物饲养环境,可以在不使用抗生素促生长添加剂的情况下,维持相当水平的饲养效果。

一、改善营养手段,提高猪的生产性能

1.使用低蛋白饲粮

在不添加饲用抗生素的情况下防止仔猪腹泻的最重要的营养手段是降低饲粮粗蛋白水平。相对于高蛋白饲粮,添加合成氨基酸的低蛋白饲粮更能有效减少肠道疾病的发生。对大部分猪群而言,将饲粮粗蛋白水平调低3%～4%可能并不会影响仔猪对氨基酸的需求,但对于保育猪则有必要将其中断奶较早的猪饲粮粗蛋白水平控制在18%以下以减少腹泻及肠道功能紊乱的发生。在这样的饲粮中,必需氨基酸的含量可能无法达到推荐标准,从而导致仔猪生长受限。不过在高蛋白饲粮条件下,仔猪若发生腹泻也同样会降低生长性能。由于该阶段

饲粮氨基酸无法满足需要的状况并不会持续太长时间,因此对该阶段整体生长性能并无实际影响。研究表明,以低于 NRC(1998)粗蛋白水平推荐量 20％的氨基酸配合饲粮饲喂仔猪会导致其日增重降低 60克/天;在断奶后的前两周持续饲喂该饲粮,则将牺牲体增重共 840 克。然而在断奶后第 15 天将饲粮粗蛋白水平恢复至正常水平,低蛋白质组仔猪将出现补偿增长,并在断奶后 42 天时达到与正常蛋白水平组仔猪相同的体重。在该试验中,低蛋白组仔猪断奶后腹泻率显著低于正常蛋白水平组仔猪。若在断奶仔猪饲粮中禁用抗生素,该方法可能是抑制断奶后腹泻的有效途径。此外,在仔猪料中,应增加优质蛋白饲料比例,如血浆蛋白粉、鱼粉、肉粉、血粉、奶制品和蛋副产品等。

2.选择合适的能量饲料

实际生产中饲喂大麦和燕麦能够降低猪腹泻率在不使用抗生素的 21～49 日龄仔猪使用破碎的燕麦或者大麦可以提高仔猪生产性能,降低腹泻率,改善肠道发育。使用大麦和燕麦的饲粮含有可发酵和不可发酵的纤维,并可能含有其他促消化的未知营养因子。因此,饲喂大麦或燕麦的断奶仔猪生长性能高于饲喂玉米或小麦饲粮的仔猪(Medel 等,1999)。综上所述,对发生肠道功能失调的保育猪和生长肥育猪,应投饲大麦或燕麦饲粮。在仔猪配方中,目前普遍认为能量浓度应维持在现行标准的 80％～90％;同时应增加熟化谷物的使用,在配方中使用破碎的稻谷和燕麦。

3.适当的饲粮粗纤维水平

过量的纤维会降低采食量和营养物质的消化率,改变食糜通过消化道的时间。但适当的纤维可以增加胃肠道分泌,改善肠道微生物平衡和肠道黏膜生长,以及整个胃肠道功能。中性洗涤纤维和果胶可被大肠微生物发酵,并改善肠道功能。丁酸是微生物发酵的发酵产物,可促进黏膜生长。已经发现,丁酸可被表皮组织代谢为能量来源,因而有利于大肠修复。非木质素的纤维,如甜菜渣、大豆壳等,可作为抗腹泻原料,在不用抗生素的情况下可改善仔猪健康。

4.合理使用功能性添加剂

众多添加剂可用于提高仔猪生产性能及控制亚临床疾病。目前在养猪行业认可度较高的添加剂有:有机酸(富马酸、乳酸、丙酸等)及其盐类、复合物;酶制剂,包括 β-葡聚糖酶、木聚糖酶、蛋白酶、植酸酶等;益生素、酵母(如啤酒酵母)和其他活菌;免疫增强剂(如某些脂肪酸、类胡萝卜素、维生素、螯合元素和多肽等);寡聚糖等。

(1)有机酸 大量研究表明有机酸能改善仔猪生产性能。其机理有二:①降低饲料和食糜的 pH,营造不利于微生物生长的环境;②进入微生物胞浆中,破坏微生物生命周期,特别对革兰氏阴性菌有效。实验表明,有机酸和某些植物提取的油脂混合使用,可以控制多数微生物的生长,如沙门氏菌、大肠杆菌、链球菌和梭状芽孢杆菌等。

(2)酶制剂 酶制剂已被广泛用于饲料中。植物多糖和植酸是猪饲料中的主要抗营养因子,尤其不利于仔猪对饲料营养的吸收利用。非淀粉多糖,主要是在大麦、小麦、黑麦中的 β-葡聚糖、木聚糖,在通过肠道时影响食糜的黏性和肠道微生物生长。在仔猪饲料中添加 β-葡聚糖酶和木聚糖酶可改善仔猪粪便。

(3)氧化锌 在北欧国家,用氧化锌防止仔猪腹泻已经有相当长的历史。在北欧养猪生产中氧化锌的推荐量为 2 000~4 000 毫克/千克。实验表明,使用 3 000 毫克/千克氧化锌可有效防止断奶仔猪腹泻。但是,锌可能对环境造成污染,因此在饲料中使用需严格监控和限制。

(4)益生菌 在猪饲料中添加益生菌可改善猪肠道健康,提高生长性能。益生菌具有较高的发酵活性,可促进消化。乳酸杆菌生成的乳酸和水解酶,可促进胃肠道养分消化。乳酸杆菌可定植及黏附于肠道上皮,形成一层防止病原菌入侵的保护膜,同时刺激上皮淋巴细胞调节免疫反应。

此外,对猪免疫系统具有调节作用。可能是通过灭活的益生菌或其成分如肽聚糖片段或 DNA 来发挥作用。益生菌可减少仔猪腹泻。

二、改善管理策略,营造良好饲养环境

在禁用抗生素的养猪生产中最佳的管理策略是建立在猪的环境、营养和免疫需求的基础上的。在禁用抗生素的情况下,必须调整环境条件、猪群管理、饲养程序和饲料配方以满足实际生产需要。

1.控制饲养环境

禁用抗生素后,必须改善栏舍和设备的通风和保温系统。对早期断奶仔猪影响最大的因素主要有温度及穿堂风,对温度和换气系统进行改良,以保证最佳的环境温度、湿度和气流。同时,也需对空气中的氨、硫化氢和其他有毒气体进行监控。氨气水平要控制在10毫克/千克以下。要严格限制外人参观,防止病原菌传播。降低饲养密度,实施"全进全出"以减低传染病感染的压力。

2.减少转栏

不同猪场之间存在不同的病菌和免疫保护程序,因此应避免在不同猪场间的保育舍或生长肥育舍对猪进行转栏。即使猪只来源于具备同等健康状况的母猪场也应该严格控制转栏。应该尽量可能避免对同一猪场的猪进行转栏和混栏;当然为了满足生产需要,在断奶后常需要对猪只进行混栏。

尽量减少在不同栏之间对猪进行转运,并严格避免在不同猪舍之间对猪进行转运。采用保育-生长肥育体系比传统的三点式生产系统更有利于减少猪只转栏和混栏。

3.推迟断奶时间

早期断奶(2～3周龄)技术的推行使得断奶仔猪饲粮中必须添加饲用抗生素。该阶段仔猪的主动免疫系统尚未发育完全,且仔猪基本上依赖母乳维持生长。在该阶段对仔猪进行断奶常带来一系列的生产问题。如果将断奶期推迟到3～5周龄,则仔猪的免疫系统发育较完善,能够更好地抵抗病原菌的入侵。而在4～5周龄对仔猪进行断奶,此时仔猪已经补食教槽料较长时间,这有利于减少仔猪断奶后的换料

应激。由此,断奶仔猪对饲用抗生素的需求将大大减少,也更有助于提高仔猪的断奶成功率。

延后断奶带来的问题是母猪在分娩舍停留的时间将延长,从而导致猪场需要更多的分娩舍。相反的,保育舍所需空间及断奶早期所需的开食料将大大减少。母猪在分娩后 4～5 周而不是 2～3 周实施断奶,有助于提高其下次生产的窝产活仔率,缩短断奶-发情周期,提高分娩率。综上可见,延后仔猪断奶日龄并不会影响母猪的生产性能。

4.改善饲喂方式

(1)控制饲料颗粒大小 粗原料碾碎可提高营养物质消化和饲料制粒效果,进而改善猪生产性能。但是,碾的太碎会影响肠道黏膜生长和肠道功能,还伴随肠道溃疡、肠道形态受伤、肠道紧密连接受破坏等问题发生,因而在实际生产中应根据猪只生产阶段及健康状况调整原料颗粒大小。

(2)断奶仔猪限饲 Goranson 等(1995)认为,与自由采食猪相比,限制采食减少了动物肠道问题的发生及腹泻率。在不添加饲用抗生素的情况下,断奶后 2 周仔猪的投饲次数应控制为 4～6 次/天。

(3)饲喂液态饲料/发酵液态饲料 与固态饲料相比,饲喂液态饲料通常能够降低肠道损伤。造成这种差异的主要原因可能是采食液态饲料或发酵液态饲料仔猪的胃内 pH 降低,从而抑制了病原菌的生长。同时,固态饲料常引起断奶仔猪肠绒毛萎缩,而液态饲料能够防止这种情况的发生。通过维护肠道健康及肠绒毛的完整性,液态饲料能提高仔猪的抗病力,最终促进仔猪健康和生长。有研究证实,与固态饲料组相比,采食液态饲料的仔猪日增重平均提高了 12.3%。

投喂前对液态饲料进行发酵能够进一步抑制猪肠道问题的发生。当然由于在对全价料的发酵过程中会造成部分糖分和游离氨基酸的损耗从而造成饲粮养分不平衡,有可能降低饲养过程中的饲料转化率。而在配料前单独对碳水化合物源进行发酵则能够提高平均日增重和饲料转化率。由此,将酿酒、乙醇提取或酶发酵等发酵产生的可溶性因子添加到饲粮中必将有助于提高猪的肠道及机体健康。

第七节　猪的营养与免疫

猪的营养与免疫之间存在着必然的联系。目前养猪生产中普遍存在着猪的免疫抑制,使猪群处于亚健康状态。

一、免疫抑制的危害

免疫抑制是指由于免疫系统受到损害而导致动物机体暂时性或永久性免疫应答不全和对疾病的高度易感。

1.猪群免疫抑制的原因

(1)流行性因素

微生物因素,如病毒、细菌、支原体等;寄生虫因素。

(2)非流行性因素

①对霉菌毒素的危害认识不足;②对病猪过度依赖抗菌药物的治疗,滥用磺胺药、甲砜霉素、卡那霉素、地塞米松等药物,人为地伤害猪体免疫系统及体内的正常菌群;③忽略养猪环境的生物安全。

2.猪群常见的免疫抑制病

猪瘟、蓝耳病、圆环病毒病、伪狂犬病、猪细小病毒病、附红细胞体病、猪流感、弓形体、猪呼吸道综合征、副猪嗜血杆菌病等。

3.免疫抑制对猪群的影响

免疫抑制会造成猪的免疫接种失败、猪呼吸道综合征及高热病猖獗、滥用抗生素、母猪发生繁殖障碍疾病、猪群的整齐度差。

二、营养素对猪免疫机能的影响

1.蛋白质、氨基酸及小肽类物质

在机体的免疫系统中,抗体免疫球蛋白都是蛋白质。目前,关于蛋白质与猪免疫力关系的研究主要集中在蛋白质对体液免疫反应的影响。适当限制母猪日粮中蛋白质的量不会影响仔猪血液中被动转运来的免疫球蛋白数量,也不会影响仔猪合成抗体的能力。蛋白质缺乏将会降低机体抗感染能力和淋巴器官发育;降低细胞免疫功能;降低体液免疫功能;降低巨噬细胞的数量与活性。

氨基酸与免疫功能关系的研究主要集中在赖氨酸、含硫氨基酸、苏氨酸等。多数研究证明,赖氨酸缺乏并不降低动物机体的免疫反应,但也有部分试验发现赖氨酸影响机体免疫力。国外有人发现,仔猪抗体对卵清蛋白的初级反应不受日粮赖氨酸水平的影响,但是添加赖氨酸后,机体对卵清蛋白的次级反应加强。含硫氨基酸在很大程度上影响动物的免疫功能及其对感染的抵抗力。淋巴细胞为蛋氨酸营养缺陷型细胞,不能利用同型半胱氨酸和胆碱合成蛋氨酸以补充蛋氨酸的不足。在免疫反应方面,半胱氨酸可达到蛋氨酸的 $70\%\sim80\%$ 的效果。苏氨酸是动物免疫球蛋白分子中的一种主要氨基酸,缺乏苏氨酸会抑制免疫球蛋白和 T、B 细胞及其抗体的产生。采食高粱的初产母猪补饲苏氨酸,可防止血浆 IgG 含量减少,母猪自身合成的抗牛血清蛋白的抗体也高于对照组。

半胱胺肽是辅酶 A 组成部分,参与神经内分泌调节过程;促进免疫器官发育;促进蛋白质合成;抗应激。

寡肽(小肽)经小肠直接吸收,滋养小肠绒毛,保护肠道免疫系统,还可帮助饲料中微量元素的吸收及利用。部分寡肽如全卵蛋白肽能刺激和促进巨噬细胞的吞噬能力,并能合成、修复、激活正常细胞的功能。

2. 维生素

所有维生素都直接或间接地参与免疫过程,研究较深入的维生素主要有维生素 A、维生素 D、维生素 E、维生素 C。

维生素 A 在维持上皮组织的结构和功能完整性方面起着重要作用。维生素 A 也影响免疫系统的功能。妊娠母猪日粮补充维生素 A,其免疫力显著增强,产仔数和存活率提高,维生素 A 缺乏会破坏 IgA 向胆汁中的分泌,阻止淋巴细胞向小肠的迁移,这些综合免疫缺陷会增加猪因维生素 A 缺乏而易感许多传染病。维生素 A 是维持正常免疫功能的重要物质,严重缺乏或亚临床缺乏导致免疫功能紊乱。

淋巴细胞和单核细胞是维生素 D 的靶细胞,维生素 D 可调节这些细胞的增殖、分化和免疫反应。其对淋巴细胞的效应是直接或间接通过辅助性单核细胞调节的。维生素 D 可刺激单核细胞的增殖,使其获得吞噬活性,成为成熟巨噬细胞。维生素 D 还会影响巨噬细胞的免疫功能。

许多资料表明,维生素 E 有影响猪免疫系统的作用,日粮中添加维生素 E 使合成抗体的能力增加,增加 T 淋巴细胞的数量。有研究指出,随着繁殖母猪日粮中维生素 E 含量的增加,产仔数显著提高,产活仔数也有增加,而且,繁殖母猪乳房炎、子宫炎、无乳症的发病率减少。除对白细胞生成和免疫有刺激作用外,维生素 E 还可使仔猪发育正常,生长加快。

维生素 C 具有抗应激和抗感染作用,与机体免疫功能密切相关。维生素 C 通过 4 个途径影响免疫功能:①影响免疫细胞的吞噬作用;②降低血清皮质醇,改善应激状态;③抗氧化功能;④增加干扰素的合成。维生素 D_5 以活性形式 $1,25\text{-}(OH)_2\text{-}D_3$ 参与调节免疫功能。

3. 微量元素

微量元素研究比较深入的是锌、硒,其次是铜、铁、锰等。这五种元素的共同特点是起着生物抗氧化的作用。大量研究表明,锌对免疫系统的发育、稳定、调节有重要作用。锌与免疫有关的功能是维持胸腺素活性的必需因子;与巨噬细胞膜 ATP 酶、吞噬细胞中 NADPH 氧化酶等的活性有关;细胞内的锌浓度对巨噬细胞的活力和噬中性白细胞的杀菌能力起决定性作用;是超氧化物歧化酶的辅助因子,具有抗氧化功能,促进外周血单核细胞产生肿瘤坏死因子。硒对免疫的影响主要在 4 个方面:①缺硒降低嗜中性白细胞和巨噬细胞谷胱甘肽过氧化物酶活性,降低细胞的抗氧化能力,从而降低免疫细胞活力;②硒通过影响谷胱甘肽过氧化物酶进一步调控 5-脂氧合酶活性,5-脂氧化酶催化二十碳四烯酸氧化,其氧化产物影响淋巴细胞增殖;③硒通过激活 NK 细胞和靶细胞膜表面,促进二者结合从而增强 NK 细胞杀伤活力;④通过硒蛋白途径影响免疫功能。铜在体内通过一些含铜蛋白(铜蓝蛋白和 SOD)调节炎症反应和抗氧化能力或影响对炎症反应有调节功能的因子,增强机体的免疫反应。铜缺乏,T 细胞依赖性抗体的产生受到抑制。缺铁影响动物免疫器官的发育。

氨基酸微量元素螯合物。体外试验证明,螯合铜吸收率是无机铜的 4 倍,且不污染环境。氨基酸微量元素螯合物能直接通过肠黏膜进入血液循环,经血液循环运输到靶细胞和酶系统中充分发挥营养作用,提高免疫应答反应,促进动物细胞和体液免疫力的功效,清除"自由基",增强抗应激作用。氨基酸微量元素螯合物还可加强动物机体内酶的活性,提高蛋白质、脂肪和维生素的利用率,从而促进动物生长性能的发挥,增强机体的抗病力。

4.碳水化合物

糖类复合体在预防疾病和疾病治疗方面有一定的作用。据报道,由葡萄糖组成的寡糖有助于动物免疫机能的发挥,而以甘露糖为主的寡糖在提高动物的免疫机能和结合病原菌方面也表现出一些效果。从目前的研究来看,寡糖具有辅剂及免疫调节效应。所谓辅剂,是指增加免疫系统对疫苗、药物和抗原免疫应答的物质,疫苗中加入辅剂能降低机体对疫苗的吸收,从而增强其效应。寡糖对脂多糖也有辅助作用,从而增强细胞和体液免疫功能。此外,含甘露糖的寡糖也可刺激肝脏分泌甘露糖结合蛋白质,从而影响免疫系统。甘露寡糖影响免疫机能的能力还可以通过仔猪的腹泻减少得到反映。

多糖广泛分布于多种生物体中,如动物、植物、微生物。与动物及人类的免疫系统活性有关的多糖被称为免疫活性多糖。

免疫活性多糖的来源:①食用真菌类多糖,主要包括灵芝、香菇、茯苓、银耳、猴头菇、金针菇、黑木耳等;②植物类多糖,黄芪、甘草、五味子、沙棘、南瓜、刺五加多糖等;③动物类多糖,如壳聚糖;④微生物类多糖,如酵母葡聚糖;⑤海洋生物类多糖,如海洋植物螺旋藻、海洋动物海参。

5.其他营养素

共轭亚油酸可促进脂肪分解,增进蛋白质合成。还可清除"自由基",增进免疫细胞活性。

三、免疫性应激对猪营养素需要量的影响

动物机体组织被病原菌侵入时,产生免疫性应激。自然感染和人工感染,都会产生这种应激。在感染期间,动物机体产生巨噬细胞吞噬病菌的生理反应。同时,也增加特异抗原的产生。由于抗体实际是一种蛋白质,其合成就需要足够的营养素。免疫性应激可导致某些代谢过程的变化,对动物生存意义重大。一般导致自由进食量减少,静止时的能量消耗和体温升高,糖异生作用增强,葡萄糖氧化增强,以提供足够的能量需要;脂类代谢、脂蛋白、脂酶活动减弱,但脂肪分解和肝脏的甘油三酯合成(并非免疫蛋白)减弱,肌肉蛋白降解增强。因此,在免疫应激期间,为维持动物正常生长和饲料转化率,日粮中各种营养素的需要量需适当增加。

思考题

1.饲料的营养物质包括哪些? 主要功能是什么?

2.猪的常用饲料有哪些? 使用这些饲料应分别注意哪些问题?

3.猪的饲粮配合时需注意哪些事项?

4.常用的猪的生态饲料包括哪些?

5.若在养猪生产中禁用抗生素需采取何种对策?

6.猪的营养与免疫之间是何种关系? 如何通过加强猪的营养,提高猪的免疫力?

第五章

种猪生产

　　导　　读　种猪是商品猪生产的基础和关键，没有好的种猪就不能保证商品猪的良好遗传潜能，更不能保证商品猪的经济效益，所以种猪生产很重要。种猪生产分配种、妊娠、分娩、泌乳四个环节，四个环节相互配合才能提高种猪群整体的生产力水平，哪个环节都不能忽视。针对近几年出现的一些种猪生产新技术，本章做了简单介绍，适合规模化养猪企业借鉴参考。

第一节　配种与猪的人工授精

一、配种

　　母猪配种目标是适时配种，提高母猪情期受胎率，提高母猪产仔数；技术关键是母猪发情鉴定和配种时间把握。除此之外，在配种过程中应该注意以下事项。

1. 适龄配种

我国地方猪种初情期一般为 3 月龄、体重 20 千克左右，性成熟期 4～5 月龄；外来猪种初情期为 6 月龄，性成熟期 7～8 月龄；杂种猪介于上述两者之间。在生产中，达到性成熟的母猪并不马上配种，这是为了使其生殖器官和生理机能得到更充分的发育，获得数量多、质量好的后代。通常性成熟后经过 2～3 次规律性发情、体重达到成年体重的 40%～50% 予以配种。母猪的排卵数：青年母猪少于成年母猪，其排卵数随发情的次数而增多。

我国地方性成熟早，可在 7～8 月龄、体重 50～60 千克配种；国内培育品种及杂交种可在 8～9 月龄、体重 90～100 千克配种；外来猪种于 8～9 月龄、体重 100～120 千克。

2. 适时配种

适时配种是提高受胎率和产仔数的关键，其基本依据是母猪的发情排卵规律。初情期 3～6 月龄；哺乳期发情时间 27～32 天；发情周期 21(16～24) 天；发情持续时间 5(2～7) 天；发情至排卵时间 24～36 小时；母猪的排卵过程是陆续的，排卵持续时间 5(4～7) 小时；卵子保持受精能力时间 8～10 小时；排卵数 15～25 个；精子到达输卵管时间 2(1～3) 小时；精子在输卵管中存活时间 10～20 小时。

(1) 发情症状　开始时，兴奋不安，有时叫鸣，阴部微充血肿胀，食欲稍减退，这是发情开始的表示。之后阴门肿胀较厉害，微湿润，跳栏，喜爬跨其他猪，同时，亦开始愿意接受别的猪爬跨，尤其是公猪，这是交配欲的开始时期。此后，母猪的性欲逐渐趋向旺盛，阴门充血肿胀，渐渐趋向高峰，阴道湿润，慕雄性渐强，见其他母猪则频频爬跨其上，或静站处，若有所思，此时若用公猪试情，则可见其很喜欢接近公猪，当公猪爬上其背时，则安定不动，如有人在旁，其臀部往往趋近人的身边，推之不去，这正值发情盛期。过后，性欲渐降，阴门充血肿胀逐渐消退，慕雄性亦渐弱，阴门变淡红、微皱，间或有变成紫红的，阴门较干，常粘有垫草，表情迟滞，喜欢静伏，这便是配种适期。外来猪种及其杂种猪发情症状不如我国地方猪种明显,常易造成判断上的困难,须特别注意。发情母猪最好从开始时便定期观察,以便了解其变化过程。

(2)排卵时间　母猪的排卵时间多在发情的中、末期,在发情后24～36小时,因此,配种一般不早于发情后24小时。一般认为,发情后24～36小时已进入有效受精阶段,为使更多的卵子有受精机会,往往第一配种后间隔8～12小时还要再配种一次。不同品种、年龄及个体排卵时间有差异。因此,在确定配种时间时,应灵活掌握。

①从品种来看,我国地方猪种发情持续期较短(多为4～5天),排卵较早,可在发情的第2天配种。外来猪种发情持续期较长(多为5～6天),排卵较晚,可在发情的第3～4天配种。杂种猪可在发情后第2天下午或第3天配。

②从年龄来看,外来猪种青年母猪发情持续期比老龄母猪短。而我国地方猪种则相反,老母猪发情持续期3～4天,青年母猪发情持续期6～7天,可以在发情后40～50小时配种。由此可见,"老配早,小配晚,不老不小配中间"的配种经验,符合我国猪种的发情排卵规律。

③从发情表现来看,母猪精神状态从不安到发呆,手按压臀部不动,阴户由红肿到淡红有皱褶,黏液由水样变黏稠时表示已达到适时配种。发情母猪允许公猪爬跨开始为配种适期,完全允许占60%,不完全占38%,对逃避者(2%)必须保定后强制配种,在允许公猪爬跨后25.5小时以内配种成绩良好,特别是在允许公猪爬跨后10～25.5小时可达100%。制定每头母猪的发情预测表,经常观察母猪发情症状,接近发情母猪,就能了解允许公猪爬跨时间,测查适时配种期。

3.配种方式

①重复配种:母猪在一个发情期内,用同一头公猪先后配种2次。一般在发情开始后20～30小时第一次配种,间隔8～12小时再配种一次。

②双重配种:母猪在一个发情期内,用不同品种的两头公猪或同一品种的两头公猪,先后间隔10～15分钟各配种一次。

③多次配种:母猪在一个发情期内,间隔一定的时间,连续采用双

重配种方式配种几次；或在母猪一个发情期内连续配种 3 次，第 1 次在发情后 12 小时，第 2 次为 24 小时，第 3 次为 36 小时。

实践证明，母猪在一个发情期内采用上述三种配种方式，产仔数比单次配种提高 10%～40%。

4.配种方法

配种方法有自然配种（本交）和人工授精两种。

二、人工授精

1.人工授精的好处

猪的人工授精是利用人工方法采集公猪的精液，经过必要的处理，将合格的精液输入到发情母猪的生殖道内，使母猪受胎。人工授精与自然交配相比，具有显著的优越性：可以提高优良公猪的利用率，人工授精一头公猪一次的采精量可给 10 头左右的发情母猪输精，既提高种公猪的配种效率，又加速猪群品种改良；可以减少种公猪饲养头数，降低饲养成本；可以克服因种公猪体重、体型过大或母猪生殖道异常造成的配种困难；可以解决种公猪配种运输和种公猪不足地区母猪的配种问题，有利于杂交改良工作的开展；便于采用重复输精和混合输精等繁殖技术，提高母猪的受胎率和产仔数；减少接触性传染病的传播，特别是生殖器官疾病的传播。

2.小型公猪站设备

①公猪：以周围辐射母猪量而定，一般按 1∶（80～100）的比例配备公猪。1 头父母代种猪，体重在 40 千克左右，生育期 100 天左右，价格 1 400～1 500 元。②采精室：假猪台 1 台。③实验室设备：光学显微镜 1 台、电子秤 1 台、采精杯 2 个、1 000 毫升塑料量杯 2 个、1 000 毫升烧杯 2 个、纱布 1 包、一次性采精塑料袋 1 包、橡皮筋 1 包、载玻片、盖玻片若干，以上设备价钱总计 800～1 000 元。

3.母猪发情期的鉴定和输精时间的选择

母猪的发情期周期包括发情初期、发情期间、发情后期和休情期 4

个阶段。母猪发情期间的外部表现是:发情初期,阴户红肿,母猪比平常兴奋,表现不安,食欲减退,常常爬跨别的母猪,以至出现接受公猪交配的雌性行为。母猪性兴奋后,发情早期从其阴道排出透明的黏液,到接近排卵时,黏液的颜色变成不透明、有滑腻感;排卵过程中,阴道排出如丝状的较黏稠的黏液,俗称挂线。此时母猪阴户则从红肿逐渐变成玫瑰红色。当母猪的阴户由红肿渐退而出紫红色,阴道黏液从清稀到出现挂线时,就是母猪发情配种的最佳时期。第1次输精,一般在发情期后30～32小时,以后过8～12小时再输精1次。

4.人工授精的操作

①采精:饲养员将待采精液的公猪赶至采精栏,用蒸馏水将公猪下腹部洗干净,剪去阴茎周围的毛,并用毛巾擦干。公猪爬上假猪台,逐渐伸出阴茎,采精员握住龟头顺势将阴茎拉出,握紧龟头防止其旋转,公猪即可射精。公猪阴茎一次勃起两次射精,只收集乳白色精液,即射精过程中中间时段的精液。采精杯内装一次性采精塑料袋,用双层纱布过滤精液。采精频率,一般8～12月龄1周1次,12～18月龄1周2～3次,18月龄后每周2次。所有公猪即使不用精液每周也应采一次,以保持公猪的性欲和精液的品质。

②精液品质的检测:用电子秤称重,一般按1毫升1克计算。以此确定稀释倍数。正常精液乳白色或浅灰色,精子密度越大透明度越低。如果呈黄色或黄绿色说明有尿液或是包皮积液,若是粉红色或是红褐色说明精液中有血,这样的精液应弃去。精液略带腥味为正常。若有其他气味如尿味应弃去。

③精液的稀释:精液采集后应在5分钟之内稀释装瓶。稀释时要求稀释液与精液等温匀兑,将稀释液顺着玻璃棒慢慢注入精液中,边注入边搅拌,当稀释液与原精液等量时停止注入,静止片刻再进行稀释直到适当的密度。

④精液的保存:精液分装完若不能及时用掉,应在室温下(22～5℃)避光冷却,1小时以后放入17℃恒温冰箱中。农村地区一般采用家中水井离地面15米(地下15米)用绳在井中悬挂保存。在冰箱内保

存的精液每隔 8～12 小时转动一次,以防精子因沉淀死亡。用时必须作镜检,活力大于 60% 可用。

⑤输精:初配母猪和断奶 7 天后发情的母猪出现站立反应立即输精,断奶 3～6 天发情的出现站立反应后 6～12 小时输精。输精时将输精管 45 度角向上插入母猪生殖道内,感到有阻力后将输精管水平继续慢慢用力插入,直到感觉到输精管前面被锁定。摇匀精液,剪去平嘴,插入输精管内,使其流动畅通,进行输精。

输精过程中,尽量避免用力挤压输精瓶,输精困难可以通过压背刺激母猪的方法,如果精液仍难输入,可能输精管插入子宫太靠前,这时需将输精管拉一点。输精时间至少 3～5 分钟,输完一头母猪后为防止空气进入生殖道,可将输精管后端折起放入输精瓶中,使其自然脱落。每头猪在一个情期内至少输两次精液,两次输精时间间隔 8～12 小时,低于 8 小时没意义。

5.人工授精注意事项

(1)输精的准备　经过保存的精液,输精前应检查精子的活力是否符合输精的要求。对不合要求的精液,应禁止输精。精液温度低,如冬季输精,输精前应将精液放在杯里或温水中预热后再用;所用的输精用具,使用前应洗净、消毒;输精员应将手洗净擦干,再进行操作,母猪阴户周围应用温水或消毒布(棉花)擦净,再行输精。

(2)输精量　猪的人工授精一次输精量为 20～25 毫升。输精量过多,不仅是浪费精液,而且对受胎率、产仔数也没有好处。初配母猪输精量可适当减少,因初配母猪的子宫颈和子宫体较小,输入的精子过多会倒流出来。

(3)输精方法　猪的人工输精用具很多,但多数情况下是由一条长 40～45 厘米、外径 1 厘米左右、内径为 2 毫米的胶管和一支玻璃注射器连接而成。输精时,将精液吸入注射器内,让母猪站立圈内,输精员右手拿输精用具,用左手的食指和拇指将母猪阴门打开,右手将输精胶管缓慢插入母猪阴道中。开始插时胶管应向猪的背部插入,以免损伤尿道,以后以平直方向旋转转插入 20～30 厘米深时,适当将输精管退回一点,再缓慢地推动注射器将精液全部注入,如发现精液外流,应立即停止推动注射器,将输精管向前、后抽动或旋转后再输精。

(4)输精次数　在目前的实际生产中,多采用一次输精,但应用证明,母猪在一个发情期进行两次输精(重复配种),可提高受胎率和产仔数。

另外要注意:两次输精的方法就是在一个情期内进行第一次输精后,间隔8～12小时再输精一次。若第一次输精时期掌握不准或第一次输精时倒流严重等,进行第二次输精尤为必要。

6.人工授精技术应把握六个关键环节

猪的人工授精技术应用可以提高优良种公猪的配种效率,降低公猪饲养成本,提高猪种改良效果和猪群整齐度,避免本交引起各种疾病发生等优点。在生产实践中,推广猪的人工授精技术应从公猪调教、徒手采精、稀释保存、母猪查情、适时输精、做好记录等六个关键环节抓起。

(1)公猪调教　后备公猪在6月龄,体重达90千克以上时,应开始与母猪接触,激发和培养其良好的性欲。7～8月龄,体重达120千克左右,膘情良好时即可开始调教采精。一般采用在假台猪上涂抹发情母猪尿液和公猪精液的气味引诱法,或让待调教公猪在采精栏附近观摩有经验公猪爬跨后,立即调教的观摩学习法,或将发情母猪赶至假台猪旁,让公猪爬跨母猪,待公猪性欲高涨时迅速赶走母猪,诱导公猪爬跨假台猪的发情母猪诱导法。无论以上哪种方法,在公猪调教期间,每天可训练1次,每次不超过15～20分钟,直至爬跨成功。一旦公猪爬上假台猪即可进行采精。调教成功后1周内,每隔1天采精1次,以后每周可采精1次,至12月龄后每周采精2次。

(2)徒手采精　徒手采精是生产中最常用的采精方法。采精前对水浴锅、电热板、采精杯、载玻片、盖玻片、显微镜等预热37℃左右,将配制好的稀释液在水浴锅内放置0.5小时后待用,将显微镜调至适当位置,准备检测精子活力。以上准备工作到位后,将采精公猪赶至采精栏内,迅速挤掉包皮中的积尿,用温水冲洗,并用干净毛巾擦净包皮周围,刺激其爬跨假台猪,待公猪爬跨假台猪后并伸出阴茎时,采精员一手戴手套,另一手持有过滤设置且温度在37℃左右的保温杯收集精液。用手紧握伸出的公猪阴茎螺旋状龟头,顺其向前冲力将阴茎"S"状弯曲拉直,握紧阴茎龟头,防止其旋转,并给予适度刺激,待公猪射精时,用采精杯过滤收集浓精或全份精液于保温杯内,最初射出少量精液不接取。直至公猪射精完毕,从假台猪下来,休息片刻后赶回公猪舍。一般射精过程历时5～10分钟。

(3)稀释保存 后备公猪射精量一般为150～200毫升,成年公猪为200～300毫升。其正常颜色为乳白色或灰白色,精子密度越大,颜色越白,密度越小,颜色越淡。如带有绿色、黄色、浅红色、红褐色等异常气味应废弃。pH值在7.0～7.8之间,pH值越低,精子浓度越大。用血细胞计数板或目测法测定原精密度后,当精子活力在70%以上,畸形率小于20%时,应计算精液稀释份数,如原精200毫升,密度2亿/毫升,要求每次输入80毫升,含有40亿个精子时,则添加稀释液为200×2/40×80－200＝600(毫升)即可。在稀释时,要特别注意精液与稀释液及容器温差在0.5℃以内,稀释液与原精按1:(1～2)等量分批缓慢用玻璃棒引流精液中,并轻搅均匀后再次测定精子活力,待合格后进行分装,并在精液瓶上填写好公猪号和品种。分装好后在室温下放置1小时或用毛巾包严后直接放入17℃恒温箱中,每天早、晚各摇匀1次,减少精子凝聚死亡。稀释精液保存应根据稀释液保存期限决定,一般最好在2～3天内用完。

(4)母猪查情 母猪发情周期平均21天,大多数经产母猪一般在仔猪断奶后3～7天,可再次发情配种,母猪发情期平均2.5天。发情鉴定最佳方法是母猪喂料后半小时表现安静时进行,每天上、下午两次。当外阴由鲜红变暗红、松弛下垂、出现皱纹、手感柔软、母猪喜欢接近人,遇到试情公猪或输精人员压背时静立不动、耳竖起向后、后肢紧绷、黏液变得少而稠、手指间拉开成丝、手感光滑,即为发情盛期,也是配种最佳时期。

(5)适时输精 人工授精一般采取情期2次输精,遵循"老配早、少配晚、不老不少配中间"的原则。后备母猪和断奶后发情的经产母猪，在发情出现静立反应时进行第一次输精，间隔 8～12 小时进行第二次输精。输精时先用 0.1％高锰酸钾溶液清洁母猪外阴周围、尾根，再用温水清洗后，用毛巾或洁净纸巾擦干外阴，消毒手臂，选择精液和输精管。输精人员从密封袋的后端取出一次性输精器，在前端涂上精液或润滑液，将输精管呈 45 度角向上插入母猪生殖道内 5～10 厘米，抬平输精管并缓慢逆时针旋转前进，当感觉有阻力时，继续缓慢旋转同时前后移动，直到输精管前端被锁定，此时取出精液缓慢颠倒摇匀，剪去瓶嘴，接到输精管上，抬高输精管后端开始输精，一般 3～10 分钟，当精液吸入缓慢时可在瓶底扎 1 个小孔。当精液出现倒流时，应调整好输精瓶高度。当精液流出外阴时，重新插入输精导管。输完后，为防止空气进入母猪生殖道内，把后端打折放在瓶中，使其停留在生殖道内 3～5 分钟，让输精管慢慢滑落，配种后让母猪安静 20～30 分钟，促进精液吸收。

（6）做好记录　输精结束后，输精人员认真填写种公猪个体档案、精液品质记录、配种记录，推算预产期，并合理安排母猪的日程管理，便于对人工授精技术操作做出全面分析评价。

三、种公猪配种力

种公猪配种力的高低与精液数量和品质是分不开的。提高种公猪的配种力，应从饲养管理和配种利用方面着手。

（一）提高种公猪的饲养水平

营养是维持种公猪生命、产生精子和保持旺盛配种力的物质基础，应依据公猪的体况、配种任务和精液的数量与质量而确定其营养需要量。

1. 营养需要

饲喂营养全价的日粮，实行合理的饲养，才能使公猪保持种用体况,精力充沛,性欲旺盛,精液品质好,配种能力高。但营养水平应适当,如果过高就会使公猪体内脂肪沉积过多,变得过于肥胖过低会使公猪体内的脂肪和蛋白质损耗,形成碳和氮的负平衡,变得过于消瘦。蛋白质对精液的数量和品质、精子活力与寿命长短都有很大的影响,配种期饲粮每千克消化能不能低于 12.97 兆焦,粗蛋白质以 14%~15% 为宜。蛋白质饲料的种类、来源尽可能多样化,以提高蛋白质的生物学价值。为提高种公猪的配种力,日粮中可以添加 5% 的动物性饲料。日粮钙磷比以 1.25∶1 为宜。此外,还应补充硒、锰、锌等矿物质元素,建议每千克饲粮中分别不少于 0.15 毫克、20 毫克、50 毫克。如日粮中缺乏维生素 A、维生素 D、维生素 E 时,公猪的性反射降低,精液品质下降。如长期严重缺乏,会使睾丸肿胀或干枯萎缩,丧失配种能力。烟酸和泛酸也应适时补充。

2.饲养方式

根据公猪一年内的配种任务,可采用两种饲养方式:一是母猪实行全年分娩,公猪就需负担常年的配种任务,为此,全年都需均衡地保持公猪配种所需的营养水平;二是实行季节性分娩的猪场,在配种前 1 个月逐渐增加公猪营养,在配种季节保持较高的营养水平,在非配种季节只需供给维持种用体况的营养。

3.饲料与饲喂技术

饲喂应定时定量,每次不要喂的过饱,饲料体积不宜过大,应以精料为主,以免造成垂腹而影响配种利用。宜采用生干料或湿拌料,加喂适量的青绿多汁饲料,供给充足清洁的饮水。

(二)种公猪的管理

1.分群饲养

公猪可以单圈喂养和小群喂养。单圈喂养可以减少外界干扰、杜绝爬跨,公猪能安静休息,食欲正常,进而节省饲料。小群喂养公猪必须从小合群,一般两头一圈,最多不能超过 3 头。小群饲养便于管理,有利于提高圈舍利用率和饲养效益。合群喂养的公猪,配种后不能立即回圈,待休息1~2小时、气味消失后再归群。对小群喂养已参加配种的公猪,亦可采取单圈饲养、合群运动。

2.适当运动

经常刷拭与修蹄。公猪合理地运动可促进消化,增强体质,避免肥胖,提高配种能力。因此,在非配种期和配种准备期要加强运动,配种期应适度运动。刷拭可减少皮肤病和外寄生虫病,并能促进血液循环、增强性欲,这也是饲养员调教公猪的最好时机,使公猪性情温驯,听从管理,便于采精和辅助配种。不良的蹄形会影响活动和配种,应定期修蹄。应注意保护公猪的肢蹄,对圈舍质地坚硬的地面,应铺垫草或木屑,以减少四肢疾患的发生。

3.防暑防寒

夏季高温时必须因地制宜采取防暑降温措施,如采用通风、洒水、洗澡、遮阴等方法,防止热应激的负面效应。冬季猪舍要防寒保温,以减少饲料的消耗和疾病发生,可以通过铺垫褥草和扣塑料棚的方法来解决。

4.定期称重

公猪应定期称重,根据体重变化检查饲养效果,以便及时调整日粮。经常检查精液品质,根据精液品质的优劣,调整营养、运动和配种次数,以保证公猪的健康和提高受胎率。

妥善安排公猪的饲喂、饮水、放牧、运动、刷拭、日光浴和休息,使公猪养成良好的生活习惯,以增强体质、提高配种能力。

(三)公猪的配种利用

配种利用是养公猪的唯一目的,它不仅与饲养管理有关,而且很大程度上取决于初配年龄和利用强度。配种的方法有本交和人工授精,人工授精具有提高优良公猪的利用率、降低成本、避免疾病传播等优点,但我国猪的人工授精技术起步较晚,目前还未达到理想状态,猪冻精液的受胎率还较低,生产成本高,冷冻效果差异大,因此还需深入研究。

公猪的初配年龄,随品种、饲养管理条件的不同而有所变化。我国培育品种和杂种公猪4～5月龄已性成熟,但最适宜的初配年龄,小型早熟品种在7～8月龄,体重75千克左右大中型品种在9～10月龄,体重100千克为宜。

公猪精液品质的优劣和利用年限的长短在很大程度上取决于利用强度。2岁以上的成年公猪每天配种1次为宜,必要时也可2次/天,但不能天天如此,如公猪每天连续配种,每周应休息1天。青年公猪,每2～3天配种1次。在本交情况下,1头公猪可负担20～30头母猪的配种任务。

在保证种公猪营养全面合理的条件下,创造舒适的小气候环境,加之利用得当,是提高种公猪配种能力的重要保证。

四、促进母猪发情排卵的措施

在生产中,经常见到一些后备母猪或断奶后的母猪不发情或屡配不孕,直接影响了母猪的正常妊娠,导致猪场母猪年生产力(平均每头母猪年提供断奶仔猪数或商品猪数)降低,增加了养猪成本。为此,应找出母猪乏情的原因,采取促进母猪发情排卵的措施,提高养猪场的经济效益。

(一)母猪乏情的原因

导致母猪乏情的因素很多,包括初配年龄过早、品种因素、母猪缺乏运动、营养因素、生殖道炎症、机体内分泌紊乱、季节性乏情等。

1.青年母猪初配年龄过早

瘦肉型品种及其二元杂交母猪,生长速度快,日增重为550～800克,6月龄体重可达90～100千克,此时部分青年母猪进入初情期,其生殖器官已具有正常生殖机能,已经性成熟但尚未达到体成熟,不宜配种受胎。因为母猪过早配种受孕,不仅会导致产仔少,仔猪初生重小、断奶体重小及成活率低,还将影响母猪本身增重,这种体重偏小的母猪,初产仔猪断奶后发情明显推迟,有的甚至永久不发情。

2.品种因素

一些外来品种,如大白等母猪发情征兆都不明显,这就要求配种员经验丰富,能从母猪阴道分泌物的黏稠度和颜色来判断,一般阴户肿胀消退,稍现皱褶,阴道分泌透明、黏稠,接受公猪爬跨,即可配种。

3.母猪缺乏运动

在大型集约化猪场,对生产母猪普遍采用限喂饲养,每头母猪占地1.2米^2,只能起卧,不能运动。同时,不饲喂青饲料,导致母猪长期处于应激状态,造成不发情母猪比例上升。

4.营养因素

有些养猪专业户不按要求科学添加种猪专用预混料,不添加蛋白类饲料,更不添加多种维生素和矿物质,导致母猪繁殖障碍。

后备母猪饲料营养水平过低或过高,喂料过少或过多,造成母猪体况过瘦或过肥,均会抑制卵巢机能,影响其性成熟。有些后备母猪体况虽然正常,但在饲养过程中,长期使用育肥猪料,其维生素 A、维生素 E、维生素 B_1、叶酸和生物素含量较低,使性腺发育受到抑制,性成熟延迟。另外,泌乳期母猪(特别是初产母猪)泌乳期过长、失重过大,也会引起断奶后母猪长期不发情。

5.生殖道炎症

母猪分娩时产道损伤,胎衣不下或胎衣碎片残留子宫,子宫复位迟缓时恶露滞留,难产手术不洁,人工授精时消毒不彻底,配种时公猪生殖器官或精液内含炎性分泌物,或母猪患有布氏杆菌病或其他由微生物感染引起的母猪生殖系统炎症,这些疾病因素均可造成母猪发情推迟或不发情。

6.内分泌异常

母猪断奶后持续存在部分黄体化及非黄体化的卵泡囊肿,致使卵巢静止,断奶后长期不发情。

7.季节性乏情

夏季高温季节,温度超过$33℃$时,会严重影响母猪的内分泌活动,出现长时间不发情。

(二)促进母猪发情排卵的措施

对于那些在仔猪断奶后10天以内迟迟不发情的母猪或久不发情的后备母猪，可以采取以下措施进行催情。

1. 正确掌握青年母猪的初配年龄

国内培育品种及其杂交青年母猪，初配年龄不早于8月龄，体重不低于100千克；外来的长白、约克等瘦肉型品种及其二元杂交母猪，初配年龄不早于10月龄，体重在125～145千克之间。已达配种年龄，但体重未达标时，应以体重为主，适宜初配体重达到成年体重的50%以上。一般让过两个情期，即第三次发情时才让青年后备母猪配种繁殖。

2. 改善饲养管理

在正常饲养管理条件下，仔猪断奶时母猪应有7～8成膘，断奶后7～10天就能再发情配种，开始下一个繁殖周期。有些人对空怀母猪极不重视，错误地认为空怀母猪既未妊娠又不带仔，随便喂喂就可以了。其实不然，实践证明，对空怀母猪配种前的短期优饲，可促进发情排卵和受胎。

为了防止断奶后母猪得乳房炎，在断奶前后各3天要减少配合饲料喂量，给一些青粗饲料，使母猪尽快干乳。干乳后，母猪由于负担减轻，食欲旺盛，多供给营养丰富的饲料和保证充分休息，可使母猪迅速恢复体力。此时日粮的营养水平和给量要和妊娠后期相同，如能增加动物性饲料和优质青饲料更好，会促进空怀母猪发情排卵。

3. 公猪诱导

经常用试情公猪爬不发情的母猪，通过公猪分泌的外激素的气味和接触刺激，能经神经反射作用引起脑下垂体分泌促卵泡素，促使母猪发情排卵。此法简单易行，是一种有效的办法。另一种简单的方法是播放公猪求偶声磁带，连日试情，这种生物模拟的作用效果也很好。

4. 按摩乳房

对不发情的母猪，可采用按摩乳房方法促进发情。方法是每天早晨喂食后,用手掌进行表层按摩每个乳房,共 10 分钟左右,经过几天母猪有了发情症状后,再每天进行表层和深层按摩乳房各 5 分钟。配种当天深层按摩约 10 分钟。深层按摩是用手指尖端放在乳头周围皮肤上(不要触到乳头),做圆周运动,按摩乳腺层,依次按摩每个乳房可促使分泌黄体生成素,促进排卵。

5.合群

把不发情的空怀母猪合并到有发情母猪的圈内饲养,通过爬跨等刺激,促进空怀母猪发情排卵。

6.加强运动

对不发情的母猪进行驱赶运动,可促进其新陈代谢,改善膘情,接受日光的照射,呼吸新鲜的空气,能促进母猪发情排卵。如能与放牧相结合,则效果会更好。

7.并窝

把产仔少的和泌乳力差的母猪所生的仔猪,在吃完初乳后全部寄养给同期产仔的其他母猪哺育,这样母猪可提前回乳,提早发情配种利用,增加年产窝数和产仔头数。

8.药物催情及治疗

(1)药物催情

①皮下注射孕马血清促性腺激素,每日 1 次,连续 2~3 次,第 1 次 5~10 毫升,第 2 次 10~15 毫升,第 3 次 15~20 毫升。一般注射后 3~5 天就可以发情。

②使用绒毛膜促性腺激素,对体况良好的中型母猪(体重为 75~100 千克)1 次肌肉注射 500~1 000 单位为宜。

③中药催情。

方一:当归、小茴香各 15 克,白芍、熟地、乌药、香附、陈皮各 12 克,水煎取汁,加白酒 25 毫升喂服(一头猪一天剂量),每日 2 次,连用 3 天。

方二:淫羊藿 50~80 克,当归 30 克,阳起石 15 克,陈艾 80 克,益母草 60 克,水煎喂服(一头猪一天剂量),每日 2 次,连用 3 天。

方三:当归、川芎、肉苁蓉、白芍各 25 克,益母草、淫羊藿、阳起石各 30 克,红花 5 克,香附 15 克,熟地 25 克,肉桂 10 克,水煎拌料喂服(一头猪一天剂量),每日 2 次,连用 3 天。

方四:鲜桃叶 100～200 克、红糖 250～500 克、鲜松针叶 100～150 克,捣烂加酒糟 4～5 千克喂服(一头猪一天剂量),每日 2 次,连用 3 天。

(2)药物治疗 做好乙型脑炎、猪瘟、细小病毒病、布氏杆菌病、弓形体病等的防治工作。

对曾患过子宫炎或阴道炎的母猪,可试用以下方法治疗:

用 25%的高渗葡萄糖液 30 毫升,加青霉素 100 万单位,输入母猪子宫后 30 分钟再配种,效果明显。据试验,连续 3 个发情期配种未孕的母猪 18 头,处理后受胎率达 96%。

氯化钠 1 克,碳酸氢钠 2 克,葡萄糖 9 克,蒸馏水 100 毫升(先灭菌后再加碳酸氢钠)配成药液。用此药 20～30 毫升,加青霉素 40 万单位,链霉素 50 万单位,注入母猪子宫 30 分钟后配种,效果较显著。

9. 及时淘汰老母猪

为了提高母猪繁殖力和经济效益,应淘汰老母猪。一般母猪 5～7 胎后繁殖能力下降,产仔少,仔猪体弱易死亡。必须经常保持壮年的母猪群。对长期不发情或屡配不孕的母猪更要及时淘汰。对患有繁殖系统疾病的母猪如子宫炎、卵巢囊肿的母猪,即使治疗也须较长过程,少产一窝仔猪就等于白养半年,不经济,不如及时补充优秀后备母猪。

第二节 妊娠

母猪配种后,从精卵结合到胎儿出生,这一过程称为妊娠阶段。母猪的妊娠期一般为 112～116 天,平均 114 天。在饲养管理上,一般分为妊娠初期(20 天前)、妊娠中期(20～80 天)和妊娠后期(80 天)。

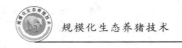

一、妊娠母猪的营养需要

妊娠前期母猪对营养的需要主要用于自身维持生命和复膘,初产母猪主要用于自身生长发育,胚胎发育所需极少。妊娠后期胎儿生长发育迅速,对营养要求增加。同时,根据妊娠母猪的营养利用特点和增重规律加以综合考虑,对妊娠母猪饲养水平的控制,应采取前低后高的饲养方式,即妊娠前期在一定限度内降低营养水平,到妊娠后期再适当提高营养水平。整个妊娠期内,经产母猪增重保持30~35千克为宜,初产母猪增重保持35~45千克为宜(均包括子宫内容物)。母猪在妊娠初期采食的能量水平过高,会导致胚胎死亡率增高。试验表明,按不同体重,在消化能基础上,每提高6.28兆焦消化能,产仔数减少0.5头。前期能量水平过高,体内沉积脂肪过多,则导致母猪在哺乳期内食欲不振,采食量减少,既影响泌乳力发挥,又使母猪失重过多,还将推迟下次发情配种的时间。

国外对妊娠母猪营养需要的研究认为,妊娠期营养水平过高,母猪体脂贮存较多,是一种很不经济的饲养方式。因为母猪将饲粮蛋白合成体蛋白,又利用饲料中的淀粉合成体脂肪,需消耗大量的能量,到了哺乳期再把体蛋白、体脂肪转化为猪乳成分,又要消耗能量。因此,主张降低或取消泌乳贮备,采取"低妊娠高哺乳"的饲养方式。近20~30年来,对母猪妊娠的饲养标准一再降低,美国营养研究会(NRC)推荐的妊娠母猪能量指标从第1版(1950)的37.66~46.86兆焦/天,不断削减到第7版(1973)的27.61兆焦/天,下降幅度达30%左右,到第八版时再度减到21.6兆焦/天。20世纪80年代的一些试验进一步证实,妊娠期的能量指标还可减少。据试验,以苜蓿干草为唯一饲料(消化能20.92兆焦/天)与精料对比,产仔数与初生重并无显著差别。

妊娠母猪的蛋白质需要量,也不像过去要求那么多,原因是母猪在一定范围内具有较强的蛋白质缓冲调节能力。一般认为,妊娠期母猪日粮中的粗蛋白质最低可降至 12%。蛋白质需要与能量的需要是平行发展的。钙、磷、锰、碘等矿物质和维生素 A、维生素 D、维生素 E 也都是妊娠期不可缺少的营养素。妊娠后期的矿物质需要量增大,不足时会导致分娩时间延长,死胎和骨骼疾病发生率增加。缺乏维生素 A,胚胎可能被吸收、早死或早产,并多产畸形和弱仔。缺乏维生素 E 不易发情。缺乏维生素 B_2 产仔数明显减少、仔猪活力减弱;缺乏维生素 B_{12} 不发情,繁殖障碍,卵泡萎缩、卵母细胞退化;缺乏维生素 K_3 流产、步态僵硬、新生仔猪脐带出血。缺乏泛酸,母猪不育、卵巢萎缩、子宫发育不正常、脂肪肝;缺乏生物素,皮炎、蹄病、繁殖障碍。缺乏叶酸,饲喂磺胺药时出现胚胎死亡;缺乏胆碱,受胎率低、产仔率低,产仔肢体外张。目前一般的猪场多用优质草粉和各种青绿饲料来满足妊娠母猪对维生素的需要,在缺少草粉和青绿饲料时,应在饲粮中添加矿物质和维生素预混合饲料。

妊娠母猪的饲粮中应搭配适量的精饲料,最好搭配品质优良的青绿饲料或粗饲料,使母猪有饱感,防止异癖行为和便秘,还可降低饲养成本。许多动物营养学家认为,母猪饲料可含 10%～20% 的粗纤维。

(一)妊娠母猪的饲养方法

1.抓两头顾中间的饲养方式

对于断奶后膘情较差的经产母猪和精料条件较差的地区,采取这种方式。抓两头:一头是在母猪妊娠初期和配种前后,加强营养;另一头是抓妊娠后期营养,保证胎儿正常发育。顾中间:就是妊娠中期,可适当降低精饲料供给,增加优质青饲料。

2.步步登高的饲养方式

此方式适用于初产母猪和哺乳期间发情配种的母猪,适用于精料条件供应充足的地区和规模化生产的猪场在初产母猪的妊娠中,后期营养必须高于前期,产前 1 个月达到高峰。对于哺乳期配种的母猪,在泌乳后期不但不应降低饲料供给,还应加强,以保证母猪双重负担的需要。

3.前粗后精的饲养方式

此种方式适用于配种前体况好的经产母猪。在妊娠前期可以适当降低营养水平。近年来,普遍推行母猪妊娠期按饲养标准限量饲喂、哺乳期充分(不限量)饲喂的办法。

饲养方式要因猪而异。对于断奶后体瘦的经产母猪,应从配种前10天起就开始增加采食量,提高能量和蛋白质水平,直至配种后恢复繁殖体况为止,然后按饲养标准降低能量浓度,并可多喂青粗饲料。对妊娠初期膘情已达7成的经产母猪,前期、中期只给予低营养水平的饲粮便可,到妊娠后期再给予丰富的饲粮。青年母猪由于本身尚处于生长发育阶段,同时负担胎儿的生长发育,哺乳期内妊娠的母猪要满足泌乳与胎儿发育的双重营养需要,对这两种类型的妊娠母猪,在整个妊娠期内,应采取随妊娠日期的延长逐步提高营养水平的饲养方式。

不论是哪一类型的母猪,妊娠后期(90天至产前3天)都需要短期优饲。一种办法是每天每头增喂1千克以上的混合精料,另一种办法是在原饲粮中添加动物性脂肪或植物油脂(占日粮的5%～6%),两种办法都能取得良好效果。近10年来的许多研究证实,在母猪妊娠最后两周,日粮中添加脂肪,有助于提高仔猪初生重和存活率。这是由于随血液循环从母体进入胎儿中的脂肪酸量增加,从而提高了用于合成胎儿组织的酰基甘油和糖原的含量,使其初生仔猪体内有较多的能量(脂肪和糖原)储备,从而有利于仔猪出生后适应新的环境。同时,母猪初乳及常乳中的脂肪和蛋白质含量也有所提高。试验证明,在母猪妊娠的最后两周,饲喂占日粮干物质6%的饲用动物脂肪或玉米油,仔猪初生重可提高10%～12%,每头母猪一年中的育成仔猪数可增加1.5～2头。

(二)不同阶段母猪的营养需要也不同

1.妊娠前期(配种后的1个月以内)

这个阶段胚胎几乎不需要额外营养,但有两个死亡高峰,饲料饲喂量相对应少,质量要求高,一般喂给1.5～2.0千克的妊娠母猪料,饲粮营养水平为:消化能 2 950～3 000 千卡/千克,粗蛋白 14％～15％,青粗饲料给量不可过高,不可喂发霉变质和有毒的饲料。

2.妊娠中期(妊娠的第 31～84 天)

喂给 1.8～2.5 千克妊娠母猪料,具体喂料量以母猪体况决定,可以大量喂食青绿多汁饲料,但一定要给母猪吃饱,防止便秘。严防给料过多,导致母猪肥胖。

3.妊娠后期(临产前 1 个月)

这一阶段胎儿发育迅速,同时又要为哺乳期蓄积养分,母猪营养需要高,可以供给 2.5～3.0 千克的哺乳母猪料。此阶段应相对地减少青绿多汁饲料或青贮料。在产前 5～7 天要逐渐减少饲料喂量,直到产仔当天停喂饲料。哺乳母猪料营养水平:消化能 3 050～3 150 千卡/千克,粗蛋白 16％～17％。

(三)妊娠母猪的饲喂量

要考虑三方面:保持预定的日粮营养水平;使妊娠母猪不感到饥饿;不感到压迫胎儿。操作方法是根据胎儿发育的不同阶段,适时调整精粗饲料比例,后期还可采取增加日喂次数的方法来满足胎儿和母体的营养需要。

妊娠母猪每天的饲喂量,在有母猪饲养标准的情况下,可按标准的规定饲喂。在无饲养标准时,可根据妊娠母猪的体重大小,按百分比计算。一般来说,在妊娠前期喂给母猪体重的 1.5％～2.0％,妊娠后期可喂给母猪体重的 2.0％～2.3％。妊娠母猪饲喂青绿饲料,最好将青绿饲料打成浆。无打浆条件的,一定要切碎,然后与精料掺拌一起饲喂。精料与粗料的比例,可根据母猪妊娠时间递减。饲喂妊娠母猪的饲料,应含有较多的干物质,不能喂得过稀,更不能稀汤灌大肚。

(四)妊娠母猪的管理

除让母猪吃好、睡好外,在第 1 个月和分娩前 10 天,要减少运动,其他时间每天要活动 2 次,每次 1～2 小时。圈内保持环境安静,清洁卫生。经常接近母猪,给母猪刷拭,不追赶、不鞭打、不挤压、不惊吓、不洗冷水澡。冬季防寒,夏季防暑,猪舍内通风干燥。雨雪天和严寒天气应停止运动,以免受冻和滑倒,保持安静。

讲究饲料品质,不要喂带有毒性的棉籽饼、酸性过大的青贮料以及酒糟。无论是精饲料还是粗饲料,都保证其品质优良,不喂发霉、腐败、变质、冰冻或带有毒性和强烈刺激性的饲料,否则会引起流产。饲料种类也不宜经常变换,饲料变换频繁,对妊娠母猪的消化机能不利。分娩前1周的日粮中加入1克维生素C。注意给妊娠母猪补充足够的钙、磷,最好在日粮中加1%～2%的骨粉或磷酸氢钙。群养母猪的猪场,在分娩前分圈饲养,防互相争食或爬跨造成流产。临产前应停止运动。

二、妊娠母猪的饲养管理

(一)妊娠母猪的保胎措施

母猪妊娠后,有三个容易引起胚胎死亡的特殊时期,分别是9～13天、18～24天、60～70天。第一个高峰期出现在9～13天,此时,受精卵开始与子宫壁接触,准备着床而尚未植入,如果子宫内环境受到干扰,最容易引起死亡,这一阶段的死亡数占总胚胎数的20%～25%。第二个高峰期出现在18～24天,此时,胚胎器官形成,在争夺胚盘分泌的物质的过程中,弱者死亡,这一阶段死亡数占胚胎总数的10%～15%。第三个高峰期出现在60～70天,此时,胚盘停止发育,而胎儿发育加速,营养供应不足可引起胚胎死亡,这一阶段死亡数占胚胎总数的5%～10%。

为此,要提高母猪的妊娠分娩率,减少母猪流产,应做到以下几点:

1. 保持安静

在胚胎死亡的高峰时期,如果母猪受到惊吓或骚动不安,容易导致代谢紊乱,子宫内环境受到不同程度的抑制,就可能增加胚胎死亡数量。所以,妊娠期间,要保持圈舍安静,避免生人靠近,防止宠物或小动物骚扰,禁止出现过强的噪声,更不能轰赶、抽打母猪,要保证母猪不受任何干扰。

2.加强管理

给怀孕母猪使用的饲料,必须保证品质良好,严禁使用霉变、污染、冰冻饲料,尽量不用青贮饲料。夏季配种死胎率更高,要采取多种措施,控制好猪舍内的小环境,要求环境温度控制在 15~25℃,相对湿度控制在 70%~80%。

3.控制喂量

配种怀孕后,母猪变得十分安静,采食量迅速增加,如果任其自由采食,体膘增加很快,不但容易导致死胎,还容易引起难产。妊娠前期(配种后 21 天内)日喂量 2 千克,妊娠中期(22~60 天)日喂量 2.5 千克,妊娠后期日喂量 3 千克,妊娠期净增重保持在 20 千克左右为宜。

4.药物保胎

习惯性流产的母猪,早期可用孕激素安胎,即在配种后 7 天左右,给母猪肌肉注射孕酮 15~25 毫克。平时发现有流产征兆时,也要及时注射孕酮保胎。中药安胎效果更好,可在配种后 21 天,用党参、黄芪、当归、续断、黄芩、白术、砂仁各 20 克,川芎、灵草各 15 克,煎汁去渣后加入 100 克糯米,煮成稀粥喂给母猪,每天 1 剂,连用 2 天。

5.预防疾病

有很多传染病会引起母猪流产和死胎,包括猪瘟、猪繁殖与呼吸综合征、伪狂犬病、细小病毒病、流行性乙型脑炎、流感、布鲁氏菌病、附红细胞体病、钩端螺旋体病、衣原体病等,其中最多见的是细小病毒病和乙型脑炎,必须搞好疫苗接种。细小病毒疫苗可在母猪配种前 2~4 周接种,种公猪每半年接种 1 次;乙型脑炎疫苗一般在 4~5 月份接种,头胎母猪必须注射。

(二)妊娠早期诊断

(1)看发情　配种后到下一次发情期(平均 21 天),不再出现发情症状,可推断母猪已经妊娠。

（2）观察行为　配种后妊娠的母猪表现安静、疲倦、贪睡不想动,性情温驯,动作稳,食量逐渐增大。

（3）观察猪体　配种后妊娠的母猪容易上膘,皮毛发亮,尾巴自然下垂,阴户收缩,腹围逐渐增大。

通过以上的观察,基本确定母猪是否妊娠,对于极个别不能确定是否妊娠的母猪,可用超声波鉴定。

（三）妊娠母猪的饲养管理

对母猪采取低妊娠高泌乳的饲养体制,即妊娠期适量饲喂,哺乳期充分饲养,即充分利用母猪妊娠期新陈代谢旺盛的特点,只保证供给胎儿所需和母猪适当增加体重的营养物质,然后哺乳期充分饲养,争取多产奶,提高仔猪的哺育成活率。该体制节约饲料,还有利于分娩和泌乳。

母猪妊娠阶段饲养管理水平对哺乳期母猪、初生仔猪、断奶仔猪以及母猪连续性生产能力都会构成极大的影响;繁殖阶段饲养管理的关键是"妊娠期严格限饲、哺乳期能够充分采食"。妊娠母猪严格限饲的目的也是为了能够提高哺乳期母猪采食量,使哺乳母猪日进食营养总量达到产奶的基本需求。

1. 饲养

（1）断奶至配种阶段　有很多猪场认为断奶到配种只是短短的3～7天时间,喂什么料都无所谓,进了配种舍就开始使用妊娠母猪料。但很多试验表明配种前虽然时间很短,但使用低能(低亚油酸含量)低蛋白的妊娠母猪料会影响母猪排卵数,是产仔数下降的原因之一,如果母猪群偏瘦这种影响会更大。

（2）配种后一周内　配种后一周内要严格限饲,因为配种后48～72小时是受精卵向子宫植入阶段,如果饲喂量过高,日进食能量过高均会导致胚胎死亡增加,使产仔数下降;母猪群偏瘦时更容易发生饲喂过量的问题。如果母猪群偏瘦可以在妊娠7～37天时调整饲喂量,调整范围 0.6～0.9 千克/天,这一阶段即可以使母猪体况迅速恢复,也不会造成哺乳期母猪采食量下降的问题。

(3)限饲与加料 妊娠母猪限饲时间:欧、美大多数猪场都会限饲到怀孕的第 95～100 天,再进入妊娠后期加料阶段,在中国一直沿用旧的饲养方式怀孕第 84 天加料。美国堪萨斯大学猪营养组的研究已经证实,妊娠母猪加料时间过早(84 天)会导致哺乳母猪乳腺细胞数量减少,通过 RNA 检测发现妊娠 100 天加料的母猪,比 84 天加料的母猪 RNA 总量明显高;所以过早加料会影响母猪乳腺的发育,这也是造成母猪产奶量下降和仔猪断奶体重小的重要原因。

妊娠母猪后期的饲养不精准,会导致仔猪初生重偏小。这一阶段很重要,但在实际饲养过程中最容易出现两个错误,一是加料量不足,二是使用妊娠母猪料加料。加料不足主要是因为加料过早(84 天)平均 3 千克/天,妊娠 100 天前还可以满足胎儿增重的基本营养需求,100 天后仔猪进入快速生长期,依然每天加料 3 千克,不改变饲料种类继续使用妊娠母猪料加料,就很难满足胎儿快速生长的营养需求。

正确的做法最好在 95 天开始加料,最好使用加有油脂或"猪专用高亚油酸脂肪粉"的高能高蛋白哺乳母猪料,使哺乳母猪料的配方标准能够达到代谢能 13.2 兆焦/千克以上、粗蛋白 17.5%、赖氨酸含量不低于 0.86%。如果不加油脂或脂肪粉,代谢能很难达到 13.2 兆焦/千克以上,所以瘦肉型母猪在哺乳母猪料中必须添加脂肪,特别是富含亚油酸(中短链脂肪酸)。高饱和脂肪酸(长链脂肪酸)母猪很难利用,因为母猪在妊娠后期会把大量的中短链脂肪酸转化为酮体,而仔猪会把酮体迅速转化为脂肪储备,而高脂肪储备对改善仔猪成活率有非常积极作用。

如果使用 95 天开始加料,加料量一定要控制的精准。为了有效地预防难产,初产猪加料量最好控制在 3 千克/天;2 产以上的母猪不低于 3.5 千克/天;加料时间 95～112 天,产前减料 2 天。

(4)区别不同母猪,科学饲养

①抓两头顾中间 这种饲养方式适于断奶后膘情差的经产母猪。

具体做法是:在配种前 10 天到配种后 20 天的一个月时间内,提高营养水平,日平均给料量在妊娠前期饲养标准的基础上增加 15%～20%,有利于体况恢复和受精卵着床;体况恢复后改为妊娠中期一般饲粮;妊娠 80 天后,再次提高营养水平,即日平均给料量在妊娠前期喂量的基础上增加 25%～30%,这样就形成了一个高→低→高的饲养方式。

②步步登高　这种饲养方式适于初产母猪和哺乳期间配种的母猪。

具体做法是:在整个妊娠期间,可根据胎儿体重的增加,逐步提高日粮营养水平,到分娩前 1 个月达到最高峰。但在产前 1 周左右,应减料饲养。

③前粗后精　这种饲养方式适于配种前体况良好的经产母猪。

妊娠初期,不增加营养,到妊娠后期,胎儿发育迅速,增加营养供给,但不能把母猪养得太肥。在分娩前 5～7 天,对体况良好的母猪,减少日粮中 10%～20% 的精料,以防母猪产后患乳房炎或仔猪下痢;对体况较差的母猪,在日粮中添加一些富含蛋白质的饲料;分娩当天,可少喂或停喂,并提供适量的温麸皮盐水汤。

注意:①日粮具有一定体积,使猪吃后有饱腹感;②适当增加轻泄性饲料如麸皮;③日粮营养全面,多样配合、全价适口;④禁喂发霉、变质、冰冻、有毒饲料;⑤生饲并供足饮水;⑥中等体重妊娠母猪日喂量,前期每头每天 1.5 千克左右,后期 2.0～3.0 千克左右。日喂 2～3 次。

2. 管理

(1)单栏或小群饲养　单栏饲养是母猪从妊娠到产仔前,均饲养在限位栏内。特点是采食均匀,但不能自由运动,肢蹄病较多;小群饲养是将配种期相近、体重大小和性情强弱相近的 3～5 头母猪,放在同一栏(圈)内饲养。特点是母猪能自由运动,采食时因争抢可促进食欲。但分群不当,有些母猪的采食,会因胆小而受到影响。

(2)适当运动　妊娠中后期适当运动,有利于增强体质和胎儿发育,产前 1 周停止运动。

（3）做好日常管理，防止流产　饲养员对妊娠母猪要态度温和，避免惊吓、打骂，经常触摸腹部，为将来接产创造方便条件，每天刷试猪体保持皮肤清洁。特别是对初产母猪，产前进行乳房按摩。另外，应每天观察母猪的采食、饮水、粪尿和精神状态的变化，预防疾病发生和机械刺激，如挤、斗、咬、跌、骚动等，防止流产。

第三节　分娩

饲养好分娩前后的母猪，既可以保证母猪顺利分娩，不使母猪发生难产，又可以保证母猪正常泌乳，防止产后发生乳房炎和无乳症，提高仔猪的成活率。

一、分娩前准备工作

做好母猪分娩与仔猪护理工作是提高猪群整体成活率的关键性技术。分娩前的准备工作：

1. 产房和用具准备

关键问题是消毒和保温，产房和分娩栏必须清扫和消毒，母猪进入分娩栏前首先用高压水枪把分娩栏舍及一切用具的表面冲洗干净，特别注意冲洗缝隙、角位和墙壁等容易藏污纳垢的地方，不能留有污垢。开启分娩舍全部门窗通风，待栏舍内水分完全蒸发干后，再用 2% 的火碱水溶液喷雾。土猪圈要将积肥起出，垫上新土，最好能用喷灯火焰消毒。土圈可用碎草铺满点燃消毒，墙壁用 20% 石灰乳粉刷消毒。寒冷季节产房内应有取暖设备，保证产房大环境温度不低于 25℃，以 25～26℃ 为宜，初生仔猪保育箱温度应为 32℃ 左右。准备好接产用的仔猪保育箱或笼子，里面放入柔软的垫草，不要过长，以 10～15 厘米为宜。准备好耳号钳、5% 的碘酒和 0.1% 的高锰酸钾等消毒药品、称重工具、

母猪记录卡等。

2.待产母猪体表的清洁消毒

根据母猪预产期推算,在产前约一周,就要把母猪赶入产栏待产,让母猪对新的环境有一个适应过程,若母猪赶入产栏后就分娩,会造成母猪精神紧张,站立不安,影响正常分娩及泌乳,并常常发生咬死和压死小猪,初产母猪的表现更为突出。母猪赶入产栏前,应将母猪的体表彻底洗刷干净,尤其是腹部、乳房、肢蹄部及后躯等部位,然后再用可载畜使用的消毒药消毒猪体,如消毒灵、菌毒净、百毒杀、来苏儿和过氧乙酸等。

3.母猪产前护理

母猪进入分娩栏后,改喂哺乳母猪料 3～4 千克/(天·头),体况适中的怀孕母猪,产前一两天,把喂料量减半或 1/3,同时供给充足清洁饮水,防止母猪产后便秘、食欲不振、产后乳汁分泌过多而产生乳房炎,或因乳汁过浓而引起仔猪消化不良,母猪产前便秘,往往会引起母猪难产,发现母猪便秘时(平时要经常检查母猪排粪情况),可在饲料中加一些具有轻泻作用的饲料如麸皮或药物。发现临产征兆,停止饲喂,只喂豆饼麸皮汤。若母猪膘情不好,乳房膨胀不明显,就不要减料,还应适当增加一些富含蛋白质的催乳饲料,例如鱼粉、鸡肉粉等。产前两周,对母猪进行检查,若发现疥癣、虱子等体外寄生虫,应用 2% 敌百虫溶液喷雾消毒,以免传染给仔猪。产前不宜运动量过大,防止互相拥挤造成死胎和流产。

二、分娩证兆

距离产仔时间为 15 天左右时,表现为乳房肿大(俗称"下奶缸");3～5 天时,表现为阴户红肿,尾根两侧开始下陷(俗称"松胯");1～2 天时,可挤出乳汁,且为透明(从前面乳头开始);8～16 小时(初产猪、本地猪种和冷天开始早)时,母猪刁草做窝(俗称"闹栏");6 小时左右时,乳汁为乳白色;4 小时左右时,母猪每分钟呼吸 90 次左右(产前一天每分钟呼吸大约54次);10～90分钟时表现为躺下、四肢伸直、阵缩间隔时间逐渐缩短;在距产仔时间为1～20分钟时,阴户流出分泌物。

总结起来即为:行动不安,起卧不定,食欲减退,衔草做窝,乳房膨胀,具有光泽,挤出奶水,频频排尿。当妊娠母猪表现出这些征兆时,一定要有人看管,时时注意母猪情况,并做好接产准备。

三、接产

母猪产仔以躺卧方式为主,如果母猪站着产仔,可用手抚摩其腹部,使其躺卧产仔。

(一)看护
饲养员及有关人员要日夜值班看守待产母猪。

(二)消毒
接产人员应先消毒手臂和接产用具,待仔猪出生后,立即用手将其口鼻处的黏液清除,并用抹布将其周身黏液擦干净。

(三)抢救
如果发现胎儿包有胎衣,应立即撕破胎衣,再抢救仔猪。发现假死猪时,要倒提拍打仔猪的背部,或对仔猪鼻喷刺激性物质等。

(四)断脐
擦净黏液后断脐,对脐带未断的先留长些,等脐动脉不再跳动时,将脐血挤向仔猪,以留下3厘米长为宜,并用2%的碘酊消毒断头处;如果脐带因自然断得过短而流血不止时,应立即用消毒的结扎线结扎脐带。

(五)喂初乳

把仔猪放入保育箱,保证仔猪温暖,出生 30 分钟后,帮助仔猪吃上初乳。

(六)断牙

仔猪出生后 12～24 小时,用消过毒的剪牙钳在齐牙根处剪除上下两侧犬齿,以防止仔猪互斗咬伤面部或咬伤母猪乳头。

(七)断尾

仔猪出生之后 24 小时内用消过毒的剪尾钳于距尾根 1/3 处剪断尾巴。

(八)人工助产

母猪分娩时一般不需要帮助,因为助产会增加产道感染的危险性,但是难产时需要进行人工助产,决定是否需要助产及在什么时候使用有一定难度,助产过程也不是简单地把手伸进产道将胎儿拉出,下面详细介绍了人工助产相关事宜。

确定一头母猪是否难产,首先看它是否烦躁极度紧张,其次看出生间隔是否大于 45 分钟,还要看它的腹部饱满程度(是否还有仔猪),最后根据它产仔数来确定母猪分娩是否结束。母猪分娩如果出现以下三种情形,很有可能是难产。

(1)已经出生一头或几头仔猪,但母猪不再用力的时间已超过 45 分钟。

(2)母猪已经努责,但是已超过至少 45 分钟还没有仔猪产出。

(3)所有出生仔猪的黏液都已经干了,但饲养员仍能确定母猪体内有仔猪。

两头相邻仔猪出生间隔要有一个准确的时间记录。当确定需要助产时,要做好助产准备:

(1)应用温水和消毒剂(新洁尔灭、洗必泰等)或肥皂洗母猪的阴户及周围的部分,去掉有机物和污物。

(2)助产者手和胳膊要戴新的经过消毒的长臂手套并涂上润滑剂(如液体石蜡)。

助产过程:

将手卷成锥形,当母猪不努责和产道扩张时胳膊才能进入(如果母猪右侧卧,就用右手,反之用左手。),慢慢穿过阴道,进入子宫颈(子宫在骨盆边缘的正上方或正下方)。手一进入子宫常可摸到仔猪的头或后腿,要根据胎位抓住仔猪的后腿或头或下巴慢慢地把仔猪拉出。

注意:

不要将胎盘和仔猪一起拉出,在拖出的过程中,不可将阴门、子宫颈和子宫碰伤;如果两只仔猪在交叉点堵住,先将一只推回,抓住另一只拖出;如果胎儿头部过大,骨盆相对狭窄,用手不易拉出,可用打结的绳子伸进仔猪口中套住下巴帮助拉出。

如果通过检查发现产道内无仔猪,可能是子宫阵缩无力,胎儿仍在子宫角未下来,这时可用催产素,促使子宫肌肉收缩,帮助胎儿尽快出生。注射剂量为20～30单位,笔者试用阴唇内侧注射20单位,效果很好,不仅发挥作用快,而且还能节省用量。如果30分钟仍未见效,可第二次注射催产素。如果仍然没有仔猪出生,则应驱赶母猪在分娩舍附近活动,可使产道复位以消除分娩障碍,使分娩过程得以顺利进行。

四、预防产后无乳

1. 加强妊娠母猪的饲养管理

在喂给妊娠母猪饲料时,要讲究卫生和保证质量,不能喂给发霉、腐败、变质、冰冻、带有毒性和强烈刺激性饲料。对膘情较差的怀孕母猪应增加喂料量。做好分娩舍的环境卫生和消毒工作,母猪必须经严格清洗消毒后才能转入分娩舍。在临产前2天只喂给正常料量的60%～80%;以防止产后不食影响泌乳或发生乳房炎。分娩当天停喂

饲料,只供饮水,可减少无乳综合征的发生。分娩后母猪饲喂量应逐渐增加,一周后达到正常量。

2.提高哺乳期的营养水平

哺乳期母猪的日粮,应使用质量高、适口性好的哺乳母猪料。要求蛋白质水平在 16％～18％、可消化能每千克 12.97 兆焦以上、赖氨酸 0.95％,母猪怀孕 70 天以后,可在饲料中添加 0.2％的生物活性肽直至仔猪断奶,有促进母猪泌乳及提高断奶仔猪窝重的作用。

3.减少应激因素

母猪分娩舍要保持安静和室温相对稳定,冬天要取暖,温度在 18℃以上,夏季要防暑降温,温度不超过 30℃。母猪应于分娩前 1 周转入分娩舍,在驱赶母猪时,动作要轻,不能惊吓。应尽量避免临分娩时才将母猪转入分娩舍。防止其他牲畜、机动车干扰。

4.母猪分娩的处理

母猪分娩时,对于用具、助产人员都要严格消毒,母猪的阴部、乳房,后躯要用 0.1％高锰酸钾溶液清洗消毒。注意观察母猪分娩后胎衣是否排净。

5.驱虫和药物预防

由于寄生虫的蠕虫感染,可引起母猪泌乳下降和仔猪下痢,因此必须在母猪分娩前 2 周使用广谱驱虫药剂进行 1 次驱虫。

在母猪分娩前 2 周左右,肌肉注射亚硒酸钠每头 40 毫克在母猪分娩后 48 小时内,肌肉注射氯前列烯醇每头 2 毫升,能促进母猪泌乳,并能缩短断奶与发情间隔。

五、分娩前后的饲养

(一)分娩前的饲养

母猪分娩前 7～5 天的饲养,主要根据母猪的体况和乳房发育情况来决定。

1. 体况好的母猪

一般来说,体况好的母猪,产前应减少饲料的喂给量,每日喂料量应按妊娠后期每日喂料量的 10%～20% 比例递减,到分娩前 2～3 天,喂料量可以减少到平时喂料量的 1/3 或 1/2,在分娩的当天可以减到更少。若饲喂料量太多,母猪产后食欲受到影响,影响泌乳。

2. 体况弱的母猪

对于体况较差的瘦弱母猪,乳房发育及膨胀程度小,在分娩前不但不能减少饲料喂量,还应增加优质饲料的饲喂量,特别是增加富含高质量蛋白质的饲料(如豆饼、豆粉等)和富含维生素的饲料。对于特别瘦弱的母猪,要不限量饲喂,如此才能保证母猪产仔后有足够的乳汁,保证仔猪的正常哺乳、生长发育,保证母猪断奶后正常发情配种。

3. 分娩前的管理

①按照预产期,分娩前 7 天注意观察母猪,加强护理,防止提前产仔而无人接产等意外事故。

②母猪产前两周应将产房、产床彻底冲洗干净,再用 2% 的氢氧化钠溶液消毒并冲洗干净,空圈 3 天以上保持猪舍干燥。

③母猪产前一周转入产房(有条件的猪场应该给临产母猪洗澡后再转入产房),使其适应新的环境。并要保持产房清洁、干燥、安静舒适、空气新鲜,冬季最好阳光充足,舍内温度保持在 20℃。

④安排有经验的饲养员轮流昼夜值班,注意观察母猪的临产症状。

⑤接产前应将指甲剪短磨平,用肥皂洗净并消毒双手。

⑥母猪产前用高锰酸钾溶液或来苏儿水擦干净乳房、后躯、外阴部等处。

(二)分娩后的饲养

母猪分娩的当天,采食量很少,要保持足够的清洁饮水。

母猪分娩后承担哺乳仔猪的繁重任务,因此必须把哺乳母猪饲养好,突出的是饲料的原料,如玉米、豆粕等的质量一定新鲜,不可以用霉变饲料养哺乳母猪,饲喂过程中尽可能做到饲喂次数增多,每次饲喂数量适当,同时确保清洁的饮水。

1. 体况好的母猪

对体况好的母猪,产仔后 2～3 天内,应减少喂料量,不可喂料太多,其饲喂量为正常饲喂量的 1/3～1/2,产后 4～6 天达到正常喂料量,并尽可能让母猪多吃,只有采食量足够多,才能有更多的泌乳,确保哺乳仔猪的生长发育,有一个比较好的断奶体重。

2. 体况弱的母猪

在母猪体况过瘦时,分娩后不但不应减少料量,还应增加饲料喂量,饲料增加多少,应视母猪体况、食欲、消化和泌乳等情况而定。对于产仔时间过长的母猪,可让先产出的仔猪吃初乳。

3. 分娩后的管理

①仔猪出生后,要用清洁的干毛巾擦干新生仔猪的口鼻及全身黏液、断脐。在脐带断部涂抹碘酒,然后迅速将仔猪移入护仔箱内,使护仔箱内的温度保持在 25～32℃。

②仔猪全部产完后,及时清除胎衣和污物。

③及时照顾所有的仔猪吃到初乳。

④产后母猪需要安静的环境,充分休息,恢复体力,除仔猪哺乳外,应尽量少打扰母猪。

⑤对假死的仔猪要进行急救。

⑥母猪分娩后,为防其感染,最好注射抗菌素一次,如青霉素、链霉素、长效土霉素等。

第四节 泌乳

一、如何提高泌乳量

在生产实践中,常常因母猪无奶、少奶造成仔猪死亡、生长发育不良,而造成严重的经济损失。母猪泌乳量的高低,对仔猪成活率、断奶体重以及抗病力都有重大影响。提高哺乳期母猪的泌乳力,是养好仔猪的关键。

(一)合理配制母猪饲粮

在配制哺乳母猪饲料时,必须按饲养标准进行,要保证适宜的能量和蛋白质水平以及矿物质和维生素的需要,否则母猪不仅母猪泌乳量下降,还易发生瘫痪。提高怀孕后期和泌乳第一个月的饲养水平,能有效地促进乳腺的发育,提高母猪泌乳量。

乳的营养成分丰富而全面,只有供给含蛋白质、矿物质、维生素丰富的饲料,并保证充足的饮水,才能产出量多质好的乳汁。

适当增喂青绿多汁饲料。母猪产后恢复正常采食以后,除喂以富含蛋白质、维生素和矿物质的饲料以后,还应多喂些刺激泌乳的青绿多汁饲料,以增加其泌乳量。但饲喂的青绿多汁饲料必须新鲜,且喂量要由少到多。特别地,夜间补食一次青绿饲料,这对促进泌乳力有更显著的作用。

补喂动物性饲料。动物性饲料中的蛋白质,必需氨基酸种类多,生物学价值高。母猪哺乳期间,适当饲喂一些鱼粉、豆饼等,可提高泌乳量。农户也可捕捉一些小鱼小虾煮汤,拌在饲料里喂给,可显著增加泌乳量。

(二)科学地供给饲料量

产前 1 周开始减料,分娩当日不喂料,分娩后第 1 天喂给麦麸食盐水,后逐渐增加给料量,产后 1 周母猪能吃多少喂多少。在给母猪加料的同时应给予大量饮水以增加泌乳量和哺乳次数。母猪在产后一月内,由于泌乳需消耗较多的营养,且母猪产奶有前期多、后期少的规律,所以把精料多用在此时间内,才会有较高的泌乳量。母猪产后恢复正常采食以后,除喂以富含蛋白质、维生素和矿物质的饲料以后,还应多喂些刺激泌乳的青绿多汁饲料,以增加其泌乳量。但饲喂的青绿多汁饲料必须新鲜,且喂量要由少到多。特别地,夜间补食一次青绿饲料,这对促进泌乳力有更显著的作用。

(三)少量多次饲喂

泌乳母猪是整个繁殖周期中需要营养最多的阶段,若仍按空怀期或怀孕期的喂法饲喂,所获得的营养是远不够产奶需要的。只有在喂好的前提下做到少喂、勤喂、夜喂,才能满足泌乳的营养要求,才能多产奶。

(四)最大限度地提高哺乳母猪采食量

①怀孕期间限制饲喂,并做好母猪产前减料、产后逐渐加料的工作,防止母猪过肥,从而影响哺乳期的采食量。

②避免或尽量减少热应激,舍内温度最好不要超过 22℃。在炎热夏季,要避开高温时喂料。生产中降低热应激的措施有:适度通风、圈舍地面采用导热材料、水帘降温或猪鼻降温。

③增加饲喂频率(少量多餐)或饲槽中始终保持有料。

④使用便于采食的饲槽,并饲喂湿拌料。

⑤供给充足的饮水,采用饮水槽或杯式饮水器较好。若采用乳头或鸭嘴式饮水器,必须保证适度的饮水速度(母猪饮水器的水流速度为每分钟 1 500 毫升)。

⑥保持饲料新鲜,避免使用霉变饲料。

(五)保持饲料稳定

整个泌乳期的饲料要保持相对稳定,不要频繁变换饲料品种,不喂发霉变质饲料,不宜喂酒糟,以免母猪变化引起仔猪腹泻。

(六)创造利于母猪泌乳的适宜环境

哺乳猪舍内应保持温暖、干燥、卫生,及时清除圈内排泄物,定期消毒猪圈、走道及用具;尽量减少噪音,避免大声喧哗等。让猪多运动多晒太阳。保证母猪健康,才能多产奶、产好奶。

(七)按摩

母猪产仔前 15 日开始按摩乳房,促进乳腺发育,乳房增大。据资料介绍可提高断奶重5％以上。产后 1～2 天用 30～40℃温水浸湿抹布,按摩两侧乳房,可以提高断奶重 6％～10％。试验证明,按摩母猪的乳房可提高母猪的泌乳量。用手掌前后按摩乳房,一侧按摩完了再按摩另一侧,也可用湿热毛巾进行按摩,这样还可以起到清洁乳房和乳头的作用。

(八)保护好母猪乳房乳头

避免泌乳母猪乳房和乳头遭受各种伤害,防止细菌感染而引发乳房炎等疾病而影响泌乳。热敷和按摩乳房可多产奶。对泌乳母猪的乳房热敷和按摩可促进乳房的血液循环,提高产奶量。

(九)中药健胃促奶

在母猪哺乳期间用中药健胃促奶,也有增加泌乳量的作用。中药具有健胃助消化的功能。如因母猪食欲差,厌食无乳,可以喂些中药促进乳汁分泌。例如:可用通草煎水,拌在饲料中饲喂,一天两次,连喂 3天;也可用以下方剂:王不留行 24 克,益母草 30 克,荆三菱 18 克,炒麦芽 30 克,大木通 18 克,六神曲 24 克,赤芍药 6 克,杜红花 18 克,加水蒸汁,每日一剂,分两次给予,连服 2～3 天。

二、哺乳母猪的饲养

哺乳母猪的饲养目标,一是提高仔猪断奶头数及断奶窝重;二是保持泌乳期正常种用体况,即 28 天断奶失重不超过 12 千克。过度的失重会延长离乳后发情期,还可引起下胎产仔数减少,其后果是严重的。除了科学地调配哺乳母猪饲料之外,还的讲究哺乳母猪的饲喂方发。如下:

(1)合理提高采食量　哺乳母猪饲养的一个总原则是,设法使母猪最大程度的增加采食量,减少哺乳失重。哺乳母猪的饲料应按照哺乳母猪的饲养标准进行配制,且应该选择优质、易消化、适口性好、体积适当、新鲜、无霉、无毒、营养丰富的原料。由于哺乳母猪产后体弱,消化机能尚未恢复,可在产后的 1～2 天喂些汤料,可以是麸皮盐水汤、豆粕汤或其他易消化的流食。2～3 天后逐渐增加饲喂量,至第 7 天左右恢复正常饲喂。到第 10 天之后开始再加料,一直到 25～30 天泌乳高峰期后停止加料。饲喂次数以日喂 3～4 次为宜。有条件的可以加喂一些青绿多汁饲料,泌乳高峰期的时候可以视情况在夜间加喂 1 次。

为使母猪达到采食量最大化,可分别采取以下措施:

第一种是实行自由采食,不限量饲喂。即从分娩 3 天后,逐渐增加采食量的办法,到 7 天后实现自由采食;

第二种是做到少喂勤添,实行多餐制,每天喂 4～8 次;

第三种是实行时段式饲喂,利用早、晚凉爽时段喂料,充分刺激母猪食欲,增加其采食量。

不管是哪种饲喂方式都要注意确保饲料的新鲜、卫生,切忌饲料发霉、变质(酸败)。为了增加适口性可采取喂湿拌料的方法。

(2)供给充足清洁水　夏季温度高哺乳母猪的饮水需求量很大,因此,母猪的饮水应保证敞开供应。如果是水槽式饮水则应一直装满清水,如果是自动饮水器则要勤观察检查,保证畅通无阻,而且要求水流速、流量达到一定程度。饮水应清洁,符合卫生标准。饮水不足或不洁可影响母猪采食量及消化泌乳功能。

(3)防顶食　母猪产仔后腹内空虚、腹内压急剧下降,饥饿感很强,吃起来没饥没饱。不能立即饲喂。应让母猪休息1～2小时后,再喂给加盐的温热麸皮粥,以补充其体液消耗。因其消化机能较弱,食欲不好,不应多喂料,否则,母猪不消化,发生"顶食"。预防"顶食"的方法:主要是产后1周内应控制精料的喂量,饲料用较多的水调制,使其较稀。且日粮中应有一定量的青饲料或添加2%～5%的油脂,可防产后便秘,促进秘乳。产后每日渐加喂量0.5千克左右,至1周后恢复到定量,每天4.5千克以上,并尽量多喂。一般日喂4～5次,夜间加喂一次夜食,对抵御寒冷、提高泌乳量有好处。如果母猪生后食欲不振,可用150～200克食醋拌一个生鸡蛋喂给,能在短期内提高母猪食欲。

(4)防乳房炎。

(5)防无奶。

(6)防下痢　母猪泌乳期不要突然变料,严禁喂发霉变质的饲料,避误食有毒有害的植物,以防引起乳质变怀和仔猪中毒或下痢。为改善母猪消化,改进乳质,预防仔猪下痢,产后给母猪喂小苏打,25克/天,分2～3次于饮水中也有预防作用。

三、哺乳母猪的管理

(1)保持猪舍内要保持温暖、干燥、卫生、空气新鲜,每天清扫猪栏、冲洗排污道外,还必须坚持每2～3天用对猪无毒副作用的消毒剂喷雾消毒猪栏和走道。尽量减少噪音、大声吆喝、粗暴对待母猪等各种应激因素,保持安静的环境条件。猪床干燥、清洁、防止缺乳综合征发生,产生2～3天若母乳不足,可注射催产素20～30单位。

（2）防下痢。

（3）适量运动。有条件的地方，特别是传统养猪，可以让母猪带领仔猪在就近牧场上活动，不但能提高母猪泌乳量，改善乳质，还能促进仔猪发育。无牧场条件下，最好每天能让母猪有适当的舍外活动时间。

（4）防治乳房炎和缺奶　母猪如果发生了乳房炎，就应及时医治，产仔之后，如果饲喂精饲料过多，缺乏青饲料会发生便秘、难产等病症，容易引起所有乳房肿胀，体温上升，乳汁停止分泌。此外，哺乳期仔猪数因死亡而减少，乳房没有仔猪吸吮而引起肿胀，也可导致乳房炎。一旦发生乳房炎，应用手或湿布按摩乳房，并将乳汁挤出。每天要挤 4～5 次，坚持 3 天，待乳房松弛，皮肤出现皱褶为止。如果乳房变硬，挤出的乳汁呈浓状，还应注射抗菌素进行消炎。

如果母猪产后乳房不充实，仔猪被毛不顺，每次给仔猪喂奶后，仔猪还要拱奶，而母猪趴卧或呈犬坐，不肯哺乳，这是缺奶的表现。应加强母猪的饲养，多喂营养丰富的饲料和具有催奶作用的饲料。

四、断奶前后母猪的饲养

（一）断奶前饲养

一般哺乳期控制在 23 天，可根据膘情来判断断奶的时间，推行瘦的提前断，肥的滞后断。断奶当天不喂料，为断奶后在大栏饲养做好铺垫。仔猪断奶一般采用"赶母留子"的一次断奶法，极易导致母猪断奶应激，发生乳房炎、高烧等疾病。因此在断奶前后，应根据母猪膘情，进行适当限饲，每日两餐，定量饲喂 1.6～2 千克，并将哺乳料换成生长猪料，经 2～3 天就会干乳。可以采用在仔猪断奶前 1 周渐减母猪的日粮，断奶当天少喂料甚至不喂料，只给充分的饮水，尽量减少各种应激反应，断奶后将母猪赶出产房，进入空怀待配期。

（二）断奶后饲养

保证栏舍的清洁度、通风顺畅与干爽度，降低因栏舍卫生原因导致母猪的食欲下降和生殖道感染而发情率低下；针对初产母猪断奶后掉膘特别快，应让初产母猪在断奶后第二天自由采食，料量保证在 3.0 千克以上，在料中可添加一些能量药物、营养性药物、青绿饲料，并适当添加一些抗生素控制产后炎症的发生比例。在实际生产中，发情率、排卵好的母猪在采食量方面一般表现较好；断奶母猪要分强弱、大小分栏饲养，在栏舍宽裕的情况下，每栏母猪的数量、密度均可以减少，并在断奶后 4 天开始公猪试情，每天一次。

有些母猪特别是泌乳力强的个体，泌乳期间营养消耗多，减重大，到断奶前已经相当消瘦，奶量不多，一般不会发生乳房炎，断奶时不减料，干乳后再适当增喂营养丰富的易消化饲料，以尽快恢复体力，及时发情配种；若断奶前母猪仍能分泌相当多的乳汁（特别是早期断奶的母猪），为了预防乳房炎的发生，断奶前后要少喂精料，多喂青、粗饲料，使母猪尽快干乳；过于肥胖的空怀母猪，往往贪吃、贪睡，发情不正常。要少喂精料，多喂青绿饲料，加强运动，使其尽快恢复到适度膘情，及时发情配种。

第五节　种猪生产新技术

随着我国规模化猪场数量的日益增多，养猪新技术逐渐被人们重视，尤其是种猪生产的新技术。总结近几年在种猪生产中出现的新技术，主要包括母猪分胎次饲养、智能化母猪群养等。

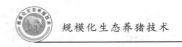

一、母猪分胎次饲养

母猪分胎次饲养在国内是一种新的饲养模式,通过将各胎次的母猪分开集中饲养管理,一方面可以降低疫病(特别是蓝耳病)发生几率,另一方面可以提高母猪的繁殖性能,如配种分娩率、胎均产仔数、断奶发情率、泌乳性能等生产指标会得到大幅提升。

(一)分胎次饲养的原理

由于母猪在不同的胎龄阶段(特别是低胎的 1 胎、2 胎)具有不同的生理特性,将后备猪和低胎猪全部集中饲养管理,并作为单独的后备生产线,3 胎以上的经产猪集中作为经产生产线,对后备生产线母猪与经产生产母猪采取不同的饲养管理方式。1 胎猪由于体成熟还不完全,在妊娠过程中还需要大量的营养供给身体的生长发育,同时骨盆与产道相对经产猪偏小,易难产。因此,在整个妊娠阶段采食量应遵循两头低中间高的原则,有别于经产猪前低后高的模式,同时前期料量要略高于经产猪。另外,母猪终身哺乳性能(即有效乳头的形成)决定于 1 胎哺乳期的带仔数,而 1 胎断奶猪存在掉膘严重并导致高比例乏情的现象。因此,1 胎猪在哺乳阶段的饲养要求更高。低胎猪由于自身抗体水平偏低,对大部分疾病具有易感性,特别是后备猪往往成为疾病的易感群和传染源。所以分胎次饲养,主要是基于防疫上切断传播途径以减少疫病发生和饲养管理上的精细化的需要。

(二)分胎次饲养的操作方法

1.后备生产线的选择

基于防疫上的考虑,后备生产线应设在隔离舍与经产生产线之间。后备线相对独立,包括员工上、下班的更衣消毒室及行走路线等都应与经产生产线相对隔离。

2. 猪群的选择

后备生产线猪群主要是 1 胎、2 胎母猪和全部的待配后备猪。全部的 2 胎断奶猪和部分 1 胎断奶猪调入经产生产线饲养。后备猪达到 165～180 日龄并超过隔离期限，全部调入后备生产线做促发情工作。一般经产生产线为 3 胎及以上的猪群

3. 后备生产线的饲养管理

妊娠后期每天采食量 3.2 千克/头（夏季）、3.3 千克/头（冬季），仔猪出生重以 1.3～1.5 千克为宜，不宜太大，否则易难产；中期采食量需根据母猪整体体况来定，因运动不足，体形短而粗，四肢发育不理想的 1 胎母猪料量以 2.3 千克/天以下为宜，以避免膘情过肥。产房高峰期不限料，并采取措施保证 6.5 千克/天以上的采食料量，以减少哺乳期间母猪的失重；同时每头 1 胎母猪的带仔数应不低于 11 头，以提高母猪有效奶头数。环境控制方面，对温度和湿度控制要求更高，与经产生产线相比，最高舍温低 2℃，最低舍温高 2℃。种猪预防保健方面，由于低胎母猪的抗病力较差，易形成群体性的亚健康问题，如高比例的眼屎与泪斑等，针对后备生产线猪群需要做好全群中、西药预防保健工作，尤其是中药保健。

4. 用药方面

后备生产线选用同一类型的抗生素药物尽量择取药效较低的，而且使用的剂量和频率要低于经产线。目的是减少耐药菌株的出现，保证长期用药的敏感性。

5. 后备生产线对防疫的要求更严格

后备猪和低胎猪抗病力差，是传染病的易感群体，环境中的病原体浓度不能高。因此，日常的舍内外消毒工作需要做得更细更彻底，同时与其他生产线要有足够的防疫隔离和缓冲带。一旦后备生产线有异常情况，首先是完全切断与其他生产线的联系，由线到组到单元（或栋）实行层层隔离。必要的情况下可以全线清空，以快速切断传播途径，尽量降低损失。

（三）分胎次饲养的优势

1. 降低疫病发生的风险

由于后备猪及低胎猪的抗病能力差，在整个猪场的结构中是属于易感动物，许多的疫病首先是发生在这 2 类群体身上，如高致病性蓝耳病、普通蓝耳病、传染性胃肠炎、血痢等疫病感染的猪群往往是后备猪及低胎母猪。将后备猪及低胎猪集中精细化饲养，实施特殊的更细致的预防保健程序以提高易感群体的免疫力，另一方面与经产猪分开饲养也切断了传播途径。

2. 提高生产效率

在传统的饲养模式下，低胎母猪所产仔猪抗病力差，死亡率高，断奶重偏小，1 胎母猪掉膘多，断奶后发情差。分胎次饲养后，后备生产线实施精细化的饲养管理，低胎猪的仔猪及肥猪饲养过程基本独立，保持了抗体水平的均一，减少了与经产母猪的仔猪及肥猪混养发生交叉感染的几率；提高了上市肉猪的质量，减少了肉猪全程死淘率；低胎母猪的生产性能得到了提高，胎均健仔数可提高 1 头，分娩率提高 10%，同时由于集中饲养管理，1 胎断奶猪膘情在 2.8 分膘（膘情 5 分制），整体比较理想，同时体格更大；2 胎猪断奶后 7 天内发情率可提高到 90%以上，2 胎猪的生产性能有了良好的保障。

3. 为经产生产线奠定了良好的基础

后备生产线为经产生产线提供了健康的、体况较好、生产性能较高的 2 胎猪，由于接收了抗病力更强、生产性能更好的 2 胎猪，经产生产线的疾病压力变小，用于预防保健的药费成本大大降低，栏舍的周转能力也有所提高，从而使整个生产效益有一个大的提高。

（四）分胎次饲养中存在的问题

首先是有时很难做到真正的分胎次饲养，因为要确保生产的均衡性不是一件容易的事，管理不善会造成栏舍时空时紧，周转不通畅，从而导致分胎次饲养不能很好地实行。其次是分胎次饲养造成了工作量的分配不均,由于后备母猪及初产母猪抵抗力差易发病,分娩时易难产,生产易出现波动,相对经产猪的饲养来说其工作量要大许多。再次是由于饲养后备猪护理难度大和工作量较大,员工易产生情绪,人员管理难度加大。

(五)做好分胎次饲养所要注意的事项

总的来讲,实行分胎次饲养的创新模式对防疫、疫病净化、精细化饲养及超产等都有明显的效果。同时,针对存在的不足,对进一步完善分胎次饲养提出如下几点设想:

1.建立科学的后备猪饲养评估体系

实行分批次、分阶段的多方位数据化的评估和档案建立。这涉及每批后备猪的免疫、保健、营养和发情记录及健康、膘情、肢体发育等的评估。关于后备猪的部分标准参照表5-1。

表 5-1　后备猪选择的部分参照标准

日龄/d	饲喂方法	料量标准	体重/千克	膘情/分
120～135	自由采食	1.8～2.2	70～80	3
135～165	自由采食	2.2～2.5	90～100	3
	适当限料			
165～210	自由采食	2.5～2.8	120～130	3
	适当限料			
210～225	自由采食	2.0～2.2	130～140	2.8
	适当限料			
225～255	自由采食	2.8～3.2	140～150	3.2
	适当限料			

注:所有猪只皮毛光亮、体型不能偏肥。

各阶段发情比例:195日龄发情率≥30%,210日龄发情率≥60%,225日龄发情率≥80%;开始配种标准:日龄≥225 d,体重≥130千克,每批后备猪第1情期配种的比例≤10%。

2.建立更适合后备线的生产管理体系

后备线的种猪群具有其特殊性,由于种源及饲养管理的差异,每一批后备猪往往有很大的差异(健康或生产性能的不确定性),所以每一批猪都是新的挑战。在生产的监控过程中,有大量的技术性指标需要经常性评估并及时制定预防纠正措施。长期的大量的动态的数据化管理需要有更科学的管理体系,日常管理的规范化、数据化、格式化就显得非常必要。建立健全各种数据的记录、分析、评估和追溯制度,才能保证整个后备线生产长期有序地进行。否则,长期大量的不确定性因素会给整个后备线的生产管理带来巨大的混乱和压力。

3.完善独立的后备线考核制度

在猪场的绩效考核中,由于后备生产线的特殊性,应当制定独立的考核标准。重要的几个指标如后备猪利用率、窝均总仔数、断奶母猪的健康与膘情、断奶母猪的哺乳性能(有效奶头数)。由于没有可比性,后备生产线主要是考核生产指标的完成率。几项指标的参考数据:后备猪利用率≥90%;窝均总仔数≥12.0头;断奶母猪膘情≥2.8分;有效奶头数≥10个。

二、智能化母猪群养

中国是养猪大国,但不是养猪强国。在外源良种广为普及的今天,中国养猪业的生产水平远远落后于欧美国家的生产水平。外源良种母猪年提供商品猪能力在22～26头,欧美国家多可达到此水平,一些猪场还超过了26头,养猪业的生产力得到充分的释放。2006年疫病肆虐前,我国母猪年提供商品猪16头左右,规模化猪场为18头左右;目前由于疫病形势严峻,母猪年提供商品猪只有14～16头。

造成这种状况的主要原因有2个:一是种猪带毒带菌严重,成为猪场的储毒储菌库,影响种猪生产力的发挥,威胁后代的健康;二是机械化养猪浪潮中的"泥沙"至今仍沉积在猪业生产中,如限位栏,高密度等恶劣的小环境,大大降低了种猪群乃至后代的健康水平。

如何改变养猪场的条件与环境,让猪群与其生态环境和谐共处是提高养猪生产力的主要解决途径。

（一）数字化系统在养猪生产中的实际应用

数字化技术在我们日常生活中已经得到了广泛应用，是软件技术、智能技术的基础。用于母猪自动化饲养管理的 Velos 系统便是数字化技术应用于养猪生产的范例，能对受控对象实行 24 小时不间断的监控，做到准确测定与精细管理（图 5-1）。

该系统工作的原理是在所有母猪的耳牌中安装了芯片，芯片中存有该母猪所有的个体生物档案信息。当种猪要采食走进自动饲喂器时，该设备会自动识别该种猪，根据识别信息（耳牌号、背膘、妊娠期等）决定 1 天投料量，吃完料后，种猪进入分离器，根据识别的体温指标、1 天吃的料量以及探望公猪的次数，将病猪与发情母猪分离出来，以便人工及时处置。限位栏在此已失去存在的意义，废除了限位栏就意味着母猪生产力的解放。

通过 10 多年的运行实践看，母猪的年产仔数可达 25～30 头，平均返情率仅为 7.4%。该系统以 50 头母猪为 1 个自动饲养管理单位。因此，小、中、大型猪场均可采用（表 5-2）。

其优势主要体现在如下几点：

（1）VELOS 系统单体精确饲喂器解决了给母猪喂料的问题。通过扫描电子耳标，母猪体况得到了有效的控制，也减少了饲料浪费。为提高母猪利用年限，提高生产成绩奠定了基础。

（2）VELOS 系统配置的发情监测器解决了给母猪发情检测的难题。

（3）自动分离器的使用解决了第 3 个问题——分离需要处理的母猪。

（4）VELOS 系统的智能化管理不仅可以精确喂料，发情监测以及分离待处理母猪，而且可以将母猪舍所有您想了解的信息全部传输到猪场管理者的电脑里，形成详细的工作报告。就算猪场老板不在猪场，只要在有网络的地方输入相关信息就可以进入中文系统操作界面，方便随时了解猪场信息，真正实现猪场管理智能化。

图 5-1　解放母猪,解放生产力

(二)母猪智能化群养的动物福利

首先,Velos 系统为母猪创造了自由活动的环境,不仅避免了限位栏对母猪心肺功能、肢蹄、泌尿生殖系统的伤害,还从自由运动中提高了健康水平;其次,Velos 系统为母猪提供了群居的环境,母猪可按自己的喜恶选择生活的空间,组建和谐的小群体,母猪之间有了行为、社交与心理的交流,避免了刻板行为、神经官能症,健全了母猪的行为,增强了学习与社交的能力,从而在心理上健全了母猪的体质;第三,强健的体质使之能与病原微生物共处稳态,为生产健康的仔猪奠定了良好的基础。

综上所述,母猪智能化管理系统不仅可以满足动物福利的要求,还有利于减少饲养过程中对母猪产生的应激,从而确保了生产效率的提高。

(三)如何实现养猪生产的稳定效益

实现了大群饲养条件下对母猪个体的智能化精确饲喂管理。包括对母猪的精确自动供料和发情鉴定等。

1. 身份识别——只有识别，才能控制

Velos 为每头母猪提供一个 RFID（无线射频）耳标（图 5-2）。

图 5-2　RFID（无线射频）耳标

2. 精确饲喂

身份识别后，根据母猪个体的年龄、体况、妊娠阶段、季节来确定最佳饲喂量，节省饲料，改善体况和提高生产性能（图 5-3）。

3. 智能分离

母猪要上产床，要打疫苗，发情该配种了，有病需要诊断和治疗，就需要标记并从大群中分离出去（图 5-4）。

4. 发情鉴定

根据母猪拜访公猪的频率和时间准确判断母猪发情时间，从而确定最佳配种时间，提高母猪配种成功率和繁殖效率。

该系统根据母猪的生物学行为特点而开发，照顾了动物福利。实现了大群饲养条件下对母猪个体的精确管理，实现了整个生产过程的高度自动化控制。大大提高了生产效率和经济效益。

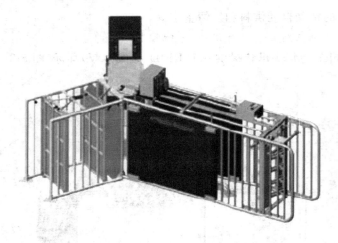

图 5-3　智能化饲喂站

图 5-4　智能分离器

5.经济效益

(1)猪舍基建　传统限位栏饲喂,母猪最少需要 2.8 米^2/头(躺卧区 1.54＋饲喂走廊 0.84＋清粪通道 0.42＝2.8 米^2)母猪智能化群养,母猪需要 2.0 米^2/头,直接节省母猪舍建筑面积 28％;

(2)母猪年饲养成本　母猪智能化群养和传统限位栏比较,每年可节省成本 9.26％;

（3）母猪年生产力　母猪智能化群养实现每头母猪年多出栏肥猪5～10头。

表5-2　母猪传统限位栏饲养与智能化群养比较

科目	传统限位栏饲养	Velos智能化群养	备注
母猪成本/元	1 500	1 500	随市场变化
后备母猪淘汰率/%	10	6	饲喂方式不同
可配种母猪成本/(元/头)	1 667	1 596	3年淘汰
每头母猪折旧/(元/年)	556	532	
配种率%	85	95	发情鉴定方法不同
分娩率%	95	97	流产,死胎,假怀孕等
母猪死淘汰率/%	2	1	屡配不孕,伤亡,伤残
实际生产母猪	79%母猪能产出活仔	91%母猪能产出活仔	常被忽略的指标
母猪年耗料1吨/元	2 400	2 400	
折合每头生产母猪饲料成本/(元/年)	2 904	2 616	
母猪的生产运行成本/元	4 149	3 737	饲料占总成本的70%
母猪的总成本/元	4 705	4 269	母猪年均成本相差436元/年
节约成本	(4 705－4 269)/4 705×100%＝9.26%		

思考题

1. 不同类型猪的最佳配种时机如何把握？

2. 猪的人工授精需要注意哪些事项？

3. 如何理解"低妊娠,高泌乳"？

4. 母猪分娩时需要注意哪些细节工作？

5. 如何做到科学饲养妊娠母猪？

6. 断奶前后的母猪需要注意哪些事情？

7. 近几年新出现的有哪些种猪生产新技术？有何利弊？

第六章

幼猪培育

导　　读　　幼猪是发展养猪业的物质基础,在整个肉猪生产的过程中,幼猪的养育具有很重要的意义,在猪的一生中,幼猪阶段是生长发育最快,可塑性最强和饲料利用率最高的时期。本章主要阐述仔猪生理特点的基础上,探讨哺乳仔猪及育成猪的养育、育成及后备猪的培育。

第一节　哺乳仔猪的养育

一、哺乳仔猪的生理特点

哺乳仔猪是指从出生到断奶前的仔猪。这一阶段的仔猪机体的一些功能本没有发育完善对环境变化很敏感,很容易造成仔猪的死亡,这也是猪的一生中死亡率最高的时期。因此,哺乳仔猪阶段养育最主要的目标,是最大限度地减少哺乳期间的死亡,最大限度地争取有良好的个体断奶重和断奶窝重。

(一)生长发育快、代谢机能旺盛、利用养分能力差

仔猪初生体重小,但生长发育很快。一般在出生后 7～10 天内体重可增加 1 倍,30 天体重可增加 5 倍以上。仔猪的快速生长是以旺盛的营养物质代谢为基础的。一般出生后 20 天的仔猪,每千克体重每天要沉积蛋白质 9～14 克,相当于成年猪的 30～35 倍;仔猪迅猛生长,物质代谢旺盛,特别是蛋白质和钙、磷代谢要比成年猪高得多。因此,仔猪对营养物质的需要,不论在数量和质量上的要求都很高,若不能及早给予仔猪供应全价配合饲料,就会影响哺乳仔猪的正常生长。

(二)仔猪消化器官不发达、容积小、机能不完善

初生仔猪的消化器官相对重量和容积较小,胃重仅有 4～5 克,能容纳乳汁 25～30 克,20 日龄胃重达到 35 克,容积扩大 2～3 倍,当仔猪 60 日龄胃重可达到 150 克。胃容积增长虽然很快,但与成年猪比较,胃容积量仍然很小,见表 6-1。

表 6-1　猪的体重与器官的生长速度

项目	周龄						
	0	4	8	16	20	24	28
体重/千克	1.34	5.90	13.20	36.10	52.10	71.40	100.00
心重/%	0.76	0.82	0.47	0.46	0.38	0.36	2.07
肝重/%	3.50	3.20	3.20	2.80	2.70	2.90	1.7
肺重/%	1.90	1.50	1.50	1.20	1.10	0.09	0.80
脾重/%	0.10	0.15	0.16	0.10	0.12	0.11	0.10
肾重/%	0.81	0.69	0.58	0.47	0.41	0.31	0.23
胃重/%	0.44	0.66	1.04	1.02	0.86	0.84	0.57
小肠重/%	1.60	3.70	2.40	2.80	2.50	2.20	1.4
大肠重/%	0.56	0.68	1.43	1.71	1.69	1.26	1.02

消化器官发育的晚熟,导致消化酶系统发育较差,消化机制不完善。由于出生仔猪胃和神经系统之间的联系还没有完全建立,缺乏条件反射性的胃液分泌,只有食物经入胃内直接刺激胃壁后,才能分泌少量的胃液;而成年猪由于条件反射的作用,即使胃内没有食物,同样可以大量的分泌胃液。在胃液的组成上,哺乳仔猪在 20 日龄内,胃液中盐酸不足,因此消化蛋白质能力低、抗病力差,很容易感染细菌性胃肠病,胃液内只有足够的凝乳酶,而唾液和胃蛋白酶很少。随着日龄的增长和食物对胃壁的刺激,盐酸的分泌不断增加,非乳蛋白质直道 14 日龄后才能有限的被消化,到 40 日龄时,胃蛋白酶才表现出对乳汁以外的多种饲料的消化能力。出生仔猪乳糖酶的活性很高,仔猪能够很好地消化乳糖,而且仔猪从第一周开始,就可以很好地利用乳中的脂肪。

仔猪胃肠酸性环境不佳,胃液、胆汁分泌不够正常,消化酶的分泌不够平衡,对乳中的营养消化吸收尚可,但对其他来源的营养物质的消化吸收能力极差。所以,一方面需要待其机能完善,另一方面也要有意识地给以一定外源的刺激和条件,促使其尽快地获得最好的发育。强调哺乳仔猪的早期补饲,以及补饲要用专用的饲料,意义就在于提供相应的营养物质的同时,也起一个促使胃肠机能发育,锻炼胃肠消化功能的作用。

(三)缺乏先天免疫力,容易患病

仔猪胎儿期不能直接从母猪体内通过血液获得免疫抗体,因此出生后的仔猪体内没有抗体,缺少免疫力。母猪初乳中蛋白质明显地高于常乳,仔猪出生后,母猪初乳中免疫球蛋白的含量下降很快,分娩后 12 小时球蛋白含量比分娩时下降 75%,随着分娩后乳汁分泌的增加,球蛋白浓度被稀释(表 6-2)。所以,初生仔猪及时足量吃初乳,一直是人们十分强调的问题。初乳中有抗体物质,仔猪初生后大约在 36 小时内,胃肠疲乏可以直接吸收这种抗体物质,从而使自己建立起自身的免疫功能。

表 6-2　　初乳与常乳中的营养成分　　　　　%

项目	出生后时间/小时					常乳/天
	出生	3	6	12	24	7～9
脂肪	7.2	7.3	7.8	7.2	8.7	7～9
蛋白质	18.9	17.5	15.2	9.2	7.3	5～6
乳糖	2.5	2.7	2.9	3.4	3.9	5

(四)体温调节机能不健全,体内能源储备有限

刚出生的仔猪大脑皮层发育不健全,垂体和下丘脑的反应能力以及下丘脑所必需的传导结构的机能较低,通过神经系统调节体温适应环境应激的能力差。缺少在低温中维持体温恒定的本领,在寒冷的季节容易因为冻僵而行动不灵,拥堆积压死亡,或被母猪压死。特别是初生仔猪,需要的临界温度高达 35℃,如处在 13～24℃ 的环境下,1 小时后体温可降低 1.7～7.0℃。

初生仔猪的体内的能源储备也是很有限的,每 100 毫升血液中血糖含量是 100 毫克,血糖水平下降的程度取决于环境的温度和初乳摄入的多少。环境温度低,血糖水平下降速度快,导致仔猪体弱、活力差,不能吃乳,出现低血糖,昏迷甚至导致死亡。因此,哺乳仔猪的防冻保温是一个十分重要的问题。尤其是在生后的第一周内,防冻保温措施跟不上,容易导致很大的损失。

二、哺乳仔猪死亡的原因

造成哺乳仔猪死亡的原因很多,而且若干原因之间又常常呈现错综复杂的相互作用,但主要有饲养管理不当、环境条件恶劣及物理的损伤等。同时最危险的时间是出生后前 3 天,这 3 天死亡的仔猪约占所有哺乳仔猪死亡数的 60%,甚至更高,见表 6-3。

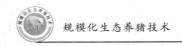

表 6-3　哺乳仔猪死亡原因分析

死亡原因	出生至 20 日龄 死亡头数	所占比例 /%	20～60 日龄 死亡头数	所占比例 /%	死亡头数 合计	总比例 /%
压死、冻死	128	94.8	7	5.2	135	12.8
白痢死亡	315	95.5	15	4.5	330	31.3
肺炎死亡	130	86.7	20	13.3	150	14.3
其他死亡	332	75.8	106	24.2	433	41.6
合计	905	148	1 053	100.0		

注:其他死亡原因为:发育不良死亡86头(8.16%),贫血死亡90头(8.54%),畸形死亡80头(7.59%),心脏病死亡75头(7.14%),寄生虫死亡55头(5.23%),白疾病和脑炎死亡52头(4.85%),合计433头,占死亡总数的41.61%。

(一)饲养管理的因素

仔猪在哺乳期间的抵抗力很差,如果不注意对其的保健,哺乳仔猪很容易生病,轻则影响生长发育,严重时导致死亡。造成哺乳仔猪死亡的疫病较多,特别是一些传染性疾病,如蓝耳病(PPRS)、猪瘟、伪狂犬病、流行性腹泻、链球菌病以及杂菌的感染、下痢(仔猪黄痢、白痢、红痢)等。最常见的还是大肠杆菌病,它可造成哺乳仔猪严重的腹泻,导致仔猪脱水、虚弱甚至死亡。另外,还有一些疾病可从母猪传给仔猪,特别是由于炎热、分娩致使母猪虚弱,抵抗力低的时候。

(二)恶劣的环境条件

仔猪出生时适宜的温度是 33～34℃,第一周适宜的环境温度为 29～33℃,而一般母猪分娩舍内的温度达不到初生仔猪所需的温度,特别是在冬季又无保温设备的情况下,温度更低。当温度偏低时,仔猪体温下降,环境温度越低,其体温下降幅度越大。当环境温度降低到一定范围时,仔猪则会冻僵,甚至冻死。

(三)物理因素

哺乳仔猪被母猪压死和踩死的现象多有发生;一般占死亡总数的

10％～30％，有的甚至高达50％。仔猪出生后，四肢行动不灵活，反应较为迟钝，且又怕冷，常会钻进母猪腹下或垫草中。一些身体较肥、行动不便、腹大下垂、年老耳聋及初产无护仔经验的母猪，经常会发生压死和踩死仔猪的现象；当哺乳仔猪体质瘦弱，没有能力吃奶或当哺乳母猪因各种原因没有奶水或奶水很少时，哺乳仔猪不能得到足够的营养，有可能被饿死；初产母猪由于没有哺育仔猪的经验，乳头括约肌比较紧，因此给仔猪哺乳时特别紧张，当仔猪吃奶紧咬乳头不放而使初产母猪疼痛时，母猪往往会拒绝哺乳，有的甚至攻击仔猪，将哺乳仔猪咬伤、咬死。另外，在给仔猪剪犬齿、断尾、断脐等操作失误时，容易造成伤口、牙龈、腹腔感染等，有时可引起败血症而导致哺乳仔猪的死亡。

三、哺乳仔猪的饲养管理技术

(一)接产

怀孕母猪开始从阴道往外流羊水既表示要产仔了。这时要做好接生准备。仔猪生下来后，接产人员需要立即用干净干燥毛巾擦去口腔、鼻孔中和身上的黏液，使仔猪能自由呼吸。仔猪擦干净后放入保温箱内，全部产完后，放出吮吸初乳。有些仔猪产后无呼吸，但心脏仍在跳动。急救办法是进行人工呼吸，即将仔猪四肢朝上，一手托着肩部，另一手托着臀部，然后一屈一伸反复进行，直到仔猪叫出声为止。等到脐动脉血管不跳动时，用消毒过的剪刀距仔猪肚皮三指远处剪断脐带，然后涂上碘酒，一般不用结扎。脐带粗的仔猪，如断脐后继续流血，可用线结扎。

(二)及时吃初乳，固定乳头

母猪产后3天内的乳汁叫初乳，它可充分满足哺乳仔猪迅速生长发育的需要；又因含有大量的镁盐，有利于胎粪的排出；更重要的是初乳中含有较多的免疫抗体，有利于增强哺乳仔猪的免疫力。由于初乳中免疫抗体的含量随母猪哺乳时间的增加而逐渐下降，同时仔猪吸收抗体的能力也逐渐下降,因此,初生仔猪应尽早吃上初乳,这样有利于仔猪的生长发育,降低哺乳仔猪的死亡率。

母猪的每个乳头的泌乳量是不均衡的,一般都认为前部和中部的乳头泌乳量比后半部多。仔猪全部生完后,经过称量个体体重,查点公母性别,做记号和填写记录,即可训练固定乳头,保证及时吃到母乳。仔猪生后2天内应固定乳头,使其吃足初乳。固定乳头要以仔猪自选为主,个别调整为辅,特别要注意控制抢乳的强壮仔猪,帮助弱小仔猪吸乳。把弱小的仔猪放在前边乳汁多的乳头上,体大强壮的放在后边的乳头上,是提高仔猪整齐度的关键措施。若仔猪前后产出时间间隔过长,应及时安排吮吸初乳,仔猪产出后1.5小时内必须吃到初乳。将一窝中超过母猪有效乳头数的仔猪寄养给产仔数少或乳汁好的母猪。但应注意2窝猪出生日期相差不应超过3天和体重相差不大,并且要保证所有仔猪吃到乳。最好在分娩后2天内进行,可将多余仔猪寄养到迟1~2天分娩的母猪,尽可能不要寄养到早1~2天分娩的母猪。寄养仔猪用养母猪的尿、乳汁、垫草擦抹被寄养仔猪的全身,使其同养母猪有相同的气味,以防止母猪拒绝哺乳。

(三)仔猪保温防压

做好保温防压工作初生仔猪在0~3日龄需要温度为35~29℃,4~7日龄为29~25℃,8~14日龄为25~22℃,15~21日龄为22~20℃。早春天气寒冷、风大、变化无常,不利于仔猪生长发育,因此,仔猪保温工作很重要,仔猪以30℃时代谢率最高,见表6-4。

表6-4　环境温度与代谢

环境温度/℃	氮的消化率/%	氮的沉积率/%	能量沉积率/%
10	86.1	35.4	33.9
15	87.4	36.1	39.0
20	86.6	36.1	40.6
25	88.4	37.5	41.8
30	89.2	42.9	43.3

有条件的养猪场（户），可在舍内放置节能电热板，根据仔猪对温度的要求来调节电热板的温度，保温成效好。也可在仔猪保温箱或仔猪补料栏内装设远红外线保温灯，一般用 100～175 瓦灯泡。将灯泡吊在仔猪躺卧处，通过调节距地面的高度来控制温度。假如不具备上述条件，也可用编织袋包上苯板放在保温箱地面上，然后再垫厚草，一般厚度应在 10 厘米以上，但应训练仔猪养成定时定点排泄的习惯，使垫草保持干燥。

防止母猪踩压仔猪仔猪出生后，母猪踩死、压死仔猪多有发生，一般占死亡总数的 10％～30％，甚至高达 50％，多发生在出生后一周之内。仔猪被压死的主要原因是：一是母猪肥胖，反应迟钝；性情急躁的母猪易压死仔猪；初产母猪由于护仔经验差也常压死仔猪；二是仔猪体质较弱，或患病虚弱无力，行动迟缓，叫声低哑，不足以引起母猪惊觉；三是管理上的原因，抽打或急赶母猪，引起母猪受惊；褥草过长，仔猪钻入草堆，致使母猪不易识别或仔猪不易逃避；产圈过小，仔猪无回旋和逃避空间。特别是 1～5 天的仔猪易被踩压致死。

具体方法：一是护理好新生仔猪，在出生后一周内，应采用护仔箱，将母仔猪隔开，每隔 2～3 小时让母猪哺乳 1 次；二是设护仔栏，在母猪舍靠墙的地方，用圆木或铁管在离墙与地面各 25 厘米处设护仔栏，以免母猪沿墙躺卧时将仔猪挤压死；三是设置护仔间，在母猪舍内用木板或砖建一个四周封闭、一边留小门（供仔猪出入）的扩仔间，定时放出仔猪吃奶，这样就大大减少仔猪被踩压的机会。在生产中任选上述一种即可。

（四）去势与防病

种猪是否去势和去势时间取决于仔猪的用途和猪场的生产水平及品种。我国地方猪种性成熟早，肥育猪如不去势，到一定阶段后，随着繁殖器官的发育成熟会有周期性的发情表现，影响食欲和生长速度。公猪若不去势，其肉具有特殊气味而不能直接食用。因此地方品种仔猪必须去势后再育肥。若饲养培育品种或地方品种的二元或三元杂交猪,而且饲养管理水平较高,猪在 6 月龄左右即可出栏,母猪可不去势直接进行肥育,但公猪仍需去势。仔猪出生后 3 个月内去势一般对仔猪的生长速度和饲料利用率影响较小,需要考虑的因素是手术的难度,以及伤口愈合的快慢。仔猪日龄越大或体重越大,去势越困难,而且创口愈合越慢。因此,一般要求公猪在 20 日龄、母猪在 30～40 日龄去势。目前国内外一些厂(场)家多于 2 周龄左右对仔公猪进行去势。因为此时仔公猪体重小,操作方便,而且去势后创口愈合快。仔猪去势后,应给予特殊护理,防止失血过多而影响仔猪的活力,并应保持卫生,防止创口感染。

为防治疫病感染,在仔猪 30 日龄前后进行猪瘟、猪丹毒、猪肺疫及仔猪副伤寒疫苗的预防注射,切忌在断奶前后一周内进行去势或预防注射,以免加重刺激影响仔猪生长。

同时在哺乳期还应尽量防止仔猪腹泻病的发生。要减少仔猪腹泻的发病率,首先应养好母猪,哺乳母猪的饲料要稳定,不吃发霉变质和有毒的饲料,以保证乳汁的质量;其次,是要保持猪舍的清洁卫生,产房要经常彻底清洗消毒,减少仔猪接触病源微生物的机会;再者就是要保持良好的环境,猪舍的温湿度变化不易过大;最后,作为一般的管理,保持圈舍清洁、干净、干燥、通风良好,维持一个安静的环境和良好的猪群秩序,也是相当重要的。

(五)仔猪补铁、硒

铁是形成血红素和肌红蛋白所必需的微量元素,也是细胞色素酶类和多种氧化酶的成分。仔猪缺铁时,血红蛋白不能正常生成,从而导致营养性贫血症。铁是造血的原料,初生仔猪每天平均需要 7～11 毫克铁,初生仔猪出生时体内铁的贮备量只有 30～50 毫克,而母猪奶中含铁量很低,每头仔猪每天从母乳中得到的铁不足 1 毫克,仔猪体内的铁将在一周内耗完,缺铁仔猪表现食欲减退、被毛粗乱、皮肤苍白与生长停滞等。

对新生仔猪补铁,是一项容易被忽视而又非常重要的措施。仔猪最适宜的补铁时间,一般在仔猪出生后 2～4 天为宜。补铁的方法有以下几种:①注射血多素:在初生仔猪在 4 日龄内颈部或后腿内侧肌肉注射血多素 1 毫升,一次即可;②注射右旋糖酐铁钴针:在仔猪颈部或后腿内侧肌肉注射 2～4 毫升,3 日龄和 33 日龄时各注射一次;同时还要补硒,呼玛县是严重的缺硒地区,仔猪经常发生缺硒性下痢、肝坏死和白肌病,宜于生后 3 天内注射 0.1％的硒酸钠维生素 E 合剂,0.5 毫升/头,10 日龄补第二次。现在一般铁硒合剂同补。

硒与维生素 E 具有相似的抗氧化作用,它与维生素 E 的吸收、利用有关,仔猪缺硒可能发生缺硒性下痢、肝脏坏死和白肌病等病猪多是营养中上等的或生长较快的仔猪,体温正常或偏低,叫声嘶哑,行走摇摆,进而后肢瘫痪。一般在仔猪出生后 3～5 天肌肉注射 0.1％亚硒酸钠或维生素 E 注射液 0.5 毫升,断奶前后再注射 1 毫升。在仔猪饲料中,按每千克饲料添加亚硒酸钠 0.1 毫克。

(六)仔猪寄养

母猪产仔过多或无力哺乳自己所生的全部或部分仔猪时,就要考虑仔猪的寄养。仔猪的出生体重是影响哺乳仔猪死亡的主要原因,当体重较小的仔猪与体重较大的仔猪共养时,较小仔猪的竞争力就处于劣势,其死亡率就会明显的提高。

在实践中将一窝中超过母猪有效乳头数的仔猪寄养给产仔数少或乳汁好的母猪。但应注意 2 窝猪出生日期相差不应超过 3 天和体重相差不大,并且要保证所有仔猪吃到乳。最好在分娩后 2 天内进行,可将多余仔猪寄养到迟 1～2 天分娩的母猪,尽可能不要寄养到早 1～2 天分娩的母猪,因为早出生的仔猪奶头基本固定,后放入的仔猪很难有较好的位置,容易造成弱仔和僵猪。寄养仔猪用养母猪的尿、乳汁、垫草擦抹被寄养仔猪的全身,使其同养母猪有相同的气味,以防止母猪拒绝哺乳。

(七)及早补饲

初生仔猪完全靠吃母乳为生,随着仔猪日龄的增加,其体重和所需要的营养物质与日俱增,而母猪的日泌乳量在分娩后先是逐日增加,到产后 20～30 天达到泌乳高峰,以后则逐渐下降,因此,仔猪在 3 周龄后,单靠母乳就不能满足其快速生长的需要,需要补充各种营养物质。一般仔猪补饲饲料的时间是在生后 7～10 日龄开始,补料的目的除补充母猪之不足、促进胃肠道发育外,还有解消仔猪牙床发痒、防止下痢的作用。

补料给仔猪补料可分为调教期和适应期两阶段。调教期是从开始训练到仔猪认料,一般需一周左右,即第 7～15 日龄。适应期是指从仔猪认料到能正式吃料的过程,这个过程一般需要 10 天左右,即仔猪生后 15～25 天,母乳已远不能满足其需要,这时补料的作用,一则供给仔猪部分营养物质,二则进一步促进消化器官能适应植物性饲料。

仔猪诱食的方法主要有自由诱食和强制诱食两种。强制诱食是定时将哺乳仔猪关入补饲间中进行强制采食,这在大型猪场中经常采用。自由诱食是指在仔猪生后 5～7 日龄开始自由活动时,在补饲间的墙边撒放一些炒焦的高粱、玉米、大麦等让仔猪拱、咬或放在一个周身打洞的圆铁筒(或罐头盒)内(两端封住),作为玩具,让猪拱着滚动,拣食从筒中落在地上的谷粒。哺乳仔猪补料应是高营养水平的全价饲料,并保证补料具有香、甜、脆等良好的适口性。

另外,由于仔猪胃内缺乏盐酸,可以在开食料中添加一定量的有机酸,可以提高其消化率,同时还可以抑制肠道内有害菌的生长作用,降低消化道疾病。

(八)仔猪补水

哺乳仔猪生长迅速,代谢旺盛,母猪乳中和仔猪补料中蛋白质含量较高,需要较多的水分新生仔猪需要水 160～200 毫升/(千克・天)的水。仔猪所需的水分大部分是从母乳中得到的。母猪乳汁中含有较多的蛋白质和脂肪,仔猪吃后感到口渴。如果不给仔猪充足的饮水,仔猪就可能去喝脏水或母猪尿,而引起下痢。因此应该经常使仔猪能喝到清洁新鲜的饮水。

(九)剪犬齿和断尾

仔猪尖利的犬齿很容易咬伤或刮破母猪的乳头或仔猪的面颊,引起细菌感染。为了防止仔猪打斗时互相咬伤,或者吃奶时咬伤母猪奶头,可在出生后,把仔猪的两对犬齿和两对隅齿剪掉,但要小心不要剪到牙肉。在集约化养猪生产当中,仔猪在断奶以后,常常互相咬尾巴,把小猪的尾巴剪短,是一种较好的管理措施。因此在出生 24 小时内断尾,剪尾时,从尾巴根部算起,剪去 1/4 或 1/2 的尾端。最好是用钳剪,钳压有助于止血。利用断喙机亦可。尾端伤口要用消毒水消毒。剪牙及断尾可与打耳号同时进行。

(十)预防腹泻

腹泻时哺乳仔猪和断奶仔猪最常见的现象,是影响仔猪发育的最重要因素之一,也是导致哺乳仔猪死亡的最常见症状。预防仔猪下痢时养育哺乳仔猪的关键技术之一。由传染性病原体引起的下痢病,如痢疾、副伤寒、传染性胃肠炎,特别是哺乳仔猪的大肠杆菌性痢疾,都有很高的死亡率,尤其表现在抵抗力弱的仔猪身上。

生产中发生腹泻的原因:

(1)初产母猪所产仔猪发生腹泻,原因是初产母猪体内缺乏某种特定的抗体。

(2)当母猪生病或消化系统紊乱,泌乳不足时,仔猪易发生下痢。

(3)产仔数较多,发生的几率增加,这可能是由于,仔猪得不到或缺乏从母乳中获得抗体的机会。

(4)分娩栏内卫生状况太差,仔猪发病率、死亡率增加。

(5)分娩舍内寒冷,使仔猪抵抗力减弱,特别是弱小的仔猪发病率更高。

（6）60％以上的仔猪死亡发生在出生后第1周,第2周内发生的几率降低到10.5％,第3周降到1.3％。仔猪死亡率与痢疾发生的日龄成反比,与痢疾持续的时间成正比。

（7）感染其他疾病,如呼吸系统疾病,复合性炎症、结肠炎、猪传染性胃肠炎、猪轮状病毒感染、猪流行性腹泻等,均会与腹泻共同作用,导致仔猪死亡率提高。

（8）其他原因,如母猪乳汁不正常（分泌不足、品质差、过浓）、仔猪消化机能不全。

预防腹泻必须采取合理的措施,首先,提高青年母猪的免疫力,才能使仔猪从初乳中获得某种特定的抗体,生产实践中可以将青年母猪与经产母猪放在同一栏内饲养,或者让青年母猪接触到经产母猪的粪便。其次,通过寄养的仔猪,平衡窝仔猪数。第三,要注意保温,防止湿冷与空气污浊;提高母猪的泌乳量;严格实行全进全出制度,保持良好的环境卫生。免疫注射对于防止肠道病原菌感染也是有效的。帮助仔猪抵抗病原菌的同时要注意补水,当下痢仔猪失去体液10％时,即面临死亡。给仔猪施以胃管直接补水效果最好,通常补水量应在体液的1/10左右,每千克体重每天需补水75毫升;对严重的腹泻仔猪可腹腔注射葡萄糖生理盐水,一般可令其自由饮服补液盐加抗菌药物水溶液。

第二节　断奶仔猪的养育

断奶仔猪是指从断奶到70日龄左右的仔猪。断奶对仔猪是一个很大的应激,饲料有液体奶变成固体饲料,生活环境由依靠母猪到独立生存,使仔猪精神上受到打击。如饲养管理不当,会引起仔猪烦躁不安,食欲不振,生长发育停滞,形成僵猪,甚至患病死亡。因此,维持哺乳期内的生活环境和饲料条件,做好饲料、环境和管理制度的过渡,是养好断奶仔猪的关键。

一、仔猪断奶日龄与方法

(一)断奶日龄

猪的自然断奶发生在 8～12 周龄期间,此时母猪的日产奶量降入低谷,而仔猪采食固体饲料的能力较强。因此,自然断奶对仔猪和母猪都没有太大的不良影响。传统管理都采用 8 周龄断奶,而商品猪多提前至 21～35 日龄。其目的在于最大限度地发挥母猪生产能力并减少仔猪的断奶后问题,从理论上推算断奶时间提前 7 天,母猪年产断奶仔猪数会增加 1 头左右。但是仔猪哺乳期越短,仔猪越不成熟,免疫系统就越不发达,对营养及环境条件的要求就越高。早期断奶的仔猪需要高度专业化的饲料和培育设施,也需要高水平和高素质的饲养人员。仔猪早期断奶会增加饲养成本,并在一定程度上抵消了母猪增产的利润。另外,仔猪早期断奶如果早于 21 天,母猪的断奶至受孕时间的间隔会延长,下一次的受胎率和产仔数都会降低,给母猪生产力带来不良影响,见表 6-5。

表 6-5　早期断奶对母猪产仔力的影响

断奶周龄	从断奶到发情/天	受胎率/%	年产窝数	窝活产仔数	断奶头数	母猪年产仔数
1	9	80	2.70	9.4	8.93	24.1
2	8	90	2.62	10.0	9.50	24.9
3	6	95	2.50	10.5	9.98	25.4
4	6	96	2.44	10.8	10.26	25.0
5	5	97	2.35	11.0	10.45	24.6
6	5	97	2.22	11.0	10.45	22.5
7	5	97	2.17	11.0	10.45	22.5
8	4	97	2.15	11.0	10.45	21.6

因此,最适宜的断奶日龄应根据猪场的性质、仔猪用途和体质、母猪的利用强度及仔猪的饲养条件而定。一般生产条件下采用 21～35 日龄断奶比较合适,21 天后母猪子宫恢复已经结束,创造了最可靠的配种条件,有利于提高下产繁殖成绩。若提早开食训练,仔猪也已能很好地采食饲料,有利于仔猪的生长发育。

(二)断奶方法

断奶应激对仔猪影响很大,在生产中需采用适宜的方法。仔猪断奶可采取一次断奶、分批断奶和逐渐断奶的方法。

1.一次断奶

也称"赶母留仔"法,当仔猪达到预定断奶日龄时,将母猪隔出,仔猪留原圈饲养。由于断奶突然,仔猪极易因环境和食物突然改变而引起消化不良性拉稀;易使母猪乳房胀痛,烦躁不安,或发生乳房炎,对母猪仔猪都不利。此法虽对母、仔刺激较大,但因方法简单,便于组织生产,适宜工厂化养猪使用,所以应用较广。但应注意对母猪及自主的护理,应在断奶前 3 天控制母猪饮水及精青料,使之降低泌乳量,驱赶母猪的时间以傍晚或晚上较好。

2.分批断奶

即按仔猪的发育、食量和用途分别先后断奶。一般是发育好、食欲强、体重大的仔猪先断奶,弱小的及要留作种用的仔猪后断奶,适当延长其哺乳期,以促进发育,增加其断奶体重,故也称加强哺乳法。一般是在断奶前 7 天左右取走窝中的一半仔猪,留下的仔猪不得少于 5～6 头以维持对母猪的吮乳的刺激,防止母猪在断奶前发情。

3.逐渐断奶

逐渐减少哺乳次数,即在仔猪预定断奶日期前 4～6 天,把母猪赶离原圈,然后每天定时放母猪回原圈给仔猪哺乳,次数逐渐减少,如第一天放回哺乳 4～5 次,第二天减少到 3～4 次,经 3～4 天即可断奶。此法可以缓解突然断奶的刺激,能够缩短母猪从断奶到发情的时间间隔,但对断奶仔猪的体重影响尚不清楚。

(三)隔离式早期断奶

1.隔离式早期断奶法的概念

隔离式的早期断奶法(segregated early weaning,SEW)是美国养猪界在 1993 年开始试行的一种新的养猪方法,这种方法使养猪生产有很大程度提高。其实质内容是,母猪在分娩前按常规程序进行有关疾病的免疫注射,仔猪出生后保证吃到初乳后按常规免疫程序进行疫苗预防注射后,根据猪群本身需解除的疾病,在 10~21 日龄断奶,然后将仔猪在隔离条件下保育饲养。保育仔猪舍要与母猪舍及生产猪舍分离开,隔离距离从 250 米至 10 千米,根据隔离条见不同而不同。这种方法称为隔离式的早期断奶法。

2.隔离式早期断奶的机理

随着仔猪断奶日龄的提前,产仔窝数、总产仔数、分娩栏的利用率都明显提高,对提高生产及降低养猪成本有极大的益处,其原因如下所述。

(1)母猪产前进行了有效的免疫,其体内对一些疾病的免疫机能传给胎儿,再加上仔猪的免疫机能,以及日龄以前,在仔猪从母体获得的免疫机能尚未完全消失以前,将仔猪从母体处移出进入隔离条件良好的保育仔猪舍内,使仔猪代谢旺盛生长迅速。

(2)营养学的进展,对于仔猪饲料有了比较清楚的了解,仔猪日龄以后所需要的饲料已经得到解决,仔猪能非常良好地消化吸收饲料中的营养,保证了仔猪快速生长的需要。

(3)隔离式早期断奶方法对仔猪断奶的应激比常规方法要小。仔猪在常规 28 日龄断奶后,大多会出现 7~10 天的生长停滞期,尽管在以后的生长中有可能补偿,但终究有很大的影响。此法基本上没有或很少引起断奶应激。

(4)保育仔猪舍的隔离条件要求十分严格,减少了疾病对仔猪的干扰,保证了仔猪的生长。

3.隔离式早期断奶养猪法的主要特点

(1)母猪在妊娠期免疫后,对一些特定的疾病产生的抗体可以垂直传给胎儿,仔猪在胎儿期间就获得一定程序的免疫。

(2)初生仔猪必须吃到初乳,从初乳中获得必要的抗体。

(3)仔猪按常规免疫,产生并增强自身免疫能力。

(4)仔猪 22 日龄以前,即特定疾病的抗体在仔猪体内消失以前,就将断奶仔猪移到清净、隔离条件良好的保育舍养育。保育舍实行全进全出制度。

(5)配制好早期断奶仔猪配合料。保证仔猪良好的消化和吸收饲料中的营养物质。

(6)断奶后保证母猪及时配种及妊娠。

(7)由于仔猪本身健康无病,不受病原体的干扰,免疫系统没有激活,从而减少了抗病的营养消耗,加上科学配合的仔猪饲料,仔猪生长非常快,到 10 周龄时体重可达到 30～35 千克,比常规饲养的仔猪增重提高 10 千克左右

4.隔离式早期断奶的实用性

隔离式早期断奶方法既可防治某些特定传染病,又可使生产水平有很大提高,但在我国农村比较密集的地方较难于实现。此外必须解决好仔猪饲料,否则不可能实施这一方法。仔猪断奶日期过早,会导致母猪繁殖障碍。因此,在一般情况下,仔猪断奶日期应以15～18 天为宜。此外保育舍的条件一定要好,否则反而会得到相反效果。隔离式早期断奶方法必须在条件允许的情况下值得推广,不能盲目应用。

5.隔离式早期断奶方法的饲养管理措施

(1)断奶日龄的确定　断奶日龄主要是根据所需消灭的疾病及饲养单位的技术水平而定,一般情况,16～18 日龄断奶较好(表 6-6)。

表6-6　消除不同传染病原的最迟断奶日龄和用药及免疫时间

病原	断奶时间	用药		免疫	
		母猪	仔猪	母猪	仔猪
猪副嗜血杆菌	10	—	+[a]	+	—
支气管败血性波氏菌	10	—	+[a]	+	—
多杀性巴氏杆菌	8～10	—	+[a]	+	—
胸膜肺炎放线杆菌	21～28	—	+	+	—
猪肺炎支原体	20	—	+[a]	+	—
沙门氏菌	14～16	—	—	—	—
螺旋体	14～16	—	+[a]	+	—
伪狂犬病	20	—	—	+	—
猪流感病毒	20	—	—	+[b]	—
繁殖与呼吸综合征病毒	14～16	—	—	+[b]	—
传染性胃肠炎病毒	20	—	—	+[b]	—

注:—表明不需要用药或免疫;+表示需要用药或免疫;a.确实需要用药尤其当断奶日龄加大时;b.无需免疫。

　　(2)采用隔离式早期断奶方法对断奶仔猪的饲料要求较高。仔猪料要分成三个阶段,第一阶段为断奶后1周,第二阶段为断奶后2～3周,第三阶段为4～6周;第一阶段,粗蛋白质水平为20%～22%之间,赖氨酸1.38%,消化能15.40兆焦/千克;第二阶段,粗蛋白质水平为20%,赖氨酸1.35%,消化能15.20兆焦/千克;第三阶段,精蛋白质水平与第二阶段相同,但消化能降到14.56兆焦/千克。三个阶段的差异主要是蛋白质饲料不同,第一阶段必须饲喂血清粉和血浆粉,第二阶段不需血清粉,第三阶段仅需乳清粉。

　　(3)饲养管理　开食及仔猪不会大量吃料时,要将饲料放在板上引诱仔猪采食,一直到仔猪会采食时再用仔猪饲槽,仔猪喜欢采食小颗粒饲料。仔猪全进全出,猪舍每间放100头仔猪,保证通风良好,每小间以18～20头仔猪为好。保育舍隔离条件及防疫消毒条件一定要良好,仔猪饮水清洁、充足。仔猪在运输途中,运输车也必须有隔离条件。

二、断奶仔猪的培育

(一)过渡期加强管理

仔猪断奶不要太突然,应该重视搞好饲料供给、饲喂制度和饲养环境等三个"过渡"。

1.换圈分群的过渡

仔猪断奶后最初几天,常表现精神不安、鸣叫,寻找母猪。为了减轻仔猪的不安,最好仍将仔猪留在原圈,也不要混群。在调圈分群前3～5天,使仔猪同槽吃食,一起运动,彼此熟悉。再根据性别、个体大小、吃食快慢等进行分群,每群多少视猪圈大小而定。

2.换料的过渡

仔猪断奶后要继续喂哺乳期初料,不要突然更换饲料,特别是实行早期断奶的仔猪,一般要在断奶后 1 周左右,开始换饲料。实行 35 天以上断奶的仔猪,也可以在断奶前 7 天换料。更换仔猪饲料要逐渐进行,每天替换 20%,5 天换完,避免突然换料。进入旺食期的仔猪,能大量吃料,每头每日可吃料 0.6～0.8 千克,日增重可达 240～330 克。

饲料投喂次数的过渡:断奶后仔猪由母乳加补料改为独立吃料生活,胃肠不适应,容易发生消化不良,引起仔猪下痢。所以对断奶仔猪要精心管理,不要让仔猪吃得过饱,每日可多次投料,每次的喂量不宜过多,以七八成饱为度,使仔猪保持旺盛的食欲,保证饮水充足、清洁,保持圈舍干燥、卫生。

(二)网床培育

断奶仔猪实行网床培育是养猪发达国家 20 世纪 70 年代发展起来的一项科学的仔猪培育技术,目前已推广应用于养猪生产。利用网床培育断奶仔猪的优点,首先是有利于粪尿、污水能随时通过漏缝网格漏到网下,减少了仔猪接触污染的机会,床面清洁卫生、干燥,能有效地控制仔猪腹泻病的发生和传播。其次是仔猪离开地面,减少冬季地面传导散热的损失,提高饲养温度。

断奶仔猪经过在产房内的过渡期管理后,转移到培育猪舍使用网上养育,可提高仔猪的生长速度、个体均匀度和饲料利用效率,减少疾病的发生,为提高养猪生产水平奠定了良好的基础。中国农业科学院畜牧研究所对网上培育和地面饲养做的对比试验,结果列于表 6-7。

表 6-7　网床饲养对断奶仔猪增重的影响　　　　　　　千克

项目	加温培育		不加温培育	
	网上	地面	网上	地面
开始体重	7.15	7.24	7.05	7.24
结果体重	17.4	16.29	17.27	15.72
平均日增重	346.5	301.7	340.6	282.6

(三)饲养管理措施

断奶仔猪保育栏的面积通常是 240 厘米×165 厘米,每头仔猪适宜的占栏面积 0.3~0.4 米^2,按窝转群,每栏养一窝仔猪 10~12头,这种转群方法可以减少仔猪相互咬斗的应激。断奶仔猪转群也可以不按窝进行,把同一天断奶的仔猪,按体重大小、公母、强弱分群,分群后 2 天内仔猪相互打架,以后平稳安静。这种转群方法能使同栏内仔猪生长发育整齐,特别是弱小的仔猪分在同一栏内,易于管理。保育舍内温度可以控制在 22~25℃范围内,要保持舍内干燥卫生,经常打扫、消毒、定期通风换气,保持舍内的新鲜空气,舍内湿度控制在 65%~75%。

对刚断奶转群的仔猪要进行定点采食、排粪尿、睡卧的调教管理,这样既可保持栏内卫生,又便于清扫。仔猪保育栏内可以分为睡卧区、排泄区和采食区,调教方法是诱导仔猪到排泄区排便,排泄区的粪便暂时不清扫,其余地方的粪便要及时清扫。当仔猪活动时,对不到指定地点排泄的仔猪可人为地轰赶,一般经过 3~5 天的训练可形成定位。

断奶仔猪的日粮以制成颗粒为好,饲喂颗粒料可以减少饲喂时的浪费,饲料效率得到提高。利用自动饲槽时要注意不应装得过多,应该每3～4天就向饲槽中加入一次新鲜饲料。断奶仔猪可以采用乳头状饮水器,如果仔猪在产房内没有学会使用这种饮水器,那么仔猪就需要学习几天才能适应这种饮水器。如果仔猪饮水不足,采食就会不正常,必须注意乳头式饮水器的出水率。对仔猪来说,最低的出水率应该在1.5升/分钟。

(四)减少仔猪腹泻

断奶后仔猪腹泻发生率很高,危险较大,病愈后仔猪往往生长发育不良,日增重明显下降,因而造成很大的经济损失。断奶仔猪腹泻原发性因素主要是由于断奶应激造成肠道损伤,使胃肠道内消化酶水平和吸收能力下降,引起食糜以腹泻形式排出。导致断奶应激的因素很多诸如饲料中不易被消化的蛋白质比例过大或灰分含量过高、粗纤维含量不适、氨基酸和维生素缺乏、日粮适口性不好等。在饲喂技术上如开食过晚,断奶后采食饲料过多,突然变换饲料,饲槽、水槽不洁净,水供给不足,水温过低等因素都可能导致仔猪下痢。

要减少断奶仔猪腹泻就是要消除这些应激因素,实现科学的饲养管理。不用药物来控制仔猪腹泻是提高经济效益的关键。首先,创造适宜的环境条件,减少断奶仔猪的应激;免疫接种,严把防疫关;搞好环境卫生,定期消毒灭鼠。其次,选择优质饲料原料,科学配制断奶仔猪日粮;添加有机酸微生物制剂等,做好仔猪保健;添加有机酸微生物制剂等,做好仔猪保健。

断奶仔猪腹泻虽是仔猪阶段的常见病、多发病,但只要预防措施得当,是可以降低仔猪腹泻的发生几率,减少断奶仔猪死亡的。在培育断奶仔猪的方法上,建议有条件的猪场可采取隔离式早期断奶技术(SEW)或两阶段保育法,其培育效果十分明显。

第三节　育成与后备猪的培育

育成猪是指 70 日龄至 4 月龄留作种用的猪。后备猪是指仔猪育成阶段结束到初次配种前的青年猪。培育后备猪的主要任务是获得体格健壮、发育良好、具有品种的典型特征和高度种用价值的种猪。此阶段猪的消化器官已经接近成熟,消化机能和适应环境的能力逐渐增强,是猪体生长和内部器官发育的生理成熟阶段。对饲养管理的要求虽不像前期那么严格,但为了培育出品质优良的种猪,应根据猪的生长发育规律及育种目标的要求,给予合理的饲养管理,进行有效地培育。

一、育成猪与后备猪的生长发育特点

猪的生长发育是一个很复杂的过程,既有其生长发育规律和模式,又有易受营养条件影响改变其模式的可能性。根据猪的生长发育规律,在不同的生长阶段,通过控制日粮中的营养水平,可以调节其某些部位和组织器官的生长或相对的发育程度,使后备猪发育良好、体格健壮、骨骼结实、肌肉发达、消化系统和生殖器官发达而机能完善。但是无论是肌肉还是脂肪的过度发育都会影响其繁殖性能。

(一)体重的增长

体重是身体各部位及组织生长的综合度量,并表现着品种的特性。在正常饲养条件下,猪体重的绝对值随年龄的增加而增大,其相对增长强度则随年龄的增长而降低,到成年时,稳定在一定的水平。幼猪自出生后就快速地生长,4 月龄以前相对生长强度最高,8 月龄以前增长速度最快。8 月龄虽然约占成年 36 月龄时间的 1/4,但体重却已达成年体重的 1/2。因此,后备母猪的生长好坏对成年猪最终体重大小的影响很大。一般地说后备母猪生长快的繁殖成绩也好。作为种用的后备母猪,一定要有一个正常的生长发育标准,否则也会影响种用价值。荣昌猪体重和长白猪体重的变化列于表 6-8 和 6-9。

表 6-8　荣昌猪增长特点

性别	性能	月龄								
		出生	2	4	6	8	10	12	18	24
公猪	体重/千克	0.83	9.69	23.50	41.60	56.90	64.17	81.50	103.0	116
	日增重/克	148	230	302	255	121	289	120	72	117
	生长强度	100	1068	142.5	77.0	36.8	12.8	27.0	8.7	4.2
母猪	体重/千克	0.83	9.69	25.85	43.84	60.18	81.82	82.3	107.1	115.1
	日增重/克	148	269	300	272	361	80	131	45	81
	生长强度	100	1068	167	69.6	37.3	35.9	0.28	1.0	2.5

表 6-9　长白猪体重的增长

性别	性能	月龄								
		出生	1	2	4	6	8	10	12	14	成年
公猪	体重/千克	1.5	10	22	57	100	140	170	200	200	250
	日增重/克	283	400	567	767	667	500	500	333	300	
	生长强度	100	567	120	46	25	17	10	8	5	6
母猪	体重/千克	1.5	9	20	55	95	130	160	190		300
	日增重/克	250	367	567	667	600	500	500	306		
	生长强度	100	500	122	49	27	15	10	9		6

　　猪体重的变化和生长发育,还受饲养方式、饲料营养、环境条件等多种因素的影响。后备猪培育期间的饲养水平,要根据后备猪的种用目的来确定,把眼前利益与长远目标结合起来。日增重的快慢只能间接地作为种猪发育的依据,生长发育过快,使销售体重提前到生理上的早期阶段,会导致出产母猪的配种困难。因为在整个培育后期过度消耗遗传生长潜力,则对以后繁殖力有不利影响。所以,后备猪的生速度要适度加以控制。

（二）体组织的增长

　　猪体内骨、肉、脂、皮的生长强度因月龄及品种类型而异。骨骼从出生到 4 月龄生长强度最大，其后稳定；皮是出生到 6 月龄生长快，6 月龄后稳定；肉是 4～7 月龄生长快；脂肪则始终在生长，6 月龄后更为强烈；消化器官自出生后快速生长，4 月龄后减慢。各组织器官和身体部位生长先后的顺序大体是：神经组织→骨→肌肉→脂肪。因此民间有"小猪长骨，中猪长皮，大猪长肉，肥猪长油"的说法。

　　在这一规律中，三种组织发育高峰出现的时间及持续期的长短与品种类型和营养水平有关。在正常的饲养管理条件下，早熟易肥的品种生长发育期较短，特别是脂肪沉积高峰期出现得较早，而瘦肉型品种生长发育期较长，脂肪大量沉积较晚，肌肉生长强度大且持续时间较长。

　　在猪的生长过程中，各组织生长率不同，导致身体各部位发育早晚顺序的不一和体型呈现年龄变化，出现两个生长波。第一个生长波从颅骨开始分为两支，向下伸向颅面，向后移至腰部；第二个生长波由四肢下部开始，向上移行到躯干和腰部，最后，两个生长波在腰部汇合。因此，仔猪初生时头大、四肢长，躯干相对短而浅，后腿发育较差。

　　实践中，养猪的最终目标是生产猪肉，即肌肉和数量有限的脂肪。因此，对组织生长规律的了解，将有助于管理决策，培育出优秀的后备种猪。组织生长是一个与时间有关的现象，每一组织都有最快的发育时期，然后生长速度降低，另一组织的生长速度增高并达到最大。因此，会有一个瘦肉生长最快的时期，之后瘦肉生长下降而脂肪生长提高。现代瘦肉型种猪的肌肉生长高峰期在体重 50～70 千克之间，而脂肪型猪的肌肉生长高峰期则在体重较小时发生。脂肪生长高峰期是猪最终达到的生长期，脂肪的生长速度取决于达到其他组织所需能量之后的剩余能量。因此，可以在猪采食能力的范围内，通过改变能量的供应来显著提高或降低脂肪的沉积量。

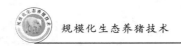

（三）猪体化学成分的变化

随着猪体组织及体重的生长,猪体的化学成分也呈规律性地变化,即随年龄及体重的增长,水分及蛋白质,灰分等含量下降,而脂肪迅速增加（表6-10）,随着脂肪量的增加,猪油中饱和脂肪酸的含量相应提高,不饱和脂肪酸减少。但猪体内蛋白质和灰分的含量在体重45千克（或4月龄）以后是相当稳定的。

表6-10　猪体化学成分　　　　　　　　　　　　　　　%

项目	猪数	水分	脂肪	蛋白质	灰分
初生	3	79.95	2.45	16.25	4.06
25日龄	5	70.67	9.74	16.56	3.06
45千克	60	66.76	16.16	14.94	3.12
68千克	6	56.07	29.08	14.03	2.85
90千克	12	53.99	28.54	14.48	2.66
114千克	40	51.28	32.14	13.37	2.75
136千克	10	42.48	42.64	11.63	2.06

二、育成猪的饲养管理

肥育猪是养猪生产的最后一个环节。饲养肥育猪的目的是在尽可能短的时间内,获得成本低、数量多、质量好的猪肉。因此,加强仔猪的饲养管理与保健可产生良好的经济效益,加快出栏速度,对饲养户有重要的意义。

（一）育成猪的饲养

仔猪刚转入育成舍时要注意饲料的过渡问题,仔猪要经过一周左右的时间才可以完全由仔猪料完全转换为育成猪的料。肥育猪按生长发育阶段可分为肥育前期,即体重在20～60千克之间,此时,骨骼和肌肉生长强度最高,每天蛋白质生长是从84克上升到119克,以后基本稳定在 125 克左右。脂肪在育肥前期绝对生长量很少,每天由 29 克上升到 120 克肥育后期,即体重 60 千克以后,此时骨骼和肌肉的绝对生长量很少,而脂肪的增长量开始直线增长,每天沉积量由 120 克猛增加到 378 克。根据这一规律,在育成猪饲养实践中要进行合理饲喂,保证饲粮中矿质、蛋白质和必需氨基酸水平,采用高蛋白、高能量饲粮,自由采食,或不限量按顿饲喂,以达到骨骼和肌肉的充分发育。

(二)育成猪的管理

育成猪的饲养管理是断奶仔猪的继续,当仔猪转入育成舍后,加强舍内温度的控制,一般在 20℃左右,此时猪的日增重是最高的;做好猪舍环境管理:尽量减少各类应激,保持猪舍干燥、干净、通风良好,降低舍内氨气含量;建立合理饲养密度和分群:密度合理,每圈 12～15 头为宜,每头猪占地面积为 0.5～1.0 米^2。分群的原则是按性别、日龄、体重、强弱、采食快慢及生产用途合理安排;并群时可采取"留弱不留强"、"拆多不拆少"、"夜并昼不并"的方法,防止欺生互斗;另外还要加强对疫病的控制。

三、后备猪的选留

选择后备猪应根据品种类型特征、体型外貌和仔猪的健康状况进行,同时要考虑后备猪的生长表现。

(一)后备母猪的选择

纯种繁殖猪场,应选择与公猪相同品种但无亲缘关系的母猪进行种猪生产;生产杂种母猪场,应选择经过配合力测定或经多年生产实践证明杂交效果较好的杂交组合所需要的品种,与公猪进行品种配套产;生产商品肉猪场,充分运用杂交优势规律,根据本地区需要,一般选择二元或大长杂种母猪。仔猪断奶到 6 月龄时,应按照育种计划要求对幼猪进行选拔和组群,一般每 2 个月进行一次。另外还要考虑后备母猪的体形外貌,外貌与毛色符合本品种要求。乳房和乳头是母猪的重要特征表现,除要求具有该品种所应有的奶头数外,还要求乳头排列整齐,有一定间距,分布均匀,无瞎、内翻乳头。外生殖器正常,四肢强健,体躯有一定深度。

后备母猪的生长速度不能过快,一般到第 1 次配种前,日增重控制在 550~650 克。若生长过快,则会使一些猪骨骼发育跟不上肌肉、脂肪等组织,导致关节软骨和骨干软骨不成熟,承受不了快速生长的体重,以致出现四肢的相应变形。

(二)后备公猪的选择

体型外貌,要求头和颈较轻细,占身体的比例小,胸宽深,背宽平,体躯要长,腹部平直,肩部和臀部发达,肌肉丰满,骨骼粗壮,四肢有力,体质强健,符合本品种的特征;采食旺盛,动作灵活;皮毛光洁,没有卷毛、散毛、皮垢、眼屎和异臭;繁殖性能,要求生殖器官发育正常,没有隐睾、单睾、疝气等遗传疾病,有缺陷的公猪要淘汰;对公猪精液的品质进行检查,精液质量优良,性欲良好,配种能力强。对过于肥胖、瘦弱的猪不能留作种用。生长肥育性能要求生长快,一般瘦肉型公猪体重达100 千克的日龄在 170 天以下;耗料省,生长育肥期每千克增重的耗料量在 2.8 千克以下;背膘薄,100 千克体重测量时,倒数第三到第四肋骨离背中线 6 厘米处的超声波背膘厚在 15 毫米以下。

(三)后备猪的饲养

对于后备猪的饲养既要保证其正常的生长发育,又要保持保持其肥瘦度适宜的种用状况。适宜的营养水平是后备猪生长发育的保证,过高或过低均造成不良影响;营养水平过低,会使母猪生长发育受阻,推迟初情期,繁殖总成绩下降。5 月龄以前,母猪正处于生长发育的旺期,不仅要配置营养全面的日粮,而且数量上应予以满足;5 月龄以后的母猪,由于沉积脂肪能力增强,为避免过肥,应适当降低营养水平或减少饲喂量,增加青粗饲料比例,使肌肉骨骼得到充分的生长发育。在日粮的结构上,应在满足肌肉、骨骼生长所需营养的前提下,少用碳水化合物丰富的饲料,适当多用品质优良的青绿多汁饲料。对留作后备种猪的母猪要饲喂符合小母猪需要的饲粮,钙磷水平比生长育肥猪要高 0.1%,以促进骨骼发育。

到 8 月龄左右体重即可达到初配要求的标准。青粗饲料较多的农户,可多用些青粗饲料,一般按风干物计算,青粗饲料可占整个日粮的40%~50%,日粮粗纤维可占 10%左右,但最好多用青饲料,少用藁秆类。青饲料可用甘薯蔓、幼嫩野草、野菜、水生饲料以及蔬菜的下脚料;精料可用玉米、高粱、甘薯干、糠麸类等,还应喂少量豆类副产品,以满足蛋白质的需要。不限制喂量,每日喂 3 次,以满足其生长发育。后备公猪的日粮应主要由精料组成,日粮中应含有足够的蛋白质、矿物质、维生素,粗纤维含量可低些,以保证公猪骨骼、肌肉充分发育,体质健壮,性欲旺盛,利于交配。

(四)后备猪的管理

做好猪舍的卫生消毒工作,及时清除粪便保持圈舍清洁,注意通风,猪舍、地面、用具、食槽等定期消毒,消灭老鼠、蚊虫、苍蝇,禁止犬猫进入猪舍。

后备猪应在第一次选留后进行公、母分群,尤其是性成熟早的品种,更应重视这一点。不论公猪还是母猪,在分群时应按体重大小、强弱来分,一般体重差异最好不超过 5 千克,以免造成强弱不均,影响育成率。刚选留的小猪,每圈可养 6~8 头,随着年龄的增加,逐渐减少圈养头数,到配种前母猪每圈可养 3 头,公猪也可养 2~3 头,有条件的可1 圈 1 头。小猪日喂 4 次,4 月龄后可日喂 3 次,同时要注意保证供给充足的饮水。认真观察猪的采食和粪便,后备猪正常的粪便应较粗且量多,如粪团直径很小,表明不是猪过肥,就是饲料饲喂量不足。

从仔猪出生开始,要严格按照免疫程序实施猪瘟、口蹄疫、蓝耳病、仔猪副伤寒、伪狂犬病、传染性胃肠炎等疾病的免疫。刚断奶的仔猪肠道蛔虫较多,分群饲养一段时间后要酌情进行 1~3 次驱虫,同时还要注意防治弓形虫、附红细胞体等寄生虫病和疥癣、湿疹等皮肤病。

运动对后备猪非常重要,运动可促进骨骼、肌肉的正常发育,防止过肥和肢蹄不良,又可增强体质和促进性活动,防止发情失常和产仔少的问题。有条件的猪场,最好让后备猪每天运动1~2次,如能结合放牧,让猪拱土、啃食牧草、多晒太阳,会收到更好的效果。后备公猪性成熟后要避免相互爬跨或殴斗,否则要单独驱赶运动。

通过合理调教,能使猪建立起条件反射,养成定点吃食、睡眠和排粪尿的良好习惯,为产后管理带来方便。

(五)后备猪的性成熟

性成熟是指猪生长到一定年龄后,公猪出现了性行为,母猪有周期性的发情变化,公猪有爬跨行为并有精液射出。但这时身体发育还没有达到成熟,生殖器官和其他组织器官未达到完全成熟阶段。

猪的性成熟随品种类型、饲养水平和气候环境不同而异。我国地方猪种特别是南方的地方种猪性成熟早,而培育猪种和引进猪种性成熟晚些,一般地方早熟品种的公猪2~3月龄达到性成熟,培育和引进猪种要在4~5月龄才达到性成熟。地方品种的母猪3~4月龄,体重30~40千克即可达到性成熟;而培育品种或大型瘦肉型品种到5~6月龄,体重60~80千克才能达到性成熟。

思考题

1. 哺乳仔猪有哪些生理特点?在哺乳仔猪养育中如何应用这些特点?

2. 如何预防哺乳仔猪和断奶仔猪的腹泻?

3. 在断奶仔猪的养育中有哪几个关键点?

4. 育成猪的培育注意事项有哪些?

5. 如何培育理想的后备猪?

规模化生态养殖技术

第七章

肉猪生产

导　读　饲养肉猪是养猪生产中最后一个重要环节,其最终目的是为市场提供高质量的商品育肥猪。由于一个集约化猪场中生长育肥猪头数占 $50\%\sim60\%$,其消耗饲料占各类猪总耗料量的 75% 左右,肉猪的生长性能和饲料利用率直接影响猪场的效益。因此,饲养肉猪时,应根据其生长发育规律,采用先进的科学技术和生产工艺,用最少的劳动力,在尽可能短的时间内,生产出数量多、质量优而成本低的猪肉,实现高产、优质、高效的两高一优。本章旨在总结生长育肥猪的生长发育规律基础上,着重阐述影响肉猪生产的主要因素及提高肉猪生产力的主要技术措施。

第一节　猪的生长发育规律

一、生长速度的变化

体重是综合反映猪体各部位和组织变化的直接指标,反映整个机体的变化规律。猪的整个生长期中,生长速度是不同的。一般我们指的生长速度是绝对生长速度,即平均日增重。日增重的大小主要取决于年龄和初始体重的大小。在整个生长期,随年龄的增大,日增重的变化则是"慢—快—慢",在生长转折点以下,日增重逐日上升;转折点后,逐日下降;转折点在性成熟期内。在生长育肥阶段,猪的生长速度变化规律表现为先增快,到达最大生长速度,而后下降,最大生长速度一般是在成年体重的 40％ 左右,体重在 90～100 千克,即育肥猪的适宜屠宰期。但也会因品种、类型和营养水平的不同而不同。

猪的生长强度可用相对生长表示。所谓相对生长速度指相对于体重的增长倍数、百分比或生长指数,猪的相对生长速度在幼龄阶段较快,以后随着年龄和体重的增加而降低。因此,幼猪的生长强度大,处在生长的关键时期。抓好仔猪的饲养,提高仔猪的断奶体重,在很大程度上决定着肥育生产的总体效果。应该在猪生长速度最快的时期,对生长育肥猪加强饲养管理,在生长速度转折点,使生长育肥猪早日达到最适宜屠宰体重,缩短育肥周期。

二、体组织的生长

整体生长是有各组织器官生长汇集而成的,其中主要的是骨骼、肌肉、皮和脂肪的生长。猪各组织器官生长发育的速度是不同的,从胚胎开始,最早开始发育和最先发育完成的是神经系统,其次为骨骼系统,肌肉组织,最后是脂肪组织。早熟猪品种和充足的营养供应时,猪的生长速度快,器官发育早,骨骼、肌肉和脂肪组织生长发育的强度增加,但生长顺序不变。瘦肉型猪种骨骼、皮、肌肉、脂肪的生长是有一定规律的。随着年龄的增长,体组织的生长势是骨骼＜皮＜肌肉＜脂肪;而一些地方猪种如民猪、内江猪、太湖猪等,体组织生长规律则是骨骼＜肌肉＜皮＜脂肪,由于生长后期皮肤的生长势强于肌肉从而导致胴体肉少、皮厚、脂多,这也是地方猪种一般胴体肉用价值较低的原因。与后备猪相比,育肥猪生长时缩短了各个组织部位的生长发育时间,脂肪组织的增长加快。

一般情况下,生长育肥猪 20～30 千克为骨骼生长高峰,60～70 千克为肌肉生长的高峰期,90～110 千克是脂肪沉积旺盛期。

对于瘦肉型猪,皮肤的增长强度不大,高峰期出现在 1 月龄以前,以后就比较平稳;骨骼从生后 2～3 月龄开始到活重 30～40 千克是强烈生长时期,肌纤维也同时开始增长,当活重达到 50～100 千克以后脂肪开始大量沉积。

虽猪的品种,饲养营养与管理水平不同,基本上表现出一致性的规律,但几种组织生长强度有所差异。瘦肉型猪种的生长期延长,脂肪沉积延迟,骨骼生长、肌肉生长、脂肪沉积的三个高峰期之间的间隔拉大。营养水平低时生长强度小,反之生长强度大。育肥猪体脂肪主要贮存在腹腔、皮下和肌肉间,以沉积迟早来看,一般以腹腔中沉积脂肪最早,皮下次之,肌间最少;沉积速度而言,腹腔沉积脂肪最快,肌间次之,皮下脂肪最慢。

肉猪生产利用这个规律,生长肉猪前期(60～70 千克活重以前)给予高营养水平,注意日粮中矿物质和氨基酸的含量及其生物学价值,促进骨骼和肌肉的快速发育,后期(60～70 千克活重以后)适当限饲,减少脂肪的沉积,防止饲料的浪费,又可提高胴体品质和肉质。

三、肉猪机体化学成分的变化

猪年龄不同,机体组织(骨骼、肌肉、脂肪等)增长的速度不同,其化学成分如水分、粗蛋白质、粗脂肪、粗灰分等的含量及比例和能量也不相同(表7-1)。随着猪各体组织及增重的变化,猪体的化学成分也呈一定规律性的变化,即随着年龄和体重的增长,机体的水分,蛋白质和灰分的相对含量下降,而脂肪相对含量则迅速增长。其中蛋白质和灰分变化相对较小,蛋白质的含量在生长期相当稳定,但到育肥期会下降。水分和脂肪的变化最大,水分由初生时的77%下降到出栏时的48%(脂肪型猪);脂肪由初生时的2%增加到出栏时的35%。

表 7-1 猪空腹体重的化学成分

成分	初生	6.8千克	25千克	110千克(瘦肉型猪)	110千克(脂肪型猪)
灰分	3	3	3	3	2
脂肪	2	15	12	15	35
蛋白质	18	16	16	18	14
水分	77	66	69	64	48

猪体化学成分的变化的内在规律,是制定商品瘦肉猪体不同体重时期最佳营养水平和科学饲养技术措施的理论依据。掌握肉猪的生长发育规律后,就可以在其生长不同阶段,控制营养水平,加速或抑制猪体,某些部位和组织的生长发育,以改变猪的体型结构,生产性能和胴体结构,胴体品质。

第二节　影响肉猪生产的因素分析

一、动物因素

品种及性别是影响肉猪生长的内在因素。

不同品种的猪,由于其培养条件,选择程度和生产方向不同,形成了遗传差异。即便是在相同的饲养管理条件下,不同品种猪的生长速度、饲料转化率、胴体品质均有所不同。不同品种和不同类型的猪,由于其遗传基础不同,因而要求不同的饲养条件。现代培育的新品种,特别是瘦肉型猪种与脂肪型比较,其对能量和蛋白的利用率更高,增重快,耗料省,瘦肉率高。原始地方猪种多属脂肪型品种,肥育期生长速度慢,饲料报酬差,胴体瘦肉率低,但我国猪种对粗纤维的消化率较高,且肉质优良。在当前瘦肉猪生产中,杂种猪,如我国许多地方正在推广"杜洛克×(长白×大白)"三元杂种商品猪,增重快、饲料利用率高、饲养期短、胴体瘦肉率高、经济效益好。

性别对肥育效果有影响,公、母猪经去势后肥育,性情安静、食欲增进、增重速度提高、脂肪的沉积增强、肉的品质改善。瘦肉型猪性成熟后,不去势公猪生长速度和胴体瘦肉率高于母猪,也高于去势猪,但公猪肉因雄性激素而带有膻味。

二、日粮营养水平与饲料

肉猪生产主要是肌肉和脂肪的生长,很大程度上受营养水平的影响。只有在个体营养充分满足需求并保持相对平衡时,才能获得最佳的生产效果。

（一）能量对肥育的影响

能量是肉猪生长的第一营养要素。在一定范围内,能量浓度提高,采食量下降;能量浓度降低,采食量提高。如果能量过低,即使采食量增加也不能够满足猪所需的能量,从而使猪的日采食消化能降低,影响其生产性能。日粮能量浓度越大或猪对能量采食量越高,猪日增重越快,饲料报酬越高,但此时瘦肉率降低,背膘加厚(表7-2)。

表 7-2　日量能量浓度对猪生产性能及胴体品质的影响

消化能浓度 /(兆焦/千克)	日采食量/千克	日采食可消化能/兆焦	日增重/克	背膘厚/厘米
11.0	2.50	27.50	860	2.48
12.3	2.40	29.52	900	2.65
13.7	2.35	32.20	949	2.98
15.0	2.24	33.60	944	3.02

（二）蛋白质

蛋白质不仅是肌肉生长的营养要素,而且是酶、激素和抗体的主要成分,对维持集体生命活动和正常生长发育有重要作用。蛋白质不足时,是生长受阻,日增重降低,饲料消耗增加。蛋白质水平在一定范围内(9%～18%),针对同一品种、类型和满足消化能需求的肉猪来说,随着饲粮蛋白质水平的提高,其增重加快,饲料转化率得到改善。当粗蛋白质水平超过 18% 时,对增重无明显效果,但可改善肉质,提高瘦肉率。但需注意的是,利用过高蛋白质水平提高胴体瘦肉率是不科学的,蛋白质水平过高,会增加猪的代谢负担,有些蛋白质会转化为能量,大大降低了蛋白质的利用效率,提高饲料成本。

蛋白质对肉猪增重和胴体品质的影响,关键在于氨基酸的组成和比例的合理性。猪需要 10 种必需氨基酸,缺一不可,在以玉米和豆粕为基础的日粮中,赖氨酸作为第一限制性氨基酸,对提高肉猪的日增重、饲料转化率和胴体品质有重要作用。NRC(1998)营养需要量中,生长猪的赖氨酸占粗蛋白质的 4.55%～5.28%，国内外研究证实，当赖氨酸占粗蛋白质 6%～8%时，饲粮蛋白质生物学效价最高。

(三)粗纤维水平

粗纤维含量是影响饲粮适口性和消化率的主要因素。适量的粗纤维可改善肠道环境，促进消化和增重，但饲粮粗纤维过低，猪会拉稀或便秘；过高则适口性差，并降低增重和养分消化率。生长育肥猪粗纤维水平应控制在 5%～8%。

(四)矿物质和维生素

矿物质和维生素都是猪生长发育所必需的，添加量适宜时，促进猪的生长（表 7-3）；缺乏时，生长育肥猪会产生相应的缺乏症；过量时，会造成猪中毒。不论是缺乏还是过量，都会使肉猪增重减慢，饲料转化率降低，引起疾病甚至死亡。

表 7-3　常量元素、微量元素、维生素对生长育肥猪增重的影响

日粮组成	平均日增重/克	饲料转化率/%
平衡的玉米-大豆型日粮	774	2.75
不添加微量元素	738	2.70
不添加维生素	680	2.95
不添加钙和磷	576	3.30

三、仔猪初生重与早期发育的影响

肉猪生产除主要受猪的遗传因素和饲粮营养水平影响外，还与生长育肥猪起始体重有关。猪初生重和断奶体重的大小与肥育期增重呈正相关，初生重大、早期发育好、断奶体重大，肥育期生长发育快（表 7-4）。

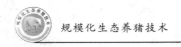

表 7-4　仔猪体重与育肥效果的关系

仔猪体重/千克	头数	208 日龄体重/千克	比较/%	死亡率/%
<5.0	967	73.4	100	12.2
5.1~7.5	1 396	83.6	114	1.8
7.6~8.0	312	89.2	124	0.5

四、饲养管理

(一)饲养方式

饲喂方式主要分为两种形式,即自由采食和限量饲喂。限量饲喂又分为两种方法,一是营养平衡日粮数量的限制,即每次饲喂自由采食量的 70%~80%,或减少饲喂次数;二是降低日粮的能量浓度,把纤维含量高的粗饲料配合到日粮中,以限制其对养分特别是能量的采食量。

自由采食和限量饲喂对增重、饲料转化率和胴体品质有一定的影响。采用自由采食的饲喂方式增重快,沉积脂肪多,饲料转化率低,降低胴体品质;限制饲喂改善饲料转化率,胴体背膘较薄,但日增重较低,育肥效益下降。

(二)分群

饲养肉猪一般采取群饲方法,这样可以充分利用圈舍,节省能源,提高劳动效率,降低生产成本,同时可利用猪的同槽争食性促进猪的食欲。但如果分群不合理,群饲常发生争食、咬尾、咬耳等情况,影响猪的生产性能。

(三)饮水

水是维持猪生命不可缺少的物质,猪体内水分占体重的 50%~65%。水对于调节体温、营养物质的消化吸收及体内废物的运输都有很重要的作用,水供应不足,会引起猪食欲减退,致使猪生长速度减慢,严重者引起疾病。

五、环境因素

(一)温度

肉猪适宜的环境温度为 16～23℃,前期适宜温度为 20～23℃,后期为 16～20℃。在此范围内,猪的增重最快,饲料转化率最高。

当环境温度过高,猪的产热大于散热,此时猪就要通过增加呼吸次数来散热,或通过减少采食量从而减少体热的产生来调节体温平衡。如果通过增加散热和减少产热仍不能维持机体的体温平衡时,就会引起猪的体温升高。为了减少产热,猪只得采食量就会减少,会造成日增重的下降,生产力下降。据报道,在 28～35℃ 的高温环境下,15～30 千克、30～60 千克和 66～90 千克的肉猪的日增重比预期日增重分别降低 6.8％、20％ 和 28％;当猪处于上限临界温度以上时,每升高 1℃,日增重减少约 30 克,日耗料减少 60～70 克。如果猪只体热蓄积不能散发,体温长期高居不下,就会导致猪的神经系统和内分泌系统发生变化,引起猪的热应激。

环境温度低于临界温度时,猪为了维持体温平衡,猪体需要消耗更多能量用于产热,虽然采食量会增多,但日增重仍降低,饲料利用率随之下降。实践证明,当温度降到 10℃ 和 5℃ 时,猪的采食量分别增加 10％ 和 20％,而日增重则下降;当肉猪处于下限临界温度以下时,每下降 1℃,日增重减少 11～20 克,日耗料增加 25～35 克。此外,在冷应激情况下,猪群可能还要面对更多的健康问题,猪的呼吸道、消化道的抗病力降低,常发生气管炎、支气管炎、胃肠炎等(表 7-5)。

注意猪舍的环境温度变化对肉猪生产具有很大的意义,尤其是夏季注意防暑降温,冬季要加强防寒保温。

表 7-5　环境温度对生长育肥猪增重和饲料转化率的影响

气温/℃	日采食量/千克	日增重/克	耗料∶增重
2	5.07	540	9.45
5	3.76	530	7.10
10	3.50	800	4.37
15	3.15	790	3.99
20	3.22	850	3.79
25	2.33	720	3.65
30	2.21	450	4.91
35	1.51	310	4.87

(二)湿度

在温度适宜的情况下,猪对湿度的适应力很强,当相对湿度从45%升到95%时,对猪的采食量和增重速度影响不大。但是,湿度往往与空气共同作用。在低温高湿度情况下,猪的散热量增大,增重、生长发育就越慢。在低温高湿情况下,可使肉猪日增重减少36%,每千克增重耗料增加10%;在高温高湿度时,猪体热散失困难,致使食欲下降,采食量显著减少,猪的增重更慢,还可能大大提高猪的死亡率。因此,猪舍内相对湿度以50%～70%为宜。而且空气湿度过高,有利于病原性真菌、细菌和寄生虫的发育,易患皮肤和呼吸道疾病;空气湿度过低时,皮肤和呼吸道黏膜表面蒸发量加大,使皮肤和黏膜干裂,对微生物防卫能力减弱,同样易患皮肤病和各种呼吸道疾病。

(三)气流

气流速度与温度和湿度有协同作用。湿度过高时,加剧高温与地温对猪的不良影响,气流速度增加低温对猪的危害性而降低高温对生长肥育猪的影响。

（四）空气中的有害气体与尘埃

由猪的呼吸、排泄及排泄物的腐败分解，产生大量有害气体，氧气含量减少。其中以氨、硫化氢、甲烷、二氧化碳等有害气体的不良影响最为严重，对猪的健康造成危害，降低生产力。严重时，畜舍内高浓度的氨和硫化氢气体，可致使猪中毒，发生结膜炎、支气管炎、肺炎等疾病。舍内二氧化碳含量过高，氧气含量相对不足时，会产生猪精神委靡不振，食欲减退，增重缓慢的现象。

由于猪的采食、排泄、活动、对猪的式样管理操作及进入的舍外空气，使猪舍内产生大量的尘埃和微生物。空气中尘埃过多，可使猪的皮肤发痒以至发炎、破裂，对鼻腔黏膜有刺激作用病原微生物易在灰尘上存活，直接影响猪的健康。

（五）光照

在猪舍中，适宜的光照无论是对猪只生理机能的调节，还是对工作人员进行生产操作均很重要。适度的太阳光照对猪只有良好作用，太阳光线照射到猪皮肤及皮下组织中转变为热，使皮肤温暖，血管扩张，加速血液循环，改善皮肤营养，加速再生过程，能加强机体组织的代谢过程，促进猪的生长发育，提高抗病能力。但是过度的太阳光照，引起猪兴奋，减少休息时间，增加假装线的分泌，提高代谢率，影响增重和饲料转化率，同时可以破坏组织细胞，使皮肤损伤，影响机体热调节，可使体温升高，患日射病，对眼睛有伤害作用。

（六）圈养密度和圈内卫生

圈养密度一般以每头猪所占的面积来表示。圈养密度越大，猪呼吸排除的水汽量越多，粪尿量越大，舍内湿度也越高；舍内有害气体、微生物数量越多，空气卫生状况恶化；猪的争斗次数明显增多，休息时间减少，从而影响猪的健康、增重和饲料转化率。降低圈养密度可提高猪的增重速度和饲粮转化率，但圈养密度太小也不经济，在生产中适当提高圈养密度可提高经济效益。另外,当圈养密度相同而每圈养猪头数不同时,育肥效果也不同,每圈头数越多,猪的增重越慢,饲料转化率越低。

圈内卫生状况影响猪的健康。圈内卫生恶劣,不及时清理粪便,舍内的病原微生物、有害气体和尘埃就会增加,降低抵抗力,容易患有疾病,降低生产性能。

(七)噪声

噪声对家畜的不良影响日益引起人们的重视。舍内噪声是由外界传入、舍内机械产生和猪只自身产生的。噪声对猪的休息、采食、增重都有不良影响。噪声会引起猪的惊恐,降低食欲。

第三节　提高肉猪生产力的技术措施

对于影响肉猪生长育肥的诸多因素,在饲养实践生产中应该分清主次,采取综合有效的措施,达到提高生产力的目的

一、选择优良的品种

通过不同品种或品系之间进行杂交,利用杂交优势,是提高生长育肥猪生产力,是增加养猪效益的有力手段之一。在我国,大多利用二元和三元杂种猪育肥。通过杂交得到的后代生活力强,增重快,饲粮转化率高。但是,不同杂交方式及不同环境条件下杂交效果不同,杂交效果决定于品种的配合力,由于配合力不同,各杂交组合的杂种优势存在着很大的差异。因此,为避免盲目杂交,需通过配合力测定和杂交组合试验,筛选最优的杂交组合。

三元杂交比二元杂交效果更为显著,这主要是充分利用了杂种一

代母猪的杂种优势,以及与第二父本具有较好的配合力。目前我国许多猪场采用的是"洋三元"杂交(三个国外的瘦肉型猪种之间杂交,目前利用比较广泛的是以"杜洛克"为父本,"大白×长白"或"长白×大白"为母本杂交的三元杂交猪),其杂种猪生长快、瘦肉率高,但肉质较差。我国地方猪种在脂肪沉积能力上对杂种后代有较强的影响,因此,从生产优质猪肉角度出发,在杂交猪和中适当安排我国优良地方猪种参与是有必要的。在经济杂交中,父本品种在提高产肉性能上,对杂交后代有较强的影响,因此,父本品种的选择是很重要的。

二、日粮的配合

(一)饲粮中合理营养水平

从仔猪初生到育肥猪上市整个过程中,生长育肥阶段将消耗整个饲养期 70%～75% 的饲料,因此,饲料应以快速增重、调整猪品质为主。一般按肉猪不同阶段给予不同的蛋白水平,前期(20～55 千克)为 16%～17%,后期(55～90 千克)为 14%～16%。能量以消化能 11.92～12.55 兆焦/千克为宜,粗纤维含量应控制在 5%～8%。矿物质和维生素是猪正常生长和发育不可缺少的营养物质,日粮配合时必须满足猪的需要量,但也要防止矿物质和维生素中毒。

(二)采用理想蛋白模式

考虑到蛋白质的利用率,只满足蛋白需要量还是不足的,日粮中氨基酸平衡,才能达到蛋白质的最大利用率。所谓理想蛋白质,是指这种蛋白质的氨基酸在组成和比例上与动物所需蛋白质的氨基酸组成和比例一致,包括必需氨基酸之间及必需氨基酸和非必需氨基酸之间的比例,动物对该种蛋白质的利用率为 100%。近年来对猪的理想蛋白质氨基酸模式已进行了大量的研究,并提出了一些模式,但现在还只是一个逐步完善的过程。在配置肉猪日粮是应满足蛋白质需求的同时,注

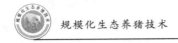

意氨基酸之间的平衡。

(三)促生长剂的使用

1.饲用微生物添加剂

饲用微生物制剂包括益生素和微生物生长促进剂,是一类既具有抗生素的作用,又可克服其缺点的添加剂。益生素可以是单一菌种制剂也可以是复合菌种制剂,通过改善动物消化道微生态平衡,抑制有害微生物的生长繁殖,帮助动物建立有利于宿主的微生物区系,或通过产生 B 族维生素、增强机体肥特异性免疫功能来预防疾病,防止细菌感染,从而间接地起到提高生长速度和饲料转化率的作用。微生物生长促进剂,是指能直接提高动物对饲料的转化率和生长速度活的微生物培养物。通过产生多种消化酶、多种酸,提高饲料转化率和促进肠内营养物质的消化、吸收;通过刺激免疫系统的生长发育,提高机体免疫力和抵抗力通过降低大肠杆菌数维持肠道微生态平衡起到防病治病的作用。

2.酶制剂

酶制剂是一类从动物、植物和微生物中提取的具有生物催化能力的蛋白质。按添加目的可分为两类:一类用于补充内源性消化酶的不足;另一类用于消除饲料中抗营养因子的不良影响。在饲料中添加酶制剂,可以强化分解功能,促进营养物质的消化吸收,从而达到促进生长、提高饲料转化率、降低饲养成本、减少环境污染的目的。黄兴国等(2008)报道,生长猪日粮中添加植酸酶,显著提高了生长猪的日增重,降低了料肉比;显著提高了干物质、粗蛋白、粗纤维、粗脂肪、钙、磷、总能的表观消化率,降低了粪磷、氮的排泄量。吕秋凤等(2010)研究表明,非淀粉多糖酶能显著提高断奶仔猪后期、全期日增重,降低料重比。

三、提高仔猪初生重和断奶重

提高仔猪的初生重和断奶重,可以利用杂种优势,一般来说,杂种猪生活力强,增重快,饲粮转化率高。同时必须重视妊娠母猪的饲养管理和仔猪的培育,使仔猪得到充分的发育。妊娠母猪的饲养管理和仔猪培育具体在见第五、六章有详细介绍。提高同窝仔猪及同一杂交组合下所产仔猪的整齐度,也有利于生长育肥猪的生长。现代集约化猪场,大多采用仔猪早期断奶技术,仔猪早期断奶不仅可以提高母猪的利用率还可以提高饲料利用率和仔猪的生长发育。但早期断奶仔猪免疫力低,对环境和营养水平要求严格,需要专业化的饲料和培育设备。

四、科学的饲养管理

(一)选择有效的育肥方式

不同的育肥方式对肉猪的增重速度、饲料转化率和胴体瘦肉率均有很大的影响。育肥方式可分阶段育肥法、直线育肥法和前敞后限三种方法。

1.阶段育肥法

阶段育肥法又称"吊架子"育肥法,是根据育肥猪生长发育的三个阶段,按照不同的特点,采用不同的饲养方法。适合于经济不发达地区人民根据当地饲料条件所采取的一种育肥方式。一般整个育肥期可分为3个阶段:小猪阶段、架仔猪阶段(中猪)和催肥阶段。小猪阶段是仔猪在体重30千克以前,饲喂较多精料,思量能量和蛋白质水平相对较高,采取充分饲喂,保证其骨骼和肌肉的正常发育,饲养时间2～3个月。架仔猪阶段是猪体重30千克喂到60千克左右,利用猪骨骼发育较快的特点,让其长成骨架,才用低能量和低蛋白质的供应水平,尽量限制精饲料的供给量,供给大量的青绿饲料及糠麸类,饲养期为4～5个月。猪体重达60千克以上进入催肥阶段,正是脂肪高速沉积的时候,应增加精饲料的供给量,尤其是含碳水化合物较多的精料,提高能量和蛋白质的供应水平,并限制运动,加速猪体内脂肪沉积,外表呈现为肥胖丰满。一般喂到80～90千克,约需2个月,即可出栏屠宰。

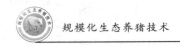

这种育肥方式充分利用当地的饲料资源,降低了肉猪生产成本,但整个饲养期时间过长,生产效率低,不适合集约化养猪的生产要求。

2.直线育肥法

直线育肥法又称"一条龙"育肥法,是主要特点是没有吊架子期,没有明显的阶段性。从仔猪断奶到育肥结束,按照猪在生长发育阶段的特点,采用不同的营养水平和饲喂技术,整个生长育肥期内能量水平始终比较高,且逐渐上升,蛋白质水平也较高,都给以全价配合饲料,精心管理。

利用直线育肥法饲养的猪育肥时间短、增重快、饲料转化率高,是现代集约化养猪生产普遍采取的方式。但是往往会沉积大量的体脂肪影响瘦肉率。

3.前敞后限育肥法

前敞后限饲喂方法主要是在育肥猪体重 60 千克以前,按"一条龙"饲养方式,采用高能量、高蛋白饲粮,猪自由采食,以促进增重和肌肉的充分生长;在猪体重达 60 千克以后,适当降低饲粮能量和蛋白质水平,限制其每天采食的能量总量,是自由采食的 75%~80%。

前敞后限育肥法不仅结合了"吊架子"和"一条龙"饲养方式的优点,降低了饲料成本,饲料报酬高,增重快,同时也弥补了 2 种饲养方式的不足,缩短了饲养期,提高了胴体瘦肉率。对于商品猪来说,应采用"前敞后限"育肥法。

(二)选择适合的饲喂方法

饲喂方法分自由采食和限量饲喂,根据不同的饲养方式和饲养目的选择适宜的饲喂方式。采用"吊架子"育肥法,在小猪阶段和催肥阶段应采用自由采食的饲喂方法,而架仔猪阶段尽量采用限量饲喂;对于直线育肥法全期应进行自由采食;前敞后限的饲养方式在猪 60 千克以前保持自由采食,让猪充分发育,体重达到 60 千克以后,采用限量制饲喂,减少脂肪的沉积。若想得到较高的日增重,以自由采食为好;若只追求瘦肉多脂肪少,则以限制饲喂为好。

(三)饲喂次数

采用自由采食方法是不存在饲喂次数的问题,而在限量饲喂条件下,各国、各地区对肉猪的饲喂次数不同。从猪食欲与时间的关系看,猪的食欲以傍晚最强,早晨次之,午间最弱,这种现象在夏季更加明显。所以,对肉猪可每日喂 3 次,且早晨、午间、傍晚 3 次饲喂量分别占日粮的 35%、25% 和 40%。也有试验表明,在 20~90 千克期间,每日饲喂 3 次和每日饲喂 2 次比较,并不能提高日增重和饲料转化率,所以,在集约化猪场每日饲喂 2 次是可行的。

(四)合理分群与调教

1.合理分群

为了减少群死发生争食,咬架的情况,必须合理的分群。分群时,应将来源、体重、体况、性情和采食等方面相近的猪合群饲养,尽量保证群体的同质性。根据猪的生物学特性,可采取"留弱不留强,移多不移少,夜并昼不并"的办法分群。所谓"留弱不留强",指在分群时把较弱的猪留在原圈,把强的猪移入,利用猪到新环境会产生恐惧的心理,减小强猪对弱猪的攻击;"拆多不拆少",指的是将少数的猪留在原圈,多数外群猪移入少数的群中,减少原圈猪对外圈猪的咬斗;"夜并昼不并"指在合群尽量选在猪未吃食的晚上合并。猪合群后要有人看管,干涉咬斗行为,控制并制止强猪对弱猪的攻击。

2.调教

猪在新合群和调入新圈时,要及时加以调教。调教猪只使其养成定点排便、睡觉和进食的习惯,不仅可以简化日常管理工作,减轻劳动强度,还能保持猪舍的清洁卫生。调教重点抓好两项工作,第一是防止强夺弱食,在重新组群和新调圈时,猪要建立新的群居秩序,为使所有猪都能均匀采食,保证每头猪都能吃到、吃饱,除了要有足够的饲槽长度外,对喜争食的猪要勤赶,使不敢采食的猪能得到采食,帮助建立群居秩序,分开排列,均匀采食。第二是固定生活地点,使采食、睡觉、排便三定位,保持猪圈干燥清洁。通常将守候、勤赶、积粪、垫草等方法单独或交错使用进行调教。具体方法是,在调入新圈时,圈舍打扫干净,猪床铺上少量垫草,饲槽放入饲料,并在指定排便地点堆放少许粪便,将其散拉在地面的粪便清扫干净,并坚持守候、看管和勤赶,有的猪只经积粪引诱其排便无效时,利用猪喜欢在潮湿处排便的习惯,可在排便处洒点水,进行调教。这样,很快就会使猪只养成"三角定位"的习惯。

(五)饲料调制和饮水

1. 饲料调制

饲料加工调制与饲料的适口性有关,直接影响猪的采食量。生产中,按饲料形态分,主要是颗粒料和粉料,颗粒料的饲喂效果优于粉料,粉料不易于投料,损耗大,容易发霉,降低采食速度,容易引起猪呼吸道疾病。在饲喂粉料时,可将粉料拌湿,风干饲料和水的比例以 1 : (0.9～1.8)为好。应注意要现拌现喂。

配合饲料宜生喂,煮熟后饲喂猪,不仅费工、费时、费力、成本高,还破坏了饲料中的营养,降低营养价值 10% 左右,如 100 千克玉米熟料喂猪只能顶生料喂猪 89.4 千克。但大豆、豆饼、棉子饼、菜子饼等以熟喂为好,这样可以破坏其内含的胰蛋白酶抑制因子,提高蛋白的消化率。

2. 饮水

猪的饮水量因采食量、生理状况、环境温度、体重、饲料性质的不同而异,夏季饮水量大,冬季则相对较少。必须保证供给猪充足的清洁饮水,最好是安装自动饮水器自由饮水,如若使用水槽,应勤换水,保证水槽内清洁及水源供应充足。

(六)去势、防疫与驱虫

1. 去势

我国当前育肥猪大多采取去势肥育,现代集约化养猪场大多采用仔猪 7 日龄去势,其优点主要是:便于操作,应激小,伤口愈合快。对生长快、性成熟晚的瘦肉型品种及其杂交母猪可以不去势,在国外一般将母猪不去势育肥,又是将未去势的公猪养至 90 千克左右尚未完全性成熟就出栏。

2. 防疫

为了预防生长育肥猪常见传染病,必须制定合理的免疫程序,认真做好预防接种工作。应每头接种,避免遗漏;防疫时应每头猪都更换新的注射器或针头,避免交叉感染。对从外地引入的猪,应隔离观察,并及时免疫接种。

3. 驱虫

生长育肥猪主要内在寄生虫有蛔虫、姜片虫,外寄生虫主要是疥螨、虱。驱虫对生长育肥猪的增重和饲料转化率有重要的影响。常用的驱虫药物如敌百虫、伊维菌素、盐酸左旋咪唑等。驱虫要把握时机,及时投药。生长育肥猪在体重 20 千克左右驱虫,在饲喂生拌料的情况下,于 50 千克体重时再驱虫一次。需注意的是,但凡驱虫药物都会有一定的毒副作用,一定要严格按说明书或遵医嘱给药,如果一次性不能驱净,可在 5～7 天后在驱虫一次,不能盲目加大药量。

五、提供适宜的环境条件

(一)保持适宜的温度与湿度

在适宜温度下,猪的增重快,饲料利用率高。肉猪适宜的环境温度为 16～23℃,前期适宜温度为 20～23℃,后期为 16～20℃。温度过高或过低都会影响猪的生长。

温度对育肥猪的影响与猪的体重有关系,小猪要求环境温度高,体重大的猪适宜环境温度较低。猪的最适宜温度可用下式估算:

$$T = -0.06w + 26$$

式中:T 为适宜温度(℃),-0.06 为系数,w 为体重(千克)。由此公式可以计算出猪的最适宜环境温度。

因此,在生产中,根据猪的体重的不同,畜舍尽量维持在最适宜的温度条件下。

夏季温度高,要防止猪舍暴晒,保持通风使猪体凉爽舒服,勤冲洗圈舍和,用喷雾或淋浴冲洗猪体,每天 2～4 次,帮助猪体散热。改变猪舍的屋顶设计也可降低猪舍内温度,屋顶以易吸热的草料或特殊材料隔热,若屋顶涂上反光漆,能够减少热量的吸收。有条件的可以使用水帘来降温,采用水帘降温,循环水一定要使用深井水,可使舍温降低5～6℃。在猪舍屋顶安装喷水系统,也可使舍温降低 2～3℃。

冬季寒冷天气,关好门窗以防止寒风侵袭,入冬前还可以扎搭草帘遮盖或整个门窗用塑料布覆盖,保暖御寒;为了防止猪舍内潮湿,一般在中午气温较高时,打开门窗,加强通风来排除潮气,如天气阴冷,室外湿度较大,则可在猪舍走道或地面撒布炉灰、干石灰等来吸收潮气;一般水泥地面猪圈,圈内铺以干燥垫草,有利于保持舍内温度;冬季日粮能量可以适当提高,增加猪体产热。

(二)保持舍内空气清新

降低舍内有害气体、尘埃和微生物,最主要的是要保证舍内清洁卫生。猪舍要保持清洁干燥、定期消毒,每天清扫粪便,垫草要干燥。普通地面要坚固结实,便于清洁冲洗;舍内地面有一定坡度,排水良好,不积水、尿等污物。

保证舍内卫生的同时,舍内还要注意通风,保持空气新鲜,有条件的可以安装机械通风设备,在炎热季节利用风机强行把猪舍内污浊的空气排出舍外,使舍内形成负压区,舍外新鲜空气在内外压差的作用下通过进气口进入猪舍。通风需要注意的是气流不可过大,猪舍内气流以 0.1～0.2 米/秒为宜,最大不要超过 0.25 米/秒。

舍外还可以种植一些植物,有助于净化空气,减小噪音,遮阴的效果。但密度要适宜,过于密集容易造成舍内光照不充足,密度过小是光线强,容易造成猪的兴奋。

喂料采用湿喂的方式,也可有效降低猪舍的粉尘。

(三)圈养密度要适宜

每头猪占面积越大,对猪舍环境,猪的生长越有利,在分群时注意圈养密度,15～60 千克的生长育肥猪每头所需的面积为 0.6～1.0 米^2,60 千克以上的育肥猪每头需 1.0～1.2 米^2,每圈以 10～20 头为宜。

六、适时屠宰

掌握适宜的屠宰活重,可以提高胴体瘦肉率和肥育生产的经济效益。肉猪的适宜屠宰活重的确定,要结合日增重、饲料转化率、每千克活重的价格、生产成本、胴体品质等因素进行综合分析。根据猪的生长发育规律可知,肥育猪体重越大,脂肪越多,瘦肉越低,同时饲料的利用率和经济效益也越低。从提高胴体品质和经济效益角度出发,对于瘦肉型猪,体重越小,饲料转化率越高,瘦肉率越高,但肌间脂肪少,肉质差。因此,瘦肉型猪的屠宰应在肌肉生长高峰后,脂肪生长高峰开始时。由于我国猪种类型和经济杂交组合较多、各地区饲养条件差别较大、生长育肥猪的适时屠宰活重也有较大不同。地方猪种中早熟、矮小的猪及其杂种猪适宜屠宰活重为 70～75 千克,其他地方猪种及其杂种猪的适宜屠宰活重为 75～85 千克;我国培育猪种和以我国地方猪种为母本、国外瘦肉型品种猪为父本的二元杂种猪,适宜屠宰活重为 85～90 千克;以两个瘦肉型品种猪为父本的三元杂种猪,适宜屠宰活重为 90～100 千克;以培育品种猪为母本,两个瘦肉型品种猪为父本的三元杂种猪和瘦肉型品种猪间的杂交后代,适宜屠宰活重为 100～115 千克。对于同一品种或同一杂交组合的猪来说,饲养水平高,屠宰体重稍稍提前;饲养水平稍低时,屠宰体重可适当增大。

思考题

1.在生产中如何利用猪的生长发育规律搞好肉猪的生产?

2.影响肉猪生产的因素有哪些?

3.如何提高肉猪的生产力?

第八章

规模化生态养猪

　　导　　读　规模化生态养猪是指利用现代养猪设备尤其是生态环保设备、工厂化生产方式进行集约化养猪,利用先进的科学方法和技术来组织和管理养猪生产,以提高劳动生产率、繁殖成活率、出栏率以及猪肉品质,从而达到养猪优质、高产的目的。我国传统的养猪是一家一户的小规模生产,彼此之间几乎没有联系和依赖关系。在一定程度上影响了生产发展,降低了产出效益,自20世纪60年代发达国家开始实施集约化养猪以来,我国也在引进这种先进的养猪技术,随着新技术在猪的育种、饲料营养、饲养管理、环境控制、疫病防治、经营管理及猪场设计等各个领域的广泛应用,又提高了猪场建设的技术水平。规模化养猪场在生产工艺、猪场布局、猪舍建筑和设备等方面发生了巨大的变化。从而使猪的生产水平、产品质量、人员的劳动生产率及企业的经济效益都得到了大幅度的提高。本章从生产工艺、生产管理工作程序、猪场场址选择与建筑物布局、猪舍建筑设计、猪场设备、猪场粪尿及污水处理六个方面介绍了规模化生态养猪的流程和具体环节。发酵床养猪技术是最近几年从国外引进的生态养猪技术,在推广过程中,有成功的经验,也有失败的教训,本章将其列出,养猪企业可以作为参考。

第一节   生产工艺

一、现代养猪生产特点

现代养猪生产是采用现代科学技术和设施装备养猪产业,按照工业生产方式进行集约化养猪生产,通常称之为工厂化养猪。把实现了工业生产方式的猪场称为工厂化猪场,其实现代化养猪不专指工厂化养猪,工厂化养猪是现代化养猪的高级形式。

(一)现代养猪生产的标准

衡量现代化养猪生产的标准是:①生产水平和饲料利用率高;②具有适宜的规模,能够发挥最佳的技术水平和劳动生产率;③经济效益好。在养猪生产中,只要使用优良的猪种、全价的饲料、进行科学的饲养管理和严格的防疫,获得较高的经济效益,不管采用什么设施都可称为现代化养猪。养猪生产现代化的过程,是采用现代科学技术改造传统养猪生产的过程,提高养猪生产各个环节的科技含量,最终获得优质猪肉产品和最大的经济效益。

(二)现代养猪生产的特点

综合国内外现代化养猪生产的现状,其主要特点如下:

(1)按繁殖过程安排工艺流程　养猪生产的环节包括母猪配种、妊娠、分娩、仔猪哺乳、育成和肥育等,按照这一过程将猪群分为公猪群、繁殖母猪群、仔猪保育群和生长育肥群。其中繁殖母猪群又可分为后备母猪群、待配母猪群、妊娠母猪群和分娩泌乳母猪群。整个生产的按工艺流程有计划、有节奏地进行。

（2）实行全进全出制工艺、按节律全年均衡生产 所谓全进全出制是指同一批猪群同时转入、同时转出，按节律转群进行生产，全年不分季节均衡生产。

（3）使用优良的品种、优质的饲料，执行严格的防疫制度，采用必要的设施对环境进行有效的控制，提高猪场的生产水平。其中优良的品种是通过完整的育种体系来实现的，完整的育种体系是指以育种场（核心群）为核心，繁殖场（繁殖群）为中介和商品场（生产群）为基础的宝塔式繁育体系，它能按照统一的育种计划把核心群的遗传改良成果迅速地传递到商品生产群转化为生产力。如果猪场的规模小，必须在购买种猪上严格把关，使猪场的公猪、基础母猪保持较好的生产水平，避免近交，防止优良性状退化。因为这三个方面是提高生产力水平的保证，也应给予足够的重视。

（4）具有现代科技知识水平的高素质的人才，对猪场进行科学的经营管理。

二、养猪生产模式

（一）集约化饲养

集约化饲养即完全圈养制，也称定位饲养，泌乳母猪的活动面积小于 2 米^2，采用母猪产床也叫母猪产仔栏或防压栏，一般设有仔猪保温设备。它的主要特点是"集中、密集、约制、节约"，猪场占地面积少、栏位利用率高，采用的技术和设施先进，节约人力，提高劳动生产率，增加企业经济效益。这种模式是典型的工厂化养猪生产，在世界养猪生产中被普遍采用。

（二）半集约化饲养

半集约化饲养即不完全圈养制，泌乳母猪的活动面积大约 5 米^2，可以母仔同栏、也可有栏位限制母猪，设有仔猪保温设备，或用垫草冬季取暖。其特点是圈舍占用面积大、设备一次性投资比完全圈养制低，母猪有一定的活动空间，有利于繁殖。在我国有很多养猪企业采用这种模式。

（三）散放饲养

散放饲养泌乳母猪的活动面积大于 5 米^2，其特点是建场投资少，母猪活动增加，有利于母猪繁殖机能的提高，减少母猪的繁殖障碍；仔猪可随着母猪运动，提高抵抗力。这种最古老的养猪模式因其效率低曾经被养猪企业冷落，但随着人们生活水平的提高，环境保护意识的增强，加上动物福利事业的发展，使散放饲养模式生产的猪肉受到欢迎，价格比较高，所以散放饲养模式得到进一步的发展。户外饲养是典型的散放饲养，我国南方山地草山草坡多，气温较高，可以采用这种模式，发展养猪事业。

（四）诺廷根暖床养猪系统

饲养模式不是固定不变的，比如德国的诺廷根暖床养猪系（nürtinger system）就是德国专家 Bugl 先生和 Schwarting 教授在长期观察猪的行为基础上发明的暖床养猪新工艺。它是根据猪的行为习性、环境生理要求发明的猪用暖床及配套的工程技术设施形成的养猪生产体系，这个生产体系的核心设备是猪用暖床，即一种前面设有PVC 塑料的温控保温箱。暖床可用于集约化饲养、半集约化饲养和散放饲养。诺廷根暖床养猪系统的特点：①解决了大猪怕热、小猪怕冷的矛盾，同时满足了猪体各部位的不同温度需要，呼吸的是新鲜空气，躯体却保持温暖；②满足猪的生理及行为习性的要求，为猪提供采食、磨牙、玩耍、蹭痒、咬嚼、淋浴、排泄等行为的场所有利于生产管理，提高生产效率；③符合猪的生态、生理和行为学需要，对猪的限制较少，猪在接近自然条件下生长，被猪所认可。养猪生产实践表明，这种新工艺具有以下优点：①猪食欲旺盛，采食量增加，增重加快；②床内温度高，减少维持需要，提高饲料利用率；③死淘率减少 50%，采食量增加 10%，日增重提高 10% 以上；④缩短饲养期，经济效益高。所以这种生产模式在欧洲及世界各地都有应用。

总之，饲养模式根据分类方法的不同而不同，不是一成不变的。养猪生产采用什么样的模式，必须根据当地的经济、气候、能源等综合条件来决定，最终要取得经济效益、社会效益和生态效益。不可照抄照搬看起来很先进、但不适用、经济效益低的饲养模式。

三、养猪生产工艺流程

（一）现代化养猪生产的工艺流程

现代化养猪生产一般采用分段饲养、全进全出饲养工艺，猪场的饲养规模不同、技术水平不一样，不同猪群的生理要求也不同，为了使生产和管理方便、系统化，提高生产效率，可以采用不同的饲养阶段，实施全进全出工艺。现在介绍几种常见的工艺流程：

1. 三段饲养工艺流程

空怀及妊娠期——→泌乳期——→生长肥育期。

三段饲养二次转群是比较简单的生产工艺流程，它适用于规模较小的养猪企业，其特点是：简单，转群次数少，猪舍类型少，节约维修费用，还可以重点采取措施，例如分娩哺乳期可以采用好的环境控制措施，满足仔猪生长的条件，提高成活率，提高生产水平。

2. 四段饲养工艺流程

空怀及妊娠期——→泌乳期——→仔猪保育期——→生长肥育期。

在三段饲养工艺中，将仔猪保育阶段独立出来就是四段饲养三次转群工艺流程，保育期一般 5 周，猪的体重达 20 千克，转入生长肥育舍。断奶仔猪比生长肥育猪对环境条件要求高，这样便于采取措施提高成活率。在生长肥育舍饲养 15～16 周，体重达 90～110 千克出栏。

3. 五段饲养工艺流程

空怀配种期——→妊娠期——→泌乳期——→仔猪保育期——→生长肥

育期。

五段饲养四次转群与四段饲养工艺相比,是把空怀待配母猪和妊娠母猪分开,单独组群,有利于配种,提高繁殖率。空怀母猪配种后观察 21 天,确定妊娠后转入妊娠舍饲养至产前 7 天转入分娩哺乳舍。这种工艺的优点是断奶母猪复膘快、发情集中、便于发情鉴定,容易把握适时配种。

4. 六段饲养工艺流程

空怀配种期——→妊娠期——→泌乳期——→保育期——→育成期——→肥育期。

六段饲养五次转群与五段饲养工艺相比,是将生长肥育期分成育成期和肥育期,各饲养 7~8 周。仔猪从出生到出栏经过哺乳、保育、育成、肥育四段。此工艺流程优点是可以最大限度地满足其生长发育的饲养营养,环境管理的不同需求,充分发挥其生长潜力,提高养猪效率。

以上几种工艺流程的全进全出方式可以采用以猪舍局部若干栏位为单位转群,转群后进行清洗消毒,这种方式因其舍内空气和排水共用,难以切断传染源,严格防疫比较困难;所以,有的猪场将猪舍按照转群的数量分隔成单元,以单元全进全出,虽然有利于防疫,但是使夏季通风防暑困难,需要经过进一步完善;如果猪场规模在 3 万~5 万头,可以按每个生产节律的猪群设计猪舍,全场以舍为单位全进全出,或者部分以舍为单位实行全进全出,是比较理想的。

5. 以场全进全出的饲养工艺流程

大型规模化猪场要实行多点式养猪生产工艺及猪场布局,以场为单位实行全进全出,其工艺流程如图。

以场为单位实行全进全出,有利于防疫、有利于管理,可以避免猪场过于集中给环境控制和废弃物处理带来负担。

需要说明的是饲养阶段的划分并不是固定不变的,例如有的猪场将妊娠母猪群分为妊娠前期和妊娠后期,加强对妊娠母猪的饲养管理,提高母猪的分娩率;如果收购商品肉猪按照生猪屠宰后的瘦肉率高低计算价格,为了提高瘦肉率一般将肥育期分为肥育前期和肥育后期,在肥育前期自由采食、肥育后期限制饲喂。总之,饲养工艺流程中饲养阶段的划分必须根据猪场的性质和规模,以提高生产力水平为前提来确定。

第二节 生产管理工作程序

一、确定饲养模式

确定养猪的生产模式主要考虑的因素有猪场的性质、规模、养猪技术水平等。例如,养殖规模小,采用定位饲养,投资高、栏位利用率低,加大了生产成本。同样是集约化饲养,可以采用公猪与待配母猪同舍饲养,也可以采用分舍饲养;母猪可以定位饲养,也可以小群饲养。

各类猪群的饲养方式、饲喂方式、饮水方式、清粪方式等都需要根据饲养模式来确定。在我国现阶段养猪生产水平下,饲养模式一定要符合当地的条件,不能照抄照搬;在选择与其相配套的设施设备的原则是:凡能够提高生产水平的技术和设施应尽量采用,可用人工代替的设施可以暂缓采用,以降低成本。

二、确定生产节拍

生产节拍是指相邻两群泌乳母猪转群的时间间隔(天数)。在一定时间内对一群母猪进行人工授精或组织自然交配,使其受胎后及时组成一定规模的生产群,以保证分娩后形成确定规模的泌乳母猪群,并获得规定数量的仔猪。

合理的生产节拍是全进全出工艺的前提,是有计划利用猪舍和合理组织劳动管理、均衡生产商品肉猪的基础。

生产节拍一般采用 1 天、2 天、3 天、4 天、7 天或 10 天制,要根据猪场规模而定。例如,年产 5 万～10 万头商品肉猪的大型企业可实行 1 或 2 天制,即每天有一批母猪配种、产仔、断奶、仔猪保育和肉猪出栏;年产 1 万～3 万头商品肉猪的企业多实行 7 天制;规模较小的养猪场一般采用 10 或 12 天制。

7 天制生产节拍有以下优点:第一,便于组织生产,因为猪的发情期是 21 天,是 7 的倍数。第二,可将繁育的技术工作和劳动任务安排在一周 5 天内完成,避开周六和周日,因为大多数母猪在断奶后第 4～6 天发情,配种工作可安排在 3 天内完成。如从星期一到星期四安排配种,不足之数可按规定要求由后备母猪补充,这样可使生产的配种和转群工作全部在星期四之前完成。第三,有利于按周、按月和按年制订工作计划,建立有序的工作和休假制度,减少工作的混乱性和盲目性。

三、确定工艺参数

为了准确计算猪群结构即各类猪群的存栏数、猪舍及各猪舍所需栏位数、饲料用量和产品数量,必须根据养猪的品种、生产力水平、技术水平、经营管理水平和环境设施等,实事求是地确定生产工艺参数。现就几个重要的生产工艺参数加以讨论说明。

1.繁殖周期

繁殖周期决定母猪的年产窝数,关系到养猪生产水平的高低,其计算公式如下:

繁殖周期＝母猪妊娠期(114 天)＋仔猪哺乳期＋母猪断奶至受胎
时间

一般采用 21～35 天断奶;母猪断奶至受胎时间包括两部分:一是断奶至发情时间 7～10 天,二是配种至受胎时间,决定于情期受胎率和分娩率的高低;假定分娩率为 100％,将返情的母猪多养的时间平均分配给每头猪,其时间是:21×(1－情期受胎率)天。所以:

繁殖周期＝114＋35＋10＋21×(1－情期受胎率)

当情期受胎率为70％、75％、80％、85％、90％、95％、100％时,繁殖周期为165天、164天、163天、162天、161天、160天、159天。情期受胎率每增加5％,繁殖周期减少1天。

2.母猪年产窝数

母猪年产窝数＝(365×分娩率)/繁殖周期

母猪年产窝数与情期受胎率、仔猪哺乳期的关系表8-1所示。当分娩率为95％、仔猪哺乳期为21天、28天和35天时,母猪年产窝数与情期受胎率的关系。由表8-1可知情期受胎率每增加5％,母猪年产窝数增加0.01～0.02窝/年。仔猪哺乳期每缩短7天,母猪年产窝数增加0.1窝/年。

表8-1　母猪年产窝数与情期受胎率、仔猪哺乳的关系

断奶期	情期受胎率/％						
	70	75	80	85	90	95	100
21天断奶	2.29	2.31	2.32	2.34	2.36	2.37	2.39
28天断奶	2.19	2.21	2.22	2.24	2.25	2.27	2.28
35天断奶	2.10	2.11	2.13	2.14	2.15	2.17	2.18

四、猪群结构的计算

根据猪场规模、生产工艺流程和生产条件,将生产过程划分为若干阶段,不同阶段组成不同类型的猪群,计算出每一类群猪的存栏量就形成了猪群结构。下面以年产万头商品肉猪的猪场为例,介绍一种简便的猪群结构计算方法。

1.年产总窝数

年产总窝数＝计划年出栏头数/窝产仔数×从出生至出栏的成活率

＝10 000/10×0.9×0.95×0.98＝1193(窝/年)

2.每个节拍转群头数以 7 为一个节拍。

①产仔窝数＝1 193÷52＝23(头)，一年 52 周，即每周分娩泌乳母猪数为 23 头；

②妊娠母猪数＝23÷0.95＝24(头)，分娩率 95％；

③配种母猪数＝24÷0.80＝30(头)，情期受胎率 80％；

④哺乳仔猪数＝23×10×0.9＝207(头)，成活率 90％；

⑤保育仔猪数＝207×0.95＝196(头)，成活率 95％；

⑥生长肥育猪数＝196×0.98＝192(头)，成活率 98％。

3.各类猪群组数

生产以 7 为节拍，故猪群组数等于饲养的周数。

4.猪群结构

各猪群存栏数＝每组猪群头数×猪群组数

猪群的结构见表 8-2，生产母猪的头数为 576 头，公猪、后备猪群的计算方法为：

表 8-2　万头猪场猪群结构

猪群种类	饲养期（周）	组数（组）	每组头数（头）	存栏数（头）	备注
空怀配种母猪群	5	5	30	150	配种后观察 21 天
妊娠母猪群	12	12	24	288	
泌乳母猪群	6	6	23	138	
哺乳仔猪群	5	5	230	1 150	按出生头数计算
保育仔猪群	5	5	207	1 035	按转入的头数计算
生长育肥猪群	13	13	196	2 548	按转入头数计算
后备母猪群	8	8	8	64	8 个月配种
公猪群	52			23	不转群
后备公猪群	12			8	9 个月使用
总存栏数				5 404	最大存栏头数

①公猪数：576÷25＝23 头，公母比例 1：25；

②后备公猪数：23÷3＝8 头，若半年一更新，实际养 4 头即可；

③后备母猪数：576÷3÷52÷0.5＝8 头/周，选种率 50％。

5.不同规模猪场猪群结构

可参考表 8-3 所示。

表 8-3 不同规模猪场猪群结构 头

猪群种类	存栏数量					
生产母猪	100	200	300	400	500	600
空怀配种母猪	25	50	75	100	125	150
妊娠母猪	51	102	156	204	252	312
泌乳母猪	24	48	72	96	126	144
后备母猪	10	20	26	39	46	52
公猪(含后备公猪)	5	10	15	20	25	30
哺乳仔猪	200	400	600	800	1 000	1 200
保育仔猪	180	360	540	720	900	1 080
生长育肥猪	445	889	1 334	1 778	2 223	2 668
总存栏	940	1 879	2 818	3 757	4 697	5 636
全年上市商品猪	1 696	3 391	5 086	6 782	8 477	10 173

五、猪栏配备

现代化养猪生产能否按照工艺流程进行,关键是猪舍和栏位配置是否合理。猪舍的类型一般是根据猪场规模按猪群种类划分的,而栏位数量需要准确计算,计算栏位需要量方法如下:

各饲养群猪栏分组数＝猪群组数＋消毒空舍时间(天)/生产节拍 (7 天)

每组栏位数＝每组猪群头数/每栏饲养量＋机动栏位数

各饲养群猪栏总数＝每组栏位数×猪栏组数

如果采用空怀待配母猪和妊娠母猪小群饲养、泌乳母猪网上饲养,消毒空舍时间为 7 天,则万头猪场的栏位数如表 8-4 所示。

表 8-4　万头猪场各饲养群猪栏配置参数

猪群种类	猪群组数/组	每组头数/头	每栏饲养量/（头/栏）	猪栏组数/组	每组栏位数/位	总栏位数
空怀配种母猪群	5	30	4～5	6	7	42
妊娠母猪群	12	24	2～5	13	6	78
泌乳母猪群	6	23	1	7	24	168
保育仔猪群	5	207	8～12	6	20	120
生长育肥猪群	13	196	8～12	14	20	280
公猪群（含后备公猪）	—	—	1	—	—	28
后备母猪群	8	8	4～6	9	2	18

六、一周内工作安排

根据工艺流程安排一周的工作内容,对每一项内容提出具体的要求,并且监督执行。一般每周的工作内容如下:

星期一　对待配的后备母猪、断奶的成年空怀母猪和妊娠前期返情的母猪进行发情鉴定和人工授精,从妊娠舍内将临产母猪群转至分娩泌乳母猪舍。对转出的空舍或栏位进行清洗消毒和维修工作。

星期二　对待配空怀母猪进行发情鉴定和人工授精配种、哺乳小公猪去势、肉猪出栏、清洁通风、机电等设备维修。

星期三　母猪发情鉴定和配种、仔猪断奶、断奶母猪转至空怀母猪舍待配、肉猪出栏、肥猪舍清洗消毒和维修、机电设备检查与维修。

星期四　母猪发情鉴定、分娩舍的清洗消毒和维修、小公猪去势、兽医防疫注射、给排水和清洗设备的检查。

星期五　母猪发情鉴定和人工授精配种、对断奶一周后未发情的母猪采取促发情措施、断奶仔猪的转群、兽医防疫注射。

星期六　检查饲料储备数量、检查排污和粪尿处理设备、病猪隔离和死猪处理、更换消毒液、填写本周各项生产记录和报表、总结分析一周生产情况,制订下一周的饲料、药品等物资采购与供应计划。

第三节　猪场场址选择与建筑物布局

正确选择场址并进行合理的建筑规划和布局,是猪场建设的关键。规划和布局合理,即可方便生产管理,也为严格执行防疫制度等打下良好的基础。

一、猪场场址的选择

场址的选择应根据猪场的性质、规模和任务,考虑场地的地形、地势、水源、当地的气候等自然条件,同时考虑饲料及能源的供应、交通运输、产品销售以及与周围工厂、居民点和其他畜禽场的距离,当地农业生产、猪场粪污就地处理能力等社会条件,进行全面调查,综合分析后在做出决定。

（1）地形地势猪场　一般要求地形整齐开阔,有足够的面积。猪场的生产区面积可按每头繁殖母猪 45～50 米^2 或每头上市商品肉猪 3～4 米^2 考虑,猪场生活区、行政管理区、隔离区另行考虑,并须留有发展余地。地势要求较高、干燥、平坦或有缓坡,背风向阳。场址选择的同时本着节约用地,不占或少占农田,不与农争地这一原则。

（2）交通便利　猪场必须选在交通便利的地方。但因猪场的防疫需要和对周围环境的污染,又不可太靠近主要交通干道,最好离主要干道 400 米以上,同时,要距离居民点 500 米以上。如果有围墙、河流、林带等屏障,则距离可适当缩短些。禁止在旅游区及工业污染严重的地区建场。

（3）水源水质　猪场水源要求水量充足,水质良好,便于取用和进行卫生防护。水源水量必须能满足场内生活用水、猪只饮用及饲养管理用水（如清洗调制饲料、冲洗猪舍、清洗机具、用具等）的要求。另外场址应距电源较近,节省输电开支。供电稳定,少停电。建立稳定的供水系统,包括水源、水泵、水塔、水管网、用水设备等。

二、建筑物的布局

猪场的场址选定后,就应该根据有利防疫、改善场区小气候、方便饲养管理、节约土地等原则考虑猪场的总体规划和建筑物的合理布局。建筑物布局是否合理关系到合理利用土地,正常组织生产,提高劳动生产率,降低生产成本,增加经济效益等一系列问题。猪场建筑物的布局在于正确安排各种建筑物的位置、朝向、间距布局是应该考虑到各建筑物间的功能关系、卫生防疫、通风、采光、防火、节约用地等。一般整个猪场的场地规划可以分为生产区、管理区、隔离区及生活区四部分。

1. 生产区

生产区包括各类猪舍和生产设施,这是猪场中的主要建筑区,一般建筑面积约占全场总建筑面积的70%～80%。种猪舍要求与其他猪舍隔开,形成种猪区。种猪区应设在人流较少和猪场的上风向,种公猪在种猪区的上风向,防止母猪的气味对公猪形成不良刺激,同时可利用公猪的气味刺激母猪发情。分娩舍既要靠近妊娠舍,又要接近培育猪舍。育肥猪舍应设在下风向,且离出猪台较近。在设计时,使猪舍方向与当地夏季主导风向呈30～60度角,使每排猪舍在夏季得到最佳的通风条件。总之,应根据当地的自然条件,充分利用有利因素,从而在布局上做到对生产最为有利。在生产区的入口处,应设专门的消毒间或消毒池,以便进入生产区的人员和车辆进行严格的消毒。

2. 生活区

包括办公室、接待室、财务室、食堂、宿舍等,这是管理人员和家属日常生活的地方,应单独设立。一般设在生产区的上风向,或与风向平行的一侧。此外猪场周围应建围墙或设防疫沟,以防兽害和避免闲杂人员进入场区。

3.饲养管理区

饲养管理区包括猪场生产管理必需的附属建筑物,如饲料加工车间、饲料仓库、修理车间;变电所、锅炉房、水泵房等。它们和日常的饲养工作有密切的关系,所以这个区应该与生产区毗邻建立。

4.隔离区

包括兽医室和隔离猪舍、尸体剖检和处理设施、粪污处理及贮存设施等。该区是卫生防疫和环境保护的重点,应设在整个猪场的下风或偏风方向、地势低处,以避免疫病的传播和环境的污染。

猪场的道路应以设置南北主干道,东西两侧设置边道。另外场内道路应设净道和污道,并相互分开,不能交叉,水塔的位置应尽量安排在猪场的地势最高处;为了防疫和隔离噪声的需要,在猪场四周应设置隔离林,并在冬季的主风向设置防风林,猪舍之间的道路两旁应植树种草,绿化环境。

第四节 猪舍建筑设计的基本要求

猪舍是猪群的生活和活动的主要场所,其建筑设计首先应符合猪的生物学特征性和养猪生产工艺流程,按工艺流程来设计建造各类不同的专门猪舍,重点要解决好保温,隔热,采光,防潮,通风,排水,清理等工程技术问题。我国地域辽阔,南北温差大,所以要因地制宜地设计各类生物环保猪舍。

一、猪舍建筑设计的基本原则

(1)符合猪的生物学特性 应根据猪对温度,湿度等环境条件的要求设计猪舍,一般猪舍温度最好保持在 $10\sim25$℃,相对湿度在 $45\%\sim75\%$为宜,为了保持猪群的健康,提高猪群的生产性能,一定要保证舍内空气清新,光照充足,尤其是种公猪更需要充足的阳光,以激发其旺盛的繁殖机能。

（2）适应当地的气候及地理条件　由于各地的自然气候及地区条件不同,对猪舍的建筑要求也各有差异。雨量充足,气候炎热的地区,主要是注意防暑降温;干燥寒冷的地区应考虑防寒保温,力求做到冬暖夏凉。

（3）简单实用,坚固耐用　采用生物环保养猪法养猪可以在原建猪舍的基础上稍加改造,也可以用温室大棚,但是必须便于控制疾病的传播,有利于预防和环境控制。

（4）便于实行科学的饲养管理　工厂化养猪生产管理特点是"全进全出"一环扣一环的流水式作业,所以,在建筑生物环保猪舍时首先应根据生产管理工艺确定各类猪栏数量,然后计算各类猪舍栋数,最后完成各类猪舍的布局,已达到操作方便,降低劳动生产强度,提高管理定额,保证养猪生产目的。

二、猪舍建筑的设计

（一）猪舍分类

1.猪舍分类

猪舍的形式繁多,按屋顶形式分为坡式、拱式、双坡气楼式等。

（1）坡式　可分为单坡式、不等坡式和双坡式3种:

单坡式屋顶有一面斜坡构成,坡度较小,构造简单,屋顶排水好,通风透气好,投资少,但冬季保暖性能差。适合小规模猪场户。

不等坡式又名道士冒式或联合式,其主要缺点与单坡式基本相同,但保温性能较好,投资要稍多。

双坡式即有屋脊,屋顶有两斜坡面。此种猪舍保温性能较单坡式和不等坡式要好,但猪舍对建材要求较高,投资较多。多用在跨度较大猪舍。

（2）拱式　此种屋顶可为各种猪舍所采用,特别的"花空心拱壳砖"的使用,更为拱式猪舍的冬暖夏凉创造了有利条件。主要优点是不需木料、瓦、铁钉等材料,但结构设计要求比较严格。

（3）双坡式　分一侧气楼式猪舍和双侧气楼式(钟楼式)猪舍该种猪舍新鲜的空气由猪舍两侧墙面窗洞进入,有害气体由气楼排水。一侧气楼注意朝向,要背向冬季主导风向,避免冬季寒风倒灌。双侧气楼是利用穿堂风将舍内有害气体带出舍外。气楼的敞开部分应装窗帘,可以是铁丝网,尼龙等材料做成,即透光又保温,还可以根据外界气候条件卷起或放下。夏秋季比较凉爽,但冬季与早春保温不够理想。

2.按猪栏排列方式分按猪栏排列方式主要有单列式、双列式和多列式三种

（1）单列式　猪栏排成一列,靠北墙可设或不设走道(靠北墙不设走道的,可在猪栏间设南北走道),该种猪舍构造较简单,采光,通风,防潮好,适用于冬季不是很冷的地方。

（2）双列式　猪栏排成两列,中间设走道,管理方便,利用率高,保温较好,但采光,防潮不如单列式,适用于冬季寒冷的北方地区。

（3）多列式　猪栏排成三列或四列,中间设2～3条走道,保温好,利用率高,但构造复杂,造价高,通风降温较困难,不适宜生物垫料床发酵法养猪。

3.按圈墙的结构和有无窗户分

按圈墙的结构和有无窗户,猪舍可分为开放式、半开放式和封闭式三种:

（1）开放式　指三面有墙一面无墙的猪舍。该种猪舍通风好透光好,建筑简单,节省材料,舍内有害气体容易排出。但由于猪舍不封闭,保温性能不好,猪舍内的气温随着自然界变化而变化,不能人为控制,尤其北方地区冬季寒冷,将会影响猪的正常繁殖与生长,另外,开放式猪舍相对占用面积也较大。

（2）半开放式　指三面有墙一面半截墙的猪舍。该种猪舍保温效果稍优于开放式的猪舍。

（3）封闭式　指屋顶、墙壁等外围护结构完整，没有经常开启的门窗的猪舍。又分为无窗式封闭舍和有窗式封闭舍。

①无窗式封闭式：这种猪舍四周墙壁无窗，造价小，对环境的控制能力有限，但如果对外围护结构和地面做好保温隔热设计，可有效地改善环境控制功能，适合作为我国绝大多数温暖地区的产仔舍和保育舍及北方寒冷地区的各类猪舍。

②有窗式封闭式：这种猪舍一般利用侧窗，天窗或外界气候来调节自然通风，还可以根据当地气候特点，辅以机械通风，做到冬暖夏凉。这种猪舍可用于我国大部分地区养猪。其优点是投资少，造价低，施工方便，舍内温湿度容易控制。

（4）塑料大棚猪　这种猪舍是我国北方地区农户养猪和专业户养猪在冬季普遍采用的一种简易猪舍。白天若舍外温度为－4℃时，猪舍内最高温度可达18℃左右，温差达到22℃。塑料大棚猪舍保温效果明显，具有投资少，见效快，建造简易等优点。

（5）旧房改造猪舍　不管原来是什么样的房子，一般在原建的基础上稍微进行改造即可用来养猪，既省钱又省事。由于生物环保养猪法主要是采用发酵床养猪，猪粪便于垫料需要在一定的环境下进行发酵，同时又得做到冬暖夏凉，故多采用有窗式封闭猪舍或大棚式猪舍。其猪栏的排列方式可根据猪只类型而定，一般种猪舍，仔猪保育舍，育肥猪舍多采用单列式猪舍，母猪分娩舍可采用多列式猪舍。

三、猪舍的基本结构

一栋完整的猪舍，主要由墙壁、屋顶、地面、门窗、粪尿沟、隔栏等部分构成。

1. 基础和地面

基础的主要作用是承载猪舍自身重量、屋顶积雪重量和墙、屋顶承受的风力。基础的埋置深度，根据猪舍的总荷载、地基承载力、地下水位及气候条件等确定。基础受潮会引起墙壁及舍内潮湿，应注意基础的防潮防水。为防止地下水通过毛细管作用浸湿墙体,在基础墙的顶部应设防潮层。常见的有砖地面、水泥地面、三合地面等。

猪舍地面是猪活动、采食、躺卧和排粪尿的地方。地面对猪舍的保温性能及猪的生产性能有较大的影响。猪舍地面要求保温、坚实、不透水、平整、不滑,便于清扫和清洗消毒。地面一般应保持 2%～3% 的坡度,以利于保持地面干燥。土质地面、三合土地面和砖地面保温性能好,但不坚固、易渗水,不便于清洗和消毒。水泥地面坚固耐用、平整,易于清洗消毒,但保温性能差。目前猪舍多采用水泥地面和水泥漏缝地板。为克服水泥地面传热快的缺点,可在地表下层用孔隙较大的材料(如炉灰渣、膨胀珍珠岩、空心砖等)增强地面的保温性能。

2. 墙壁

墙为猪舍建筑结构的重要部分,它将猪舍与外界隔开。按墙所处位置可分为外墙、内墙。外墙为直接与外界接触的墙,内墙为舍内不与外界接触的墙。按墙长短又可分为纵墙和山墙(或叫端墙),沿猪舍长轴方向的墙称为纵墙,两端沿短轴方向的墙称为山墙。猪舍一般为纵墙承重。

猪舍墙壁要求坚固耐用,承重墙的承载力和稳定性必须满足结构设计要求。墙内表面要便于清洗和消毒,地面以上 1.0～1.5 米高的墙面应设水泥墙裙,以防冲洗消毒时溅湿墙面和防止猪弄脏、损坏墙面。同时,墙壁应具有良好的保温隔热性能,这直接关系到舍内的温湿度状况。据报道,猪舍总失热量的 35%～40% 是通过墙壁散失的。我国墙体的材料多采用黏土砖。砖墙的毛细管作用较强,吸水能力也强,为保温和防潮,同时为提高舍内照度和便于消毒等,砖墙内表面宜用白灰水泥砂浆粉刷。墙壁的厚度应根据当地的气候条件和所选墙体材料的热工特性来确定,既要满足墙的保温要求,同时又尽量降低成本和投资,避免造成浪费。

3. 门与窗

窗户主要用于采光和通风换气。窗户面积大,采光多、换气好,但冬季散热和夏季向舍内传热也多,不利于冬季保温和夏季防暑。窗户的大小、数量、形状、位置应根据当地气候条件合理设计。门供人与猪出入。外门一般高 2.0～2.4 米，宽 1.2～1.5 米，门外设坡道，便于猪只和手推车出入。

4. 屋顶

屋顶起遮挡风雨和保温隔热的作用，要求坚固，有一定的承重能力，不漏水、不透风，同时由于其夏季接受太阳辐射和冬季通过它失热较多，因此要求屋顶必须具有良好的保温隔热性能。猪舍加设吊顶，可明显提高其保温隔热性能，但随之也增投资也会增大。常用的屋顶有以下几种形式：①草顶的优点是造价低、冬暖夏凉，但使用年限短、不易防火、还要年年维修；②瓦顶的优点是坚固、防寒、防暑，但是造价太高；③水泥顶或石板顶的优点结实不透水，缺点是导热性高，夏季过热，冬季阴冷潮湿；④泥灰顶的优点是造价低、防寒、防暑，能避风雨。缺点是不坚固，要经常维修。

四、各类猪舍的构造

生物环保养猪法对猪舍结构的要求与统一猪舍基本一致，所不同的是生物环保养猪法猪舍需要增加前后空气对流窗，合理设置垫料发酵池。应按猪群的性别，年龄，生产用途，分别建造各种专用猪舍，如生长育肥猪舍，母猪舍，仔猪培育舍等（表 8-5）。

表 8-5　各类猪的圈养头数及每头猪的占栏面积和采食宽度

猪群类别	大栏群养头数	每圈适宜头数	面积/（米²/头）	采食宽度/（厘米/头）
断奶仔猪	20～30	8～12	0.3～0.4	18～22
后备猪	20～30	4～5	1.0	30～35
空怀母猪	12～15	4～5	2.0～2.5	35～40
妊娠前期母猪	12～15	2～4	2.5～3.0	35～40
妊娠后期母猪	12～15	1～2	3.0～3.5	40～50

续表 8-5

猪群类别	大栏群养头数	每圈适宜头数	面积 /(米²/头)	采食宽度 /(厘米/头)
设防压架的母猪	—	1	4.0	40～50
泌乳母猪	1～2	1～2	6.0～9.0	40～50
生长育肥猪	10～15	8～12	0.8～1.0	35～40
公猪	1～2	1	6.0～8.0	35～45

（一）母猪舍

母猪舍又分为妊娠母猪舍和分娩母猪舍（即产房），均可参考育肥猪舍的外形结构构造。一般妊娠母猪舍常采取小群饲养模式，分娩母猪舍常采用分娩栏或产床进行饲养，对保暖性能要求较高。

1. 妊娠母猪舍

生物环保猪法的妊娠母猪舍可采用单列式结构或双列式结构，其建筑跨度不宜太大，以自然通风为主，充分利用空气流对流原理，结合当地太阳高度及风向、风频等因素建造。单列式妊娠母猪舍也是坐北朝南，猪舍跨度 8～12 米，猪舍墙高 3 米，屋脊高 4.5 米，屋檐高度 3～3.2 米。北面采用上窗和地窗，南面立面使用全开放保温卷帘。阳面保温卷帘（或窗）的高度可按照如下公式计算：

$$H = L\tan[90° - (\theta \pm 23.5°)]$$

式中：H——保温卷帘（或窗）高度；L——太阳射入的宽度；θ——当地纬度值。式中冬至日取"＋"，夏至日取"－"。太阳射入宽度（即 L 值）保证冬季尽可能大，至少需覆盖所有垫料区；同时，夏季要尽可能小。山东最北地处北纬 38 度，最南地处北纬 35 度，若以保证冬季覆盖 4 米宽的所有垫料区计算，则卷帘或窗的高度山东最北部地区为 2.17 米，最南部地区为 2.45 米，这样夏季阳光射入宽度仅 0.5 米左右。

双列式猪舍基本与单列式相同，为补充光照，屋顶南面可使用两张保温隔热板配合一张阳光板的方式，以增加采光。

2.分娩母猪舍

分娩母猪舍即产房。在生产实践中产房一般有四种结构模式可供选择。

(1)采用高床网上限位栏饲养模式　母猪、仔猪均在产床网上,但其下面建有生物垫料发酵池,猪的粪尿全部流入发酵池的垫料内,垫料仅起到分解转化粪尿的作用。

(2)产床限制母猪饲养模式　产床的一侧建有生物垫料发酵池,发酵池与产床用栏架隔开,母猪只能在产床内活动,而仔猪可以在产床或生物垫料发酵床内自由选择休息、活动区域,该种方法又分为头对头式和尾对尾式产房结构两种。

(3)无限位栏模式　母仔均可在生物垫料发酵床上自由活动,母仔均有单独饲喂台。

(4)母猪限制垫料模式　母猪仅有一部分接触垫料,但不能在生物垫料发酵床上活动。

以第2种产房结构模式为例,生产中多采用尾对尾式和头对头式产房结构,此种方式效率高,其猪舍建筑也可充分利用了空气对流原理,采用双列式猪舍,坐北朝南,猪舍跨度为8～12米。猪舍墙高3米。屋脊高4.5米,屋檐高度3～3.2米。南北面可采用上窗和地窗,窗户开启可使用升降卷帘。为补充光照,屋顶南面可使用两张保温隔热板配合一张阳光板的方式以增加采光。头对头式生物环保养猪法垫料池的面积为(130～140)厘米×180厘米;尾对尾式生物环保养猪法产床垫料池的面积为(160～170)厘米×180厘米。在垫料区设置保温箱,内照取暖灯。由于垫料本身发酵产生生物热,故不需再使用电热板。一般两窝仔猪共用一个垫料区即可。

传统产房结构的改造,选择220厘米×180厘米×100厘米、离地35厘米的传统产床改造而成。改造时首先将产床支架高度到0.9～1.0米,把两侧后段的仔猪围栏卸去,保留中间母猪尾端的围栏,然后从整个产床的后1/3处即60～80厘米处开始设置垫料挡板,形成生物垫料发酵池。母猪躺卧区后1/3及料槽下为漏缝地板,其余部分为水泥或铸铁地板,两侧仔猪栏 1/3 板取消,前面为水泥或塑料地板。垫料离产床 5 厘米距离,以方便仔猪上下产床。

(二)种公猪舍

为了使种公猪有良好的配种体况,防止互相咬架,一般多采用单列式猪舍单栏饲养,给公猪设运动场,保证其充足的运动以保证种公猪有充足的运动空间和舒适的环境,猪舍的构造基本与母猪舍相同。

(三)仔猪培育舍

刚断奶的仔猪转入保育舍内饲养,生活上是一个大的转折,仔猪将面临断奶和从依赖母猪生活过渡到保育舍内完全独立生活环境变迁的双重应激。由于对环境的适应能力差,对疾病的抵抗力较弱,容易感染疾病。因此,保育舍一定要为仔猪提供一个清洁、干燥、温暖、空气清新的生长环境。仔猪培育舍可采用地面或网上群养,每圈 8～12 头,仔猪断奶后转入培育舍一般应原窝饲养,每窝占一圈,这样可减少因认识陌生伙伴、重新建立群内的优胜序列而造成的应激。

(四)生长育肥猪舍

为减少猪群周转次数,往往把育成和育肥两个阶段合并成一个阶段饲养对生长育肥猪舍的要求不高,单列式或双列式猪舍均可,但生物环保养猪法一般以单列式猪舍比较适合,能保证充足的阳光,猪只活动区域大。单列式育肥猪舍后墙内侧应留出 1 米宽的人行道,用铁栏隔开,铁栏内侧留出 1.2～1.5 米宽的水泥平台,放置一体式水料桶,供猪自由采食和夏天乘凉,剩余空间为发酵床:发酵床每隔 4～5 米用铁栅分圈,每圈放置一个水料桶。10～60 千克体重的后备猪,每头以占地 0.8～1.2 米、60 千克以上的猪占地 1.2～1.5 米为宜。双列式猪舍每栏面积 40～60 米,每头猪以占地面积 0.8～1.0 米为宜。生长育肥猪舍应坐北朝南建设,猪舍跨度为 8～12 米,猪舍屋檐离发酵床面高度为 2.2～2.5 米;南面采用立面全开放卷帘或大窗结构,窗户高 2 米,宽度在 1.6 米左右；北面采用上窗和地窗，也可采用与南面同样模式的窗户，屋顶设通风口。为降低猪舍成本，除发酵床外，育肥猪舍还可以采用塑料大棚式结构。也可对现有猪舍进行改造，只要符合夏天通风降温，冬天保温除湿条件即可。规模猪场实行生物环保养猪法养猪，各栋舍间距要宽敞些，并且在设计过程中要注意小型挖掘机或小铲车可开动行驶，一般要求在 4 米以上。

第五节　猪场设备

猪因不同的生理阶段和生产目的，需要不同的生活环境，规模化养猪就是利用现代科学技术，给猪创造良好的生存环境，充分发挥它的潜力，以提高猪场的生产水平和经济效益。正确合理配置猪场的设备，是建好猪场的关键部分。不仅能有效的控制猪场环境，改善饲养管理条件，利于卫生防疫，减少疫病，促进猪群正常发育和生产性能的充分发挥，而且能降低饲料和饮水的消耗，减轻饲养人员的劳动强度，提高劳动生产率。

先进的设备是提高生产水平和经济效益的重要保证。猪场设备有：猪栏、地板、饲料供给及饲喂设备、供水及饮水设备、供热保温设备、通风降温设备、清洁消毒设备、粪便处理设备、监测仪器及运输设备。

一、猪栏

使用猪栏可以减少猪舍占地面积，便于饲养管理和改善环境。不同地猪舍应配备不同的猪栏。按结构有实体猪栏、栅栏式猪栏、母猪限位栏、高床产仔栏、高床育仔栏等。按用途有公猪栏、配种栏、妊娠栏、分娩栏、保育栏、生长育肥栏等。

（一）公猪栏和配种栏

配种工作，是提高繁殖效率与确保猪场全进全出均衡生产的基础，是养猪生产中十分重要的生产环节。我国的集约化猪场，多采用每周分娩日程安排，并按全进全出的要求充分利用猪栏，管理人员必须周密安排好猪的配种、繁殖和生产管理，以便使猪栏的利用率达到100%，并获得理想的受胎率、每窝产仔数和成活率。

我国现代化猪舍的公猪栏和配种栏的构造有实体、栏栅式和综合式三种。公猪栏一般每栏面积为7～9米^{2}或者更大些。栏高一般为1.2～1.4米，栏栅结构可以是金属的也可以是混凝土的，但栏门应采用金属结构的，便于通风和管理人员观察和操作。典型的配种栏的结构形式有两种：一种是结构和尺寸与公猪栏相同，另一种是由4头空怀待配母猪与一头公猪组成一个配种单元，4头母猪分别饲养在4个单体栏中，公猪饲养在母猪后面的栏中。空怀母猪达到适配期后，打开后栏门由公猪进行配种，配种结束后将母猪转到空怀母猪栏进行观察，确定妊娠以后再转入妊娠栏。优点是利用公猪诱导空怀母猪提前发情，缩短了空怀期，同时也便于配种。缺点是消耗金属材料较多，一次性投资较大。

（二）母猪栏

规模化猪场繁殖母猪的饲养方式，有大栏分组群饲、小栏个体饲养和大小栏相结合群养三种方式。母猪大栏的栏长、栏宽和尺寸，可根据猪舍内栏架布置来决定，而栏高一般为0.9～1米，个体栏一般长2米、宽0.65米、高为1米。其中小栏单体限位饲养，具有占地面积少，便于观察母猪发情和及时配种，母猪不争食、不打架，避免互相干扰，减少机械性流产的特点，但是个体小投资大，母猪运动量小。

（三）分娩栏

分娩栏是一种单体栏，是母猪分娩哺乳的场所。分娩栏的中间为母猪限位架,是母猪分娩和仔猪哺乳的地方,两侧是仔猪采食、饮水、取暖和活动的地方。母猪限位架一般采用圆钢管和铝合金制成,后部安装漏缝地板以便清除粪便和污物,两侧是仔猪活动栏,用于隔离仔猪。

分娩栏的尺寸与选用的母猪品种体型有关,长度一般为 2～2.2 米,宽度为 1.7～2.0 米;母猪限位栏的宽度一般为 0.6～0.65 米,高 1.0 米。仔猪活动围栏每侧的宽度一般为 0.6～0.7 米,高 0.5 米左右,栏栅间距 5 厘米。

(四)仔猪培育栏

目前我国现代化猪场多采用高床网上保育栏,主要用金属编织漏缝地板网、围栏、自动食槽,连接卡、支腿等组成,金属编织网通过支架设在粪尿沟上(或实体水泥地面上),相邻两栏共用一个自动食槽,每栏设一个自动饮水器。这种保育栏能保持床面干燥清洁,减少仔猪的发病率,是一种较理想的保育猪栏。仔猪保育栏的栏高一般为 0.6 米,栏栅间距 5～8 厘米,面积因饲养头数不同而不同。

在生产中,因地制宜,保育栏也采用金属和水泥混合结构,东西面隔栏用水泥结构,南北面栅栏仍用金属,这样即可节省一些金属材料,又可保持良好的通风。

(五)育成、育肥栏

育成育肥栏有多种形式,其地板多为混凝土结实地面或水泥漏缝地板条,也有采用 1/3 漏缝地板条,2/3 混凝土结实地面。混凝土结实地面一般有 3% 的坡度。育成育肥栏的栏高一般为 1～1.2 米,采用栏栅式结构时,栏栅间距 8～10 厘米。

二、地板

构建猪舍时,就要考虑地板的使用。尽管地板的种类繁多,但总起来说不外乎两种:实心地板和漏缝地板。猪舍中究竟使用哪种地板,取决于粪便的处理方式。如果粪便作为固体或半固体来处理时,通常选择实心地板;如果粪便作为液体形式处理,则应选择部分或全部的漏缝地板。

(一)实心地板

实心地板应该是向过道和排水沟保持一定的倾斜度,当地板无倾斜度或倾斜方向不正确时,地板上会有水坑。如果饮水器安置在猪栏,地板最好设置 2 倍的倾斜度。通常饮水器安置在实心地板的较低处,以避免整个猪栏内地板的潮湿。

(二)漏缝地板

采用漏缝地板易于清除猪的粪尿,减少人工清扫,便于保持栏内的清洁卫生,保持干燥猪的生长。对漏缝地板的要求是耐腐蚀、不变形、表明平整、坚固耐用,不卡猪蹄、漏粪效果好,便于冲洗、保持干燥。漏缝地板距粪尿沟约 80 厘米,沟中经常保持 3～5 厘米的水深。

目前其样式主要有:

(1)水泥漏缝地板 表面应紧密光滑,否则表面会有积污而影响栏内清洁卫生,水泥漏缝地板内应有钢筋网,以防受破坏。

(2)金属漏缝地板 由金属条排列焊接(或用金属编织)而成,适用于分娩栏和小猪保育栏。其缺点是成本较高,优点是不打滑、栏内清洁、干净。

(3)金属冲网漏缝地板 适用于小猪保育栏。

(4)生铁漏缝地板 经处理后表面光滑、均匀无边,铺设平稳,不会伤猪。

(5)塑料漏缝地板 由工程塑料模压而成,可将小块连接组合成大块面积,具有易冲洗消毒、保温好、防腐蚀、防滑、坚固耐用、漏缝效果好等特点,适用于分娩母猪栏和保育仔猪栏。

(6)陶质漏缝地板 具有一定的吸水性,冲洗后不会在表面形成小水滴,还具有防水功能,适用于小猪保育栏。

（7）橡胶或塑料漏缝地板　多用于配种栏和公猪栏,不会打滑。

三、饲喂设备

饲料贮存,输送及饲喂,不仅花费劳动力多而且对饲料利用率及清洁卫生都有很大影响。猪场饲料供给和饲喂的最好的办法是,经饲料厂加工好的全价配合饲料,直接用专用车运输到猪场,送入饲料塔中,然后用螺旋输送机将饲料输入猪舍内的自动落料饲槽和食槽内进行饲喂。这种工艺流程,不仅能使饲料保鲜,不受污染,减少包装、装卸和散漏损失,而且还可以实现机械化,自动化作业,节省劳动力,提高劳动生产率。由于这种供料饲喂设备投资大,需要电,目前只在少数有条件的猪场应用。我国大多数猪场还是采用袋装,汽车运送到猪场,卸入饲料库,再用饲料车人工运送到猪舍,进行人工饲喂。尽管这种饲喂方式人工劳动强力大,劳动生产率低,饲料装卸、运送损失大,又易污染,但是这种方式机动性好、设备简单、投资少、故障少,不需要电力,任何地方都可以用。饲料贮存,输送及饲喂设备主要有贮料塔、输送机、加料车、食槽和自动食箱等。

1.贮料塔

贮料塔多用 2.5～3.0 毫米镀锌波纹钢板压型而成,饲料在自身重力作用下落入贮料塔下锥体底部的出料口,再通过饲料输送机送到猪舍。

2.输送机

用来将饲料从猪舍外的贮料塔输送到猪舍内,然后分送到饲料车、食槽或自动食箱内。输送机的类型有:卧式搅龙输送机、链式输送机、弹簧螺旋式输送机和塞管式输送机。

3.加料车

主要用于定量饲养的配种栏、怀孕栏和分娩栏,即将饲料从饲料塔出口送至食槽,有两种形式,手推式机动和手推人力式加料。

4.食槽

分自由采食和限量食槽两种。材料可用水泥、金属等。水泥食槽主要用于配种栏和分娩栏,优点是坚固耐用,造价低,同时还可作饮水槽,缺点是卫生条件差。金属食槽主要用于怀孕栏和分娩栏,便于同时加料,又便于清洁,使用方便。

(1)间息添料饲槽　条件较差的一般猪场采用。可为固定或移动饲槽。一般为水泥浇注固定饲槽。设在隔墙或隔栏的下面,由走廊添料,滑向内侧,便于猪采食。一般为长形,每头猪所占饲槽的长度依猪的种类、年龄而定。集约化、工厂化猪场,限位饲养的妊娠母猪或泌乳母猪,其固定饲槽为金属制品,固定在限位栏上。

(2)方形自动落料饲槽　它常见于集约化、工厂化的猪场。方形落料饲槽有单开式和双开式两种。单开式的一面固定在与走廊的隔栏或隔墙上;双开式则安放在两栏的隔栏或隔墙上,自动落料饲槽一般为镀锌铁皮制成,并以钢筋加固。

(3)圆形自动落料饲槽　圆形自动落料饲槽用不锈钢制成,较为坚固耐用,底盘也可用铸铁或水泥浇注,适用于高密度、大群体生长育肥猪舍。

四、供水及饮水设备

规模化猪场不仅需要大量饮用水,而且各生产环节还需要大量的清洁用水,这些都需要由供水饮水设备来完成。因此,供水饮水设备是猪场不可缺少的设备。

主要包括猪饮用水和清洁用水的供应,都同一管路。应用最广泛的是自动饮水系统(包括饮水管道、过滤器、减压阀和自动饮水器等)。猪用自动饮水器的种类很多,有鸭嘴式、杯式、吸吮式和乳头式等。乳头式饮水器具有便于防疫、节约用水等优点。由饮水器体、顶杆(阀杆)和钢球组成。平时,饮水器内的钢球靠自重及水管内的压力密封了水流出的孔道。猪饮水时,用嘴触动饮水器的"乳头",由于阀杆向上运动而钢球被顶起,水由钢球与壳体之间的缝隙流出。用毕,钢球及阀杆靠自重下落,又自动封闭。乳头式饮水器对水质要求高,易堵塞,应在前端加装过滤网。由于乳头式和杯式自动饮水器的结构和性能不如鸭嘴式饮水器,目前普遍采用的是鸭嘴式自动饮水器。鸭嘴式猪用自动饮水器主要由饮水器体、阀杆、弹簧、胶垫或胶圈等部分组成。平时,在弹簧的作用下,阀杆压紧胶垫,从而严密封闭了水流出口。当猪饮水时,咬动阀杆,使阀杆偏斜,水通过密封垫的缝隙沿鸭嘴的尖端流入猪的口腔。猪不咬动阀杆时,弹簧使阀杆恢复正常位置,密封垫又将出水孔堵死停止供水。

五、供热保温设备

规模化猪场,公猪、母猪和育肥猪等大猪,由于抵抗寒冷的能力较强,再加上饲养密度大,自身散热足以保持所需的舍温,一般不予供暖。而分娩后的哺乳仔猪和断奶仔猪,由于热调节机能发育不全,对寒冷抵抗能力差,要求较高的舍温,在冬季必须供暖。我国大部分地区冬季舍内温度都达不到猪只的适宜温度,需要提供采暖设备。常用的采暖设备有火炉取暖、暖气取暖、热风取暖、地热取暖和红外线灯。

1. 火炉、火墙取暖

是北方一些中、小型养猪场普遍采用的一种取暖方法。这种方法设施简单,饲养员可以直接管理,只要按时操作,就能适当的提高舍温。但是,靠近火炉或火墙的地方温度高,距离火炉远的地方温度低,难以解决猪舍地面与空气潮湿。由于少火炉增加了舍内灰尘量,对舍内空气有所污染,并给防火与人身安全构成威胁。

2. 暖气取暖

是大、中型猪场,尤其是工厂化养猪采用的一种较好的取暖方法。全舍供热均衡,保持猪舍稳定的温度与清洁。这种取暖方法解决不了趴窝区地面的潮湿问题,一次性投资很大。

3. 热风式取暖

也是大、中型养猪场采用的一种方法。它是通过热风炉生产的热气放散到各舍空间。它可迅速提高舍温,但难以保证舍内稳定的温度:放气即热、停气即凉,舍内温度很大。

4. 地热取暖

就是从锅炉通过硬质塑料管道将热气散发到猪只趴窝地面上的一种采暖方法,这是目前最受推崇的方法,能够做到冬暖夏凉,是冬季保暖、防潮的有效方法,且造价不高于暖气取暖。

局部供暖有电热地板和电热灯加热。目前大多数猪场最常用的局部环境供暖设备是采用,设备简单,安装方便,最常用,通过灯的高度来控制温度,但耗电,寿命短。常由于舍内潮湿或清扫猪栏时水滴溅上而损坏,而电热板优于红外线灯。

六、通风降温设备

为了排除猪舍内的有害气体,降低舍内的温度和局部调节温度,一定要进行通风换气,为了节约能源,尽量采用自然通风的方式,但在炎热地区和炎热天气,就应该考虑使用降温设备。通风除降温作用外,还可以排出有害气体和多余水汽。通风机的方案有:①侧进(机械),上排(自然)通风;②上进(自然),下排(机械)通风;③机械进风(舍内进),地下排风和自然排风;④纵向排风,一段进风(自然)一端排风(机械)。

无论采用哪种通风方案,都应要注意几点:①避免风机通风短路,必要时用导流引导流向。切不可把轴流风机设置在墙上,下边即是通门使气流行程短路,这样既空耗电能,又无助于舍内换气。②如果采用单侧排风,应将两侧相邻猪舍的排风口设在相对的一侧,以避免一个猪舍排出的浊气被另一个猪舍立即吸入。③尽量使气流在猪舍内的大部分空间通过,特别是粪沟上不能造成死角,以达到换气的目的。

通风机:大直径低速小功率的通风机比较适用于猪场应用。这种风机通风量大,噪音小,耗能少,可靠耐用,适于长期工作。

猪舍降温常采用水蒸发式冷风机,它是利用水蒸发吸热的原理以达到降低空气温度的目的的。在干燥的气候条件下使用时,降温效果特别显著;湿度较高时,降温效果稍微差些;如果环境相对湿度在85%以上时,空气中水蒸气接近饱和,水分很难蒸发,降温效果差些。

有的猪场采用猪舍内喷雾降温系统,其冷却水由加压水泵加压,通过过滤器进入喷水管道系统而从喷雾器喷出成水雾,在猪舍内空气温度降低。其工作原理与水蒸发式冷风机相同,而设备更简单易行。如果猪场风自来水系统水压足够,可以不用水泵加压,但过滤器还是必要的,因为喷雾器很小,容易堵塞而不能正常喷雾。旋转式的喷雾可使喷出的水雾均匀。

在分娩栏,母猪需要用水降温,而小猪要求温度稍高,而且不能喷水使分娩栏内地面潮湿,否则影响小猪生长。因而采用滴水降温法。即冷水对准母猪颈部和背部下滴,水滴在母猪背部体表散开,蒸发,吸热降温,未等水滴流到地面上已全部蒸发掉,不会使地面潮湿。这样即照顾了小猪需要干燥,又使母猪和栏内局部环境温度降低。

自动化很高的猪场,供热保温,通风降温都可以实现自动调节。如果温度过高,则帘幕自动打开,冷气机或通风机工作;如果温度太低,则帘幕自动关闭,保温设备自动动作。

七、清洁与消毒设备

规模化养猪场,由于采用高密度限位饲养工艺,必须有完善严格的卫生防疫制度,对进场的人员、车辆、种猪和猪舍内环境都要进行严格的清洁消毒,才能保证养猪高效率安全生产。

(一)人员、车辆清洁消毒设施

凡是进猪场人员必须经过彻底冲洗、更换场内工作服,工作服应在场内清洗,消毒,更衣间主要设有衣柜、热水器、沐浴间、洗衣机、紫外线灯等。设置进场的车辆清洗消毒池,车身冲洗喷淋机等设备。

(二)环境清洁消毒设备

清洁消毒设备有冲洗设备和消毒设备。

1.固定式自动清洗系统

台湾省机械公司出口的自动冲洗系统能定时自动冲洗,配合程式控制器(PLC)作全场系统冲洗控制。冬天时,也可只冲洗一半的猪栏,在空栏时也能快速冲洗,以节省用水。水管架设高度在 2 米时,清洗宽度为 3.2 米;高度为 2.5 米,清洗宽度为 4 米;高度为 3 米时,清洗高度为 4.8 米。

2.简易水池放水阀

水池的进水与出水靠浮子控制,出水阀由杠杆机械人工控制。简单、造价低,操作方便,缺点是密封可靠性差,容易漏水。

3.自动翻水斗

工作时根据每天需要冲洗的次数调好进水龙头的流量,随着水面的上升,重心不断变化,水面上升到一定高度时,翻水斗自动倾倒,几秒钟内可将全部水倒出冲入粪沟,翻水斗自动复位。结构简单,工作可靠,冲力大,效果好,主要缺点是耗用金属多,造价高,噪声大。

4.虹吸自动冲水器

常用的有两种形式,盘管式虹吸自动冲水器和 U 形管虹吸自动冲水器,结构简单,没有运动部件,工作可靠,耐用,故障少,排水迅速,冲力大,粪便冲洗干净。

猪场常用的消毒设备有以下三种:

1.地面冲洗喷雾消毒机

工作时,柴油电动机启动,带动活塞和隔膜往复运动,清水或药液吸入泵室,然后被加压经喷枪排出。该机工作压力为 $15\sim20$ 千克/厘米^2,流量为 20 升/分钟,冲洗射程 $12\sim14$ 米,是工厂化猪场较好的清洗消毒设备。其主要的优点是:①高压冲洗喷雾,冲洗彻底干净,节约用水和药液;②喷枪为可调解式,既可冲洗,又可喷雾;③活塞式隔膜泵可靠耐用;④体积小,机动灵活,操作方便;⑤功效高,省劳力。

2.火焰消毒器

利用煤油高温雾化剧烈燃烧产生的高温火焰对设备或猪舍进行瞬间的高温喷烧,以达到杀灭细菌、病毒、虫卵等消毒净化的目的。主要的优点:①杀菌率高达 97％;②操作方便、高效、低耗、低成本;③消毒后设备和栏舍干燥,无药业残留。

3.紫外线消毒灯

以产生的紫外线来消毒杀菌。

八、粪便处理设备

每头猪平均年产猪粪 2 500 千克左右,及时合理地处理猪粪,既可获得优质的肥料,又可减少对周围环境的污染。

1.粪尿固液分离机

猪粪尿水的固液分离机有多种,其中应用最多的有倾斜筛式固液分离机、振动式固液分离机、回转滚筒式和压榨式固液分离机等。

(1)倾斜筛式固液分离机 是将集粪池中的粪尿水通过污水泵抽出送至倾斜网筛的上端,粪尿水沿筛面下流,液体通过筛孔流到筛板被面集液槽而流入贮粪,固形物则沿筛面下滑落到水泥地面上,定期人工运走。这种分离机结构简单,但获取的固形物含水率较高。

(2)压榨式粪水分离机 固形物下落时,再通过压榨机,所获得的固形物含水率较低。

(3)螺旋回转滚筒式粪水分离机 由集粪池抽出的粪尿水从滚筒一端加入,粪尿通过滚筒时,液体通过滚筒的筛网流入集液槽而流入集粪池,固形物则由于滚筒的回转、滚筒内的螺旋驱动而从滚筒的另一端排出。这种分离机结构也较简单,运转中耗能不多。

(4)平面振动筛式粪尿水分离机 由集粪池抽出的粪尿水置于平面振动筛内,通过机械振动,液体通过筛孔流入集粪池,固形物则留在筛面上,倒入贮粪槽内。

2.刮板式清粪机

如猪舍清粪采用刮粪沟,则要安装刮板式清粪机。它有两种形式,一种为单向闭合回转的刮板链,适用于双列对头式饲养猪舍,粪沟为无漏缝地板的明沟,刮粪板可将粪便一直刮到舍外集粪池,进一步进行处理;另一种为步进式往复循环刮板清粪机,它既可用于地面浅沟刮粪,也可用于漏缝地板下的深沟刮粪,这种清粪机多用于钢索牵引,由驱动装置、滑轮、刮板及电控装置构成。刮板用3厘米厚的钢板或薄钢板夹橡胶板制成,在工作状态时呈垂于地面,返回时抬起以离开地面,刮板的行程大于刮板间距。刮到舍外的粪便,再进一步进行处理。

九、监测仪器

根据猪场实际可选择下列仪器:饲料成分分析仪器、兽医化验仪器、人工授精相关仪器、妊娠诊断仪器、称重仪器、活体超声波测膘仪、计算机及相关软件。

十、运输设备

主要有仔猪转运车、饲料运输车和粪便运输车。仔猪转运车可用钢管、钢筋焊接,用于仔猪转群。饲料运输车采用罐装料车或两轮、三轮和四轮加料车。粪便运输车多用单轮或双轮手推车。

除上述设备外,猪场还应配备断尾钳、牙剪、耳号钳、耳号牌、捉猪器、赶猪鞭等。

第六节 猪场粪尿及污水处理

工厂化养猪规模大,集约化程度高,虽然有利于提高生猪的饲养技术、防疫能力和管理水平,且具有生产成本低、经济效益高的特点,但是这种封闭式的集中饲养方式造成了猪粪尿过度集中和冲洗水量大大增加。为了运输方便,规模化猪场大多建在城市郊区,周围无足够的农田消纳数量众多的粪污。或因人为因素,不加以利用,粪污任意堆放和排放,有害气体及生产中的大量尘埃、微生物排入大气,散布于猪场及附近居民区上空,刺激人畜呼吸道,引起呼吸道疾病,影响人畜健康。另外,粪尿中含有大量碳水化合物、含氮化合物等腐败性有机物,进入天然水体后,能使水体浑浊,水质恶化,不能饲用。大量的猪粪尿污水及其所污染的水体、饲料和空气,最终将会导致猪病和寄生虫卵的蔓延与发展,直接影响养猪生产水平,严重时将成为威胁养猪业发展的重要因素。与传统养猪相比产生的粪便及污水量大大增加,一个10万头的猪场日产鲜粪80吨,污水260吨,每小时向大气中排放150万个细菌、150千克氨气、14.5千克硫化氢、25.9千克饲料粉尘,随风可传播4.5～5.0千米远。

因此,为了保护环境,有利于生态平衡,一定要改变规模化养殖业的这种"自我封闭"的方式,从建设生态农牧业和保护生态环境的原则出发,运用生物工程技术对猪粪尿进行综合处理与利用,合理地将养殖业与种植业紧密结合起来,农牧并举,形成物质的良性循环模式,促进农牧业全面发展。

一、粪污的清除方式

在国内外养猪生产中,清粪方式一般有两种:一是干粪方式即人工将干粪清除,污水经明沟或暗沟排出猪舍,它的特点是设备投资少、运行成本低,环境控制投入少;但是劳动生产率低。二是自动清粪,即采用清粪设施自动清除粪污,常见的有机械清粪和水冲、水泡清粪方式,其特点与干清粪方式相反。在经济发达国家,养猪生产多采用自动清粪方式。在我国养猪生产中这两种方式都应用。自动清粪方式适用于漏粪地板的饲养方式,其中水冲清粪是靠猪把粪便踏下去落到粪沟里,在粪沟的一端设有翻斗水箱,放满水以后自动翻转倒水,将沟内的粪便冲出猪舍。而水泡清粪是在粪沟一端的底部设挡水坎,使沟内总保持一定深度的水,使落下的粪便浸泡变稀,随着落下的粪便增多,稀粪被挤入猪舍一端的粪井,定期或不定期清除;或者在粪沟内设一个活塞,稀粪流出猪舍。究竟采用哪一种方式更好,要根据实际条件来确定。

二、粪污的生态化处理和利用

猪场的粪便及污水合理的处理和利用,既可以防治环境污染,又能变废为宝。猪粪及污水处理方法是与其利用和饲养工艺直接相关。一般采用干清粪方式,污水比较少,容易处理;采用自动清粪方式,污水量大,先要经过固液分离后再做处理,进行利用。猪粪及污水常用作肥料和能源,还能用于养鱼、养稻等。

面对生猪养殖排泄物这个严重的污染源,必须利用合理的方法进行处理并再利用。本着"减量化、无害化、资源化"的原则,可以利用以下的手段进行排泄物的利用处理。

(一)堆肥发酵

猪粪还田是我国传统农业的重要环节,"粮—猪—肥—粮"型传统的农业生产即猪多肥多、肥多粮多是比较典型的生态农业,猪粪还田在改良土壤、提高农业产量方面起着重要作用。鲜粪在土壤里发酵产热及其分解物对作物生长发育不利,所以施用量受到限制。对鲜粪进行堆肥发酵后施用可以解决上述矛盾,又能提高肥力。

堆肥发酵的条件是:保持好氧环境;水分含量 40%~60%;堆肥物料的碳氮比为(26~35):1,鲜猪粪为(8~13):1即可,碳的比例不足可加野草、秸秆补充。堆肥发酵的简单方法是:在水泥地或铺有塑料膜的地面上,或在水泥槽中,将拌好的物料堆成长条状,高 1.5~2.0 米、宽 1.5~3.0 米,长度根据场地决定。为了保持好氧环境,粪堆中间可插入通气管或草把,用塑料膜或泥密封,15 天或 1～2 个月就可以使用。在经济发达的国家,采用堆肥舍、堆肥槽、堆肥塔、堆肥盘等设备进行堆肥。

堆肥发酵可以把含水量在 80％左右的猪粪和发酵好的粪肥一起调整含水量到 60％左右,经过熟化,含水率在 30％左右,作为肥料一起出售。现在很多的堆肥发酵,都添加一些快速发酵菌剂,通过添加 EM 菌加快发酵速度,并且减少有害气体排放。EM 菌群中含有光合细菌、放线菌、酵母菌、乳酸菌等多种微生物,在畜禽粪便与秸秆等混合料中加入 EM 菌剂进行堆积发酵,发酵过程中,有益微生物迅速繁殖,快速分解粪便和秸秆中有机质,并且产生生物热能,杀死虫卵、病菌等有害生物;并在矿质化和腐殖质化过程中,释放出氮磷钾和微量元素等有效养分。

(二)干燥减量法

干燥减量法是将猪粪便通过干燥处理脱水,目的是将其总量减少到最低限度,但是,存在最大的缺点就是资金投入大、生产成本比较高。但是,也不失为一种很好的处理方法,可以先将干湿分离,将干物质先人工清运,然后处理。现在比较常用的方法有几种。

(1)高温干燥　这种方法灭菌效果比较好,但是养分损失比较大,成本比较高,短时间内使粪便含水率下降很多。

(2)低温干燥　将粪便机械搅拌或干燥车间晾干。缺点是速度比较慢,但是成本低,养分损失比较小。

(3)自然干燥　通过晾晒等方法让猪粪便在自然条件下风干。

(4)筛选干燥　通过筛子通过加压使固体液体分离。

(5)热喷干燥　首先将猪粪便放在日光下晒,使水分含量降到 30％左右,然后装入热喷机中,放在高温高压蒸汽中 3～4 分钟,在压力增加到一定程度时,崩裂喷出,得到的猪粪蓬松干燥,适口性好,杀菌除虫彻底,是很好的饲料。但是这种方法成本较高。

猪粪便处理还有其他很多方法,包括利用福尔马林、乙烯、氢氧化钠等化学品处理,这种方法成本高,而且会带来二次污染。还有一些部门使用序批式活性污泥法、接触氧化、厌氧消化、接触氧化等方法,来消化处理猪场排泄物。

(三)沼气发酵

沼气是厌氧微生物(主要是甲烷细菌)分解粪污中的含碳有机物而产生的混合气体,其中主要成分有甲烷占 $60\%\sim70\%$,二氧化碳占 $25\%\sim40\%$,还有少量的氧、氢、一氧化碳、硫化氢等气体。沼气是一种能源,可用于照明、作燃料、发电等。发酵后的沼渣可作为肥料。沼气的发酵类型有:高温发酵($45\sim55$℃)、中温发酵($35\sim40$℃)和常温发酵($30\sim35$℃)。在我国普遍采用常温发酵。目前国内使用最多,而且最有效的处理方法。不论是南方猪—沼—果、猪—沼—稻、猪—沼—菜,还是北方"四位一体"沼气生产模式,沼气都是非常重要的一环。

(四)液粪、污水处理

液粪和污水的处理方法按其作用的基本原理可分为:

(1)物理处理法 将污水中的有机污染物质、悬浮物、油类以及固体物质分离出来,包括固液分离法、沉淀法、过滤法等。

(2)化学处理法 采用化学反应,使污水中的污染物质发生化学变化而改变其性质的处理方法,包括中和法、絮凝沉淀法、氧化还原法等。

(3)物理化学处理法 包括吸附法、离子交换法、电渗析法、反渗透法、萃取法和蒸馏法。

(4)生物处理法 利用微生物的代谢作用分解污水中的有机物而达到净化的目的。根据微生物呼吸过程的需氧要求分为好氧处理和厌氧处理两大类。好氧处理是在有氧气的条件下,分解有机物的耗氧细菌大量繁殖形成黏性细菌絮体或附在物体上的黏液层,通过分解、吸附和表面作用处理污水的方法,如活性污泥法是由无数细菌、真菌、原生动物和其他微生物与吸附的有机及无机物组成的絮凝体构成的活性污泥,利用它的吸附和氧化作用来处理污水中的有机物。厌氧处理是厌氧菌和兼性菌在无游离氧的条件下分解有机物,使污水净化的方法,如化粪池,沼气池等。

以上这些方法在液粪和污水处理过程中是综合应用的。在我国现阶段养猪生产中,由于资金条件等多因素限制,液粪、污水处理非常简单,只是经过预处理和好氧生物处理二级,就排入鱼塘或用于灌溉。随着养猪事业的发展,环境保护意识和法规的完善,液粪和污水得到有效的处理和利用。

第七节　发酵床养猪技术

发酵床养猪是通过参与垫料和牲畜粪便协同发酵作用,快速转化粪、尿等养殖废弃物,消除恶臭,抑制害虫、病菌,同时,有益微生物菌群能将垫料、粪便合成可供牲畜食用的糖类、蛋白质、有机酸、维生素等营养物质,增强牲畜抗病能力,促进牲畜健康生长。

发酵床养猪法起源于日本、韩国。2002 年 7 月,江苏省外专局组织出访团赴日本考察时引进这项技术。之后,福建、吉林、山东、陕西等地相继引进、熟化和推广。由于该项技术是一项引进的技术,在应用推广中既有成功的典范,也有失败的教训。

一、发酵床养猪法的概念

所谓发酵床养猪法,就是以锯末和农作物副产品等为垫料原料,在垫料上接种芽孢杆菌等多种复合有益微生物来制作发酵床,利用有益微生物菌落的发酵,使猪排在发酵床上的粪尿进行分解和转化,消除和降低有毒有害气体的排放,并通过圈舍改建,为猪提供舒适的生活环境,使猪健康快速生长的一种无污染、节能、高效的科学养猪方法。由于该技术引进的渠道不一样,而且应用推广的时间较短,目前叫法不尽一致。因此,有生态养猪、生物环保养猪、清洁养猪、微生态养猪、懒汉养猪、零排放养猪等各种叫法,其本质一样,称作发酵床养猪更为科学。

二、发酵床养猪的技术原理

在养猪圈舍内利用一些高效有益微生物与垫料建造发酵床,猪将排泄物直接排在发酵床上,利用生猪的拱掘习性,加上人工辅助翻耙,使猪粪、尿和垫料充分混合,通过有益发酵微生物菌落的分解发酵,使猪粪、尿有机物质得到充分的分解和转化。发酵床养猪的技术原理与农田有机肥被分解的原理基本一致,关键是垫料碳氮比与发酵微生物的选择。其技术核心在于"发酵床"的建设和管理,可以说,"发酵床"效率的高低决定了该养猪法经济效益的高低。

(一)利用空气对流和太阳高度角原理,因地制宜的建设猪舍

充分利用不同季节空气流向建设猪舍。猪舍多设置卷帘机等可调节通风的设施,用以控制猪舍空气的流向和流速。猪舍屋顶及窗户要充分考虑太阳日照规律。

(二)利用生物发酵原理处理粪尿,解决环境污染问题

由于发酵微生物的不断生长繁殖,对猪产生的粪尿迅速分解,从而达到处理粪污的效果。

(三)利用温室和凉亭子效应,改善猪只体感温度

冬季将保温卷帘放下,整个猪舍成为一个温室,同时发酵床也产生相当热量,对猪只腹感温度有很好的改善。同样,在夏季,由于几乎全敞开窗户,形成了扫地风、穿堂风等类似凉亭子的效果,结合垫料管理,猪只感觉非常凉爽。

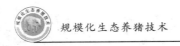

（四）利用有益菌占位原理，增强猪只抗病力，提高了饲养效率和猪肉品质

病原菌致病的基础是病原菌达到一定的浓度，由于发酵微生物等有益菌的大量繁殖，在垫床上、空气中甚至猪舍的各个角落都弥漫着有益菌，使有益菌成为优势菌群，形成阻挡病原菌的天然屏障。即使有极少量病原菌的刺激，也只能使猪只产生特异性免疫反应，从而使猪只形成坚强的保护力。

总之，发酵床养猪从一个全新的角度对猪舍建设、饲养管理、生物安全体系建设、日粮配制、疾病防控等方面提出了新的要求，一方面要为有益的发酵微生物提供良好的培养条件，使其迅速消纳猪只的排泄物；另一方面也要保证为猪只提供良好的生活环境，以满足不同季节、不同生理阶段猪只的需要，达到增加养殖效益的目的。

三、发酵床养猪的技术要点

发酵床养猪法的关键和技术要领归纳起来，主要体现在"建圈、选种、做床、管理"。

（一）合理设计猪舍

应用发酵床养猪法的猪场或小区在选址、场区规划布局没有特殊要求和变化，主要是圈舍建设有一定的要求，以利于夏季通风散热和保持床体合适干湿度为原则。

1. 猪舍平面设计

猪舍东西走向，宽度 8 米；长度根据实际情况而定，一般为 20～50 米。猪舍内为单列式布局，北边为人行走道，宽 1.0 米；栏内靠人行通道修排水槽，排水槽宽 15～20 厘米；排水槽与发酵床之间为水泥饲喂台，饲喂台靠排水槽一边要低 1% 的坡度。饲喂台宽为 1.3～1.5 米；发酵床宽 5.5～5.7 米，一般至少应在 4 米以上，为了便于猪群管理，一般两间隔一栏。

2. 墙体要求

发酵床养猪法猪舍的檐墙高度比一般猪舍要高。不同地区墙体高度略有差异,气候寒冷的地区墙体高度为 2.6～2.8 米,气候温暖的地区 2.8～3.0 米。

3. 窗户要求

发酵床养猪猪舍的窗户面积比一般的猪舍要大,离地面要低。猪舍窗户和地面面积比为 1：(5～8),一般南墙窗户大于北墙窗户。每间设置 1 对窗户,每个窗户的有效通风面积,气候寒冷的地区 2.0～3.0 米²,气候温暖的地区 2.5～3.5 米²。保育猪舍窗户面积每个可减少 0.5 米²。窗户下部距地面一般 60 厘米左右。窗户主要是起通风作用,能完全打开最好。最好在圈舍增加风机、水帘等降温设施。

4. 隔栏要求

为了便于进出垫料和猪群转圈,隔栏最好做成活动的铁栏杆,下部向发酵床内延伸 20 厘米左右。

(二)选用菌种

选用菌种前最好先调查了解各公司生产菌种的质量和发酵效果。目前常用的菌种主要有山东明发兽药股份有限公司、吉林省惠农公司和福建洛东生物技术有限公司等生产的菌种。

(三)发酵床制作

1. 发酵床体制作

发酵床体的形式有地上、半地上和地下三种。床体深度一般为 80～100 厘米,最低不能小于 50 厘米。发酵床面积根据猪的种类、大小和饲养数量的多少来计算。保育猪为 0.3～0.8 米²/头;育肥猪 0.8～1.5 米²/头。

一栋猪舍发酵床应相互贯通;发酵床四周用 24 厘米砖墙砌成,内部表面水泥抹面;一般床体下面的原土质夯实处理。

2. 垫料选择

发酵床原料碳氮比、吸水性和透气性是影响发酵床的重要因素。锯末、稻壳等符合要求。应用发酵床的锯末必须干燥干净无霉变,不含甲醛等化学物质。实践经验表明50%锯末+50%稻壳比例组合效果是很好。

3. 垫料发酵制作

垫料制作可以在猪舍外场地集中制作,也可以在发酵床内进行。菌种不同,其制作发酵床的方法也有所不同。现以山东明发兽药股份有限公司菌种为例介绍发酵床制作方法。

(1)菌种稀释扩繁 按1米^{3}垫料,麸皮或米糠2千克,固体菌种0.2千克的比例加适量水将菌种均匀混合到麸皮或米糠中进行菌种扩繁。

(2)垫料接种 将用麸皮或米糠稀释后的菌种混合物按比例加入锯末稻壳混合,搅拌均匀。有条件的可采用机械搅拌,无条件的人工搅拌,边搅拌边喷水,使含水量控制在50%～60%,以手紧握垫料能成团,松手一晃能散开,手心无明显水珠为宜。

(3)垫料堆积酵熟 将接种好的垫料堆积起来发酵,堆积高度1.5米以上,每堆体积不少于10米^3。垫料表面用能透气的编织袋、麻袋等覆盖。在垫料30～40厘米深处选择多处测温,第2天可达40℃,第4～5天达到70℃左右。经7～15天发酵,温度由70℃左右降到45℃左右,即为发酵成熟。判断垫料是否发酵成熟,抓一把垫料在手中散开,其气味清爽,无臭、无霉变气味,还具有一股淡淡的清醇香味。将发酵垫料摊开到床体内推平,最后在发酵垫料上覆盖一层约10厘米厚的新鲜锯末,经24小时静止稳定后即可进猪。

(四)发酵床的管理

1. 定期翻耙

猪有定位排便的习惯。为了使猪排的粪尿与垫料均匀接触和提高发酵床的透气性,进猪以后要定期翻耙。进猪后从第二周开始,每周根据垫料湿度和发酵情况翻耙垫料1~2次,深度在30厘米。从进猪之日起每隔50天,深翻垫料一次。

2.调整饲养密度

在猪的育肥过程中,随着体重增加,排泄量增大,床体分解能力有限,需要在育肥中期后调整降低密度,保证粪污被分解。

3.注意通风换气

发酵床微生物在发酵过程中会产生大量的热量,不断有水分进行蒸发。因此要注意通风换气,尤其是在炎热的夏天。

4.发酵床维护

发酵床养猪法倡导全进全出管理猪群,当转群或销售出后,先将发酵垫料放置干燥2~3天,蒸发掉部分水分,再将垫料从底部均匀翻动一遍,看情况可以适当补充米糠或麸皮与菌种添加剂,重新由四周向中心堆积成梯形,表面覆盖麻袋等透气覆盖物使其发酵至成熟,充分利用生物热能杀死病原微生物。

四、发酵床养猪的利弊分析

(一)发酵床养猪的优点

1.有效处理粪污,达到环保要求

发酵床中的粪尿直接被垫料中的有益微生物分解掉,使粪污得到有效处理,大大降低氨气、硫化氢等有害气体浓度,避免了随意排放粪尿,造成环境污染,达到环保要求。据陕西省畜牧技术推广总站童建军介绍,在武功县金城、长宁镇用50~70千克的育肥猪作对比试验,测得发酵床圈舍 NH_3 平均浓度为0.895毫克/米^3,封闭式水泥地面圈舍 NH_3 平均浓度为3.15毫克/米^3,发酵床圈舍比封闭式水泥地面圈舍降低71.6%;发酵床圈舍 H_2S 平均浓度为0.0072毫克/米^3,而封闭式水泥地面圈舍 H_2S 平均浓度为0.010毫克/米^3,发酵床圈舍比封闭

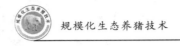

式水泥地面圈舍降低 28.0%。

2. 提供舒适环境,提高生长发育速度

发酵床养猪法为猪提供了一个干净卫生、温暖舒适的生活环境,从而减少疾病发生,使猪健康生长发育,充分发挥其生产性能。据对武功县调查,采用发酵床保育仔猪 2 940 头,死亡 50 头,死亡率 1.70%,平均增重 14.63 千克,头均消耗饲料 22.82 千克,头均消耗饲料 22.82 千克;采用高床保育仔猪 3 130 头,死亡 144 头,死亡率 4.6%,平均增重 14.43 千克,头均消耗饲料 24.78 千克。发酵床饲养保育猪比高床养仔猪死亡率减少 2.9 个百分点,平均增重有所提高,头均饲料消耗有所下降。陕西省畜牧技术推广总站在武功县观玉堂乡同期育肥对比试验,发酵床养育肥猪 70 头,平均断奶重(10.53±1.22)千克/头,出栏重(104.63±9.88)千克/头,头均增重(94.10±10.98)千克/头,697 克/天,料肉比 2.58,死淘率 1.4%;水泥地面圈舍养育肥猪 70 头,平均断奶重(10.74±1.41)千克/头,出栏重(100.10±10.20)千克/头,头均增重(89.36±9.93)千克/头,662 克/天,料肉比 2.70,死淘率 2.9%。试验组的出栏重和每头平均增重显著高于对照组($P<0.05$),在增重耗料上,试验比对照组每增重 1 千克饲料消耗减少 0.12 千克,饲料消耗显著小于对照组($P<0.05$),饲料利用率提高 4.44%,说明试验组的饲料利用率明显较高。

3. 降低养殖投入,实现节能增效

应用发酵床养猪大大降低养殖投入。一是节水,应用发酵床养猪不需要用水冲洗圈舍,仅需要满足猪只饮水即可,所以较传统集约化养猪可节水 85%~90%。二是节料,垫料和猪粪通过有益微生物的发酵利用,转化成菌体蛋白被猪吃掉消化吸收,加之环境改善有利于猪的生长发育,节省部分饲料。三是节能,应用发酵床养猪可直接解决猪舍保暖问题,从而节省了取暖设施和煤电的费用。四是节药,垫料和猪粪在微生物的发酵下可产生大量的热能,温度升到 40℃ 以上,大大抑制病原微生物的繁殖,减少发病率,节省治疗费用。

4.改善猪肉品质,提高市场竞争

据北京普尼检测中心检验结果表明,应用发酵床的猪肉肉色红润,纹理清晰,屠宰率、瘦肉率均提高 2%～5%,提取里脊肉、后腿肉检验,氨基酸及其他营养含量分别提高了 10%～15%,猪肉品质得到了很大的提高。在一些地区发酵床养猪的猪肉的收购价格比普通猪肉每斤要高上几角钱,受消费者青睐。

(二)发酵床养猪的不足

1.垫料原料紧缺

发酵床养猪的垫料主要应用锯末和稻壳。木器加工厂大量生产各类密度板和刨花板,附加值高,对锯末利用非常充分,资源紧缺。水稻主要生长在南方,受地域限制。目前还没有寻求出理想的替代品,垫料原料紧缺,价格也在不断上涨,加之运输不便,成本居高不下,要大面积应用该项技术受到客观限制。

2.技术应用局限

从目前实践来看,该技术应用于保育仔猪和育肥猪比较理想。在其他猪的类群中应用操作不便,有一定的局限性。

3.一次性投入较大

发酵床养猪法涉及圈舍改建和发酵床制作,一次性投入较大,对于资金紧缺的场户应用难度大。另外,要求圈舍改建设计科学合理,一次到位;对床体要勤于管理。否则,将会造成很大的损失。

总之,发酵床养猪法是一项节能、环保、增产、增效的养殖模式和新技术,符合现代畜牧业发展的要求。但目前还存在着垫料原料紧缺的限制因素,大面积推广受到制约。因此,建议各地政府、畜牧业务部门和养殖企业根据当地资源、技术条件等因素,认真分析,决策是否应用和推广该项技术。

思考题

1.规模化生态养猪包括哪些生产工艺?

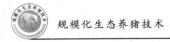

2.规模化生态养猪具体的生产管理工作程序如何制定?

3.在猪场的场址选择和建筑物布局方面需注意哪些细节?

4.猪舍建筑设计的基本要求是什么?

5.规模化生态养猪需要哪些养猪设备?

6.猪场粪尿及污水如何处理?

7.发酵床养猪的主要注意事项有哪些?发酵床养猪有何优缺点?

第九章

猪场的卫生消毒与防疫

导　　读　猪场的卫生消毒与防疫是猪场生物安全的保障,是猪群健康的外围条件。规模化生态养猪饲养密度大,猪容易传播疾病,必须搞好卫生消毒和防疫工作。本章从猪场的卫生消毒、猪场的防疫以及不同阶段猪的常见病预防三个方面介绍了保障猪场生物安全的具体措施。

第一节　猪场卫生消毒

一、猪场的外环境

当前规模化猪场中经过高度选育的猪群对疾病的特异和非特异抵抗的免疫力逐渐下降,有限的空间和较高的饲养密度进一步加剧猪群抵抗力的降低。各型猪场都存在疫病泛滥,治疗困难,生产猪繁殖性能不佳,猪群生产性能低的问题。同时如何通过各种手段打断疫病流行的三个环节,建立健康猪群,防止疫病的发生,保证猪场正常生产发展,获得更高的生产性能和经济效益,是摆在每一个养猪人面前的问题,这就是生物安全体系建立的依据和背景。

防止外界病原微生物进入猪场就是切断病原微生物进入猪场的一切途径,主要包括:

(1)猪场场址的确定 是猪场生物安全体系中最重要的要素。猪场选址具备防疫排污条件,具备水源,电源条件,具备交通,通风向阳条件。由于这些因素互为影响,因此,有必要建立场址生物安全风险评估标准,根据拟建猪场健康等级,量化评估场址是否符合健康要求以及定期量化评估已建猪场场址生物安全风险的变化可能对猪群造成的影响。

(2)猪场围墙和大门 猪场和生产区入口处淋浴或消毒及登记制度。这一环节一般猪场做地都很好。

(3)出猪台设施 在猪场的生物安全体系中,出猪台设施是仅次于场址的重要的生物安全设施,也是直接与外界接触交叉的敏感区域,因此建造出猪台时需考虑以下因素:①划分明确的出猪台净区和污区,猪只只能按照净区—污区单向流动,生产区工作人员禁止进入污区;②出猪台的设计应保证冲洗出猪台的污水不能回流到出猪台;③建造防鸟网和防鼠措施;④保证出猪台每次使用后能够及时彻底冲洗消毒。

(4)人员和物品管理 前者包括本场工作管理人员和外界来访者,后者包括猪场使用的设备、物资和食品。

只有生产人员与管理人员才允许进入猪场,所有人员必须住在生活区内。休假人员回场必须经过 24 小时的隔离,并经过常规消毒后才准许进入生产区工作。

生产区谢绝参观。非猪场人员,如确实需要进入生产区的,经批准并经洗澡、全身更衣后方可进入猪舍,并由场内工作人员引导,按指定的路线行走,不得到处走动。外来办事人员进场办事,须经过消毒,且只能在生活区办公室内办理业务。

任何物体从场外进入场内都有可能携带病原,而给猪群带来威胁,因此必须注意控制和严格消毒。生产区内工作人员的衣、裤、鞋、袜全部由猪场提供,生活区的穿着一律不许带入生产区。所有人员进出生产区均需经洗澡、更衣、消毒。严禁食品及其他东西带入生产区。生活区内不准穿用生产区的衣、裤、鞋、袜等用品。离开生产区时,必须在消毒更衣室更衣、换鞋并消毒。

生产母猪只能在分娩舍和怀孕舍之间相互流动。生产肥育猪流动方向:断奶后仔猪—保育舍—生产育肥舍—出售或转入待售栏,不能逆向流动。

(5)饲料、车辆管理,做好周围免疫　饲料必须进行检测,排除污染物,不用污染的饲料,提倡饲用无污染饲料和绿色饲料添加剂。据统计数据表明,猪群80%以上肠道健康问题与饲料有关,因此控制饲料及其原料,加工和运输过程中可能出现的生物安全风险,可以明显降低猪群健康问题的发生几率。

运输饲料原料的车辆必须经消毒后才能进入饲料加工厂或仓库门口处停车卸货。所有进入生活区的车辆都要经过消毒。外来车辆不能进入生活区,只能停放在生活区外停车处。装载生猪车辆须经消毒,待晾干后停放在围墙外装猪台,或用场内专用运猪车,把猪运到装猪台。

(6)水源和有害物管理　包括猪场人员饮用水和猪只饮水,应定期添加次氯酸钠2～4毫克/千克消毒净化饮水;饮水常规检测:目的在于检测饮水的水质变化,每年检测两次,主要监测大肠杆菌数。老鼠、犬、猫、鸟、蚊蝇等野生动物和昆虫是将新疾病引入猪场的最重要的危险因素之一,应该禁止让犬和猫在猪场内四处走动,尽可能消灭老鼠和蚊蝇等害虫,并对野鸟进行控制。

二、猪舍的内环境

场内控制病原扩散的生物安全措施是猪场生物安全体系重要组成部分,其控制措施如下:

（1）猪舍的建造布局合理　根据场地实际情况进行合理布局，比较理想的应为三点式或二点式的猪舍。三点式的，分为配种怀孕与分娩舍、保育舍、生长肥育舍，其间至少相距 500 米。二点式的，母猪生产一处，保育与生产肥育又一处，或母猪生产与保育在一处，生长肥育另分一处。如条件限制，可采用一点三区式，即在同一个场地内分为三个区域：母猪区、保育区和生产肥育区。其中保育区应与母猪区和生产肥育区（大猪区）至少相距 50 米以上，可有效地预防仔猪受感染。

生产区内污区和净区交界处的控制，同时做好粪便和死猪处理：①从生产区污区进入净区，更换净区衣服鞋帽（或更换胶鞋）或脚底经过交界处的 3%～5%NaOH 脚浴消毒盆，反之亦然；②净区物品和生产工具的清洗消毒均在净区中进行，禁止进入污区；③污区物品须经充分消毒后才能进入净区；④各阶段生产工具和物品专舍专用，禁止混用。

（2）单一种源管理　①确定健康等级高于本场的种源提供场作为后备种猪更新来源（理想状态是首批种猪提供场），禁止从不明健康状态场和健康等级低于本场的种源提供场引种；②引种前，根据实验室监测结果确定本场引种的最佳时机和了解种源提供场的健康状态确定是否适合引种；③即使是单一种源（包括本场自留后备母猪）混入基础母猪群前必须经过一定时间的隔离适应技术措施处理；④引进后备种猪是最重要的猪病传入途径之一。各种病原体都有可能随引进的猪进入猪场，特别是购进无临床症状的带毒种猪，可造成巨大损失。在引进猪只前需做血清学检测，主要检测本猪场没有发生过的传染病。引进种猪群前，需在隔离检疫舍隔离观察 30～60 天。30 天后再检测 1 次。这次重复检测极其重要。如检测结果仍为阴性，给饲喂本场老年猪的粪便，或用老年猪隔栏饲养，以便让引进的猪逐步适应本场的病原微生物，待适应后，方可与本场猪群一同饲养。

（3）猪只的控制　生产母猪只能在分娩舍和怀孕舍之间相互流动。生产肥育猪流动方向：断奶后仔猪—保育舍—生产育肥舍—出售或转入待售栏，不能逆向流动。每栋猪舍应预留病弱猪栏，一旦发现病猪立即转到病弱栏内。经 2 天治疗未见好转的,转入病猪隔离舍治疗。

（4）处理好猪场粪便和污水 人员的来往,车辆和特殊物品管理,做好周围免疫等也就可以防止猪场内的病原微生物（包括寄生虫）传播扩散到其他猪场。

三、猪场消毒

猪场消毒是防治传染病的一个重要环节。消毒的目的是为了消灭滞留在外界环境中的病原微生物,它是切断传播途径、防止传染病发生和蔓延的一种手段,是猪场一项重要的防疫措施,也是兽医监督的一个主要内容。

（1）消毒可分为终端消毒和经常性的卫生保护,前者指空舍或空栏后的消毒,后者指舍内及四周的经常性消毒（定期带猪消毒、场区消毒和人员入场消毒等）。

①终端消毒

干燥清扫。空舍或空栏后,彻底清除栏舍内的残料、垃圾和墙面、顶棚、水管等处的尘埃等,并整理舍内用具。当有疫病发生时,必须先进行消毒,再进行必要的清扫工作,防止病原的扩散。

栏舍、设备和用具的清洗。对所有的表面进行低压喷洒并确保其充分湿润,喷洒的范围包括地面、猪栏、进气口、风扇匣、各种用具等,尤其是食槽和饮水器,有效浸润时间不低于 30 分钟。此步骤可尽可能多的去除有机物和细菌。使用高压冲洗机彻底冲洗地面、食槽、饮水器、猪栏、进气口、风扇匣、各种用具、粪沟等,直至上述区域显得干净清洁为止。

栏舍、设备和用具的消毒。使用选定的广谱消毒药彻底消毒栏舍内所有表面及设备、用具。必要时,可先用 2%～3% 火碱液对猪栏、地面、粪沟等喷洒浸泡,30～60 分钟后低压冲洗;后用另外一种广谱消毒液（0.3% 过氧乙酸）喷雾消毒。此方法要注意使用消毒药时的稀释度、药液用量和作用时间。消毒后栏舍保持通风、干燥,空置 5～7 天。

恢复栏舍内的布置。清扫、清洗、消毒后,检查、维修栏舍内的设备、用具等,充分做好入猪前的准备工作。

入猪前1天再次喷雾消毒。

②经常性的卫生保护

除了正确的终端消毒程序外,猪场经常性的卫生保护也是防止外界病原体传入的极重要措施。

场区入口处的消毒池长度等于车轮周长的2.5倍,宽度与整个入口相同,消毒设施必须保持常年有效,消毒池的火碱浓度达到3%以上。

场区入口处设专职人员,负责进出人员、车辆和物品的消毒、登记及监督工作,负责维持消毒池、消毒盆内消毒剂的有效浓度。

进入猪场的一切人员,须经"踩、照、洗、换"四步消毒程序(踩火碱消毒垫,紫外线照射5~10分钟,消毒液洗手,更换场区工作服、鞋等并经过消毒通道)方能进入场区,必要的外来人员来访依上述程序并穿全身防护服入场。

进入生产区的人员,在生产区消毒间用消毒液洗手,更换进入生产区衣物、雨鞋后,经2%~3%火碱消毒池后方可进入生产区;进舍需在外更衣室脱掉所穿衣物,在淋浴室用温水彻底淋浴后,进入内更衣室,穿舍内工作服、雨鞋后进舍。

生产用车辆必须在场区入口处进行消毒,经2%~3%火碱消毒池后,用另一种消毒剂喷雾消毒,消毒范围包括车辆底盘、驾驶室地板、车体;进入生产区车辆必须经再次的喷雾消毒。

进入场区的物品,在紫外线下照射30分钟或喷雾或浸泡或擦拭消毒后方可入场;进入生产区的物品再次用消毒液喷雾或擦拭到最小外包装后方可进入生产区使用。

外界购猪车辆一律禁止入场,装猪前严格喷雾消毒;售猪后,对使用过的装猪台、磅秤,及时进行清理、冲洗、消毒。

每间猪舍入口处设一消毒脚盆并定期更换消毒液,人员进出各舍时,双脚踏入消毒盆。

各舍每周打扫卫生后带猪喷雾消毒 1 次，全场每两周喷雾消毒 1 次，不留死角（舍外生产区、出猪台、死猪深埋池等）；消毒药品视不同环境条件选用不同种类的消毒剂，基本上每 3 个月更换 1 次。

（2）猪场常用的化学消毒剂及消毒剂的选用

①猪场常用的化学消毒剂

a.氯制剂类　漂白粉：有效氯≥25％，饮水消毒浓度为 0.03％～0.15％。优氯净类：如消毒威、消特灵，使用浓度为（1∶400）～（1∶500）喷雾或喷洒消毒。二氧化氯类：如杀灭王，使用浓度为（1∶300）～（1∶500）喷雾或喷洒消毒。

b.过氧化物类　过氧乙酸：多为 A、B 二元瓶装，先将 A、B 液混合作用 24～48 小时后使用，其有效浓度为 18％左右。喷雾或喷洒消毒时的配制浓度为 0.2％～0.5％，现用现配。

c.醛类　甲醛：多为 36％的福尔马林，用于密闭猪舍的熏蒸消毒，一般为福尔马林 14 毫升/米^3 加高锰酸钾 7 克/米^3。消毒时，环境湿度＞75％，猪舍密闭 24 小时以上后通风 5～10 天。

d.季铵盐类　双链季铵盐：如百毒杀、1210、1214 等，使用浓度为（1∶1 000）～（1∶2 000）喷雾或喷洒消毒（原液浓度为 50％）。

e.酚类　菌毒敌、菌毒灭：使用浓度为（1∶100）～（1∶300）。

f.强碱类　火碱：含量不低于 98％，使用浓度为 2％～3％，多用于环境消毒。生石灰：多用于环境消毒，必须用水稀释成 20％的石灰乳。

g.弱酸类　灭毒净（柠檬酸类）：使用浓度为（1∶500）～（1∶800）。

h.碘制剂类　PV 碘、威力碘、百菌消-30：一般使用浓度为 50×10^{-6}。

②消毒剂的选用

选择的消毒剂具有效力强、效果广泛、生效快且持久、稳定性好、渗透性强、毒性低、刺激性和腐蚀性小、价格适中的特点。

充分考虑本场的疫病种类、流行情况和消毒对象、消毒设备、猪场条件等，选择适合本场实际情况的几种不同性质的消毒剂。

充分考虑本地区的疫病种类、流行情况和疫病可能的发展趋势，选择对不同疫病消毒效果确实的几种不同性质的消毒剂。

（3）使用消毒剂的注意事项

①充分了解本场所选择的不同种类消毒剂的特性，依据本场实际需要的不同，在不同时期选择针对性较强的消毒剂。

②消毒剂使用时的稀释度。必须选用杀灭抗性最强的实际或可能的病原体所必需的最低浓度。

③药液用量。任何有效的消毒，必须彻底湿润欲消毒的表面。进行消毒的药液用量最低限度应是 0.3 升/米^2，一般为 0.3～0.5 升/米^2。

④消毒液作用时间。要尽可能长时间的保持消毒剂与病原微生物的接触，一般接触在 30 分钟以上方能取得满意的消毒效果。

⑤使用消毒剂消毒前，必须先清洁卫生，尽可能消除影响消毒效果的不利因素（粪、尿和垃圾等）。

⑥使用消毒剂时，必须现用现配制，混合均匀，避免边加水边消毒等现象。

⑦不能混用不同性质的消毒剂。在实际生产中，需使用两种以上不同性质的消毒剂时，可先使用一种消毒剂消毒，60 分钟后用清水冲洗，再使用另一种消毒剂。

⑧不能长久使用同一性质的消毒剂，坚持定期轮换不同性质的消毒剂。

⑨猪场有完善的各种消毒记录，如入场消毒记录、空舍消毒记录、常规消毒记录等。

四、杀灭蚊蝇

蚊蝇具有数量多、品种多、繁殖快、分布面广等特性。随着夏季高温、高湿季节的到来，蚊蝇开始大量繁殖，特别是在垃圾粪便、卫生死角、污水臭沟内孳生最快。尽管蚊子和苍蝇不属于寄生虫病的范围，但它们所造成的危害比任何一种寄生虫病都严重，所以也把它们按寄生虫对待；因为蚊子是猪乙型脑炎和猪附红细胞体病的传播媒介，而苍蝇则是消化道病的主要传播媒介，蚊蝇不除，疾病不断。

（1）蚊蝇危害　众所周知，蚊蝇是畜禽疾病的传播媒介，如猪瘟、伪狂犬病、布氏杆菌病、猪丹毒、口蹄疫、钩端螺旋体病、猪痢疾、沙门氏菌病、猪附红细胞体病、传染性胃肠炎、产气荚膜梭状芽孢杆菌 A 型和 C 型引起的腹泻、出血吸血性巴氏杆菌、埃希氏大肠杆菌病、蛔虫病以及孢子球虫属引起的球虫病、疥螨等疾病都可通过蚊蝇机械性传播。蚊子的密度达到一定程度，叮咬时将对猪的休息产生骚扰，严重时猪将产生应激，影响生长。另外，在产仔舍内，蚊蝇可引起母猪严重的乳房炎，还可以传播链球菌引起仔猪的链球菌性脑膜炎。同时蚊蝇也对养猪场工作人员的正常生活产生很大影响。

（2）防控措施　目前蚊蝇防控的传统办法是定期喷雾杀虫剂，但这些杀虫剂中绝大多数是有机磷、拟菊酯类产品，在养殖场喷雾后对畜禽可产生毒性，并引起应激反应。长期使用，蚊蝇易产生耐药性，增加控制成本。此外，使用杀虫剂喷雾，需要每隔几天喷雾一次，消耗大量的人力、药物，还无法达到彻底控制的目的。为此，对规模养殖场蚊蝇的防控应采用综合措施。

①灭蝇　饲料中添加药物：环丙氨嗪是一种高效昆虫生长调节剂，它对双翅目昆虫幼虫体有杀灭作用，尤其对在粪便中繁殖的几种常见的苍蝇幼虫，有很好的抑制和杀灭作用。饲料中添加可以使苍蝇在成虫以前被消灭，这一办法在不少猪场都有不错效果。

对猪粪进行处理：另一个彻底解决苍蝇的办法也同样是从虫卵开始，办法是将每天产出的猪粪定期用塑料布盖住，靠密封将苍蝇虫卵闷死在塑料布中。这样做不需要每天都盖住，因为苍蝇由虫卵变成成虫需要一定的时间，每 3 天一次换布足以将所有的虫卵杀死。注意用塑料布盖时，必须盖严，如果塑料布有洞，需要用土或其他东西堵严，不能有漏气的地方。这个办法是第一种的补充，因为猪场的乳猪料多是全价料，无法将药物添加进去，而乳猪料又是浪费最严重的一种料，小猪粪便和撒掉的料仍是苍蝇的繁殖场所。

解决猪舍撒料现象:许多猪场在采用上面办法后,舍内仍有蚊蝇,原因多是不注意舍内卫生,特别是产房哺乳母猪和仔猪漏在地面的料长时间不清理,将变成苍蝇滋生的地方;定期检查猪舍撒料现象,并及时解决,也在一定程度上减少了苍蝇的数量。

②灭蚊 灭死水中的虫卵:死水中下药是控制产生蚊子虫卵的场所,使蚊子在成虫前被杀死;这一办法在北方水少地区比较实用,只要每周对有死水的地方,如排水沟、积存的雨水等处放置杀虫药,蚊子的虫卵大部分就会被杀死,这样可以大大减少猪舍内的蚊子数量。

物理阻挡法:在水多地区,许多蚊子是从场外飞进来的,如果在猪场围墙上方设一米高的窗纱,可以大大减少蚊子飞进来的数目,再加上场内的灭蚊措施,对预防蚊子的危害也有利。如果能设计成白天取下,晚上挂起来,这样的效果更好;白天不会影响通风,到晚上不需要大量通风时,挂起来可以挡住蚊子。

蚊香驱蚊:一些猪场采用蚊香驱蚊的办法也是可以考虑的,由于蚊香的气味使蚊子不敢靠近,在猪舍里面点上蚊香可以使蚊子不进入猪舍,相对于蚊子对猪的危害来说,蚊香的投资还是相对少得多。

铲除杂草:杂草往往是蚊子白天栖息的地方,如果猪场里面没有杂草,蚊子也就没有了藏身的地方,为此,铲除杂草也是减少蚊子危害的好办法。

在猪舍内外设置灭蚊灯,可把蚊子吸引进来并通过药物杀死。

(3)其他方法

①机械防控 在某些场合是非常有效和切实可行的措施。有条件可在养殖场内采用纱窗、纱门、风幕、风道、水帘和水道等防蚊蝇设施;也可使用捕蝇瓶、捕绳笼和灭蝇灯、黏蝇条等捕捉消灭苍蝇。

②生物防治 在粪便中培养蚊蝇的天敌(蜘蛛、壁虎、甲虫等),在自然情况下,生物防控是较化学药物防控更为有效的办法。

第二节　猪场的防疫

一、检疫

　　检疫就是应用各种诊断方法对动物及其产品进行疫病检查,并采取相应的措施,防止疫病的发生和传播。检疫的范围很广,包括产地、市场、运输和口岸的检疫。从广义上来说,检疫是由专门的机构来执行的,是以法规为依据的,其手段也有多种,如临床检疫、血清学和病原学检疫等。这里介绍规模化猪场的临床检疫方法,通过反复的检疫,应对场内猪群的健康状况了如指掌,以便及时发现病猪。

　　在对猪的临床检查中,最常用的是问诊和视诊,必要的时候配合触诊、听诊等进行检查,收集有关资料,综合分析判断,作出诊断。

　　第一,问诊:以交谈和启发的方式,向饲养管理人员调查、了解病猪或猪群发病情况和经过。一般在着手检查前进行,也可边检查边询问。

　　问诊时,首先询问病猪的日龄、性别,发病的数量,发病时间,病后的主要表现,免疫接种情况,是否经过治疗,用过什么药物,用药剂量、次数和效果如何。再了解猪舍的卫生状况,饲喂日粮的种类、数量和质量以及饲喂方法。最后询问猪群过去曾发生过什么病,其他猪或邻近地区的猪有无类似的疾病发生,其经过与结局如何,以及畜主所估计的致病原因等。

　　第二,视诊:是检查病猪时最主要的方法,而且获得的资料最为真实可靠。视诊时,先对猪群进行全面观察,发现病猪后再重点检查。检查时,先观察猪的精神状态,食欲,体格发育,姿势和运动行为等有无异常,借此以发现病猪。然后仔细检查病猪的皮肤、被毛、可视黏膜(如眼结膜、口黏膜、鼻黏膜等),咳嗽、呼吸、排粪、排尿和粪尿等有无异常变化。

第三，触诊：是用手对被检部位进行触摸，以判断有无病理改变。对猪进行触诊，主要检查皮肤的温度、局部硬肿、腹股沟淋巴结的大小，以及骨骼、关节和有关器官的敏感性等。

第四，听诊：一般直接听取猪的咳嗽和喘鸣音，必要时可听取心音、呼吸音和胃肠蠕动音等。

对猪进行一般检查时，主要检查猪的精神状态、皮肤、可视黏膜、腹股沟淋巴结、体温等。

精神状态检查：健康肥育猪贪吃好睡，仔猪灵活好动，不时摇尾。

精神沉郁是各种热性病、缺氧及其他许多疾病的表现。病猪表现卧地嗜睡、眼半闭、反应迟钝、喜钻草堆、离群独处或扎堆。昏睡时，病猪躺卧不起，运动能力丧失，只有给予强烈刺激才突然觉醒，但又很快陷入昏睡状态。多见于脑膜脑炎和其他侵害神经系统的疾病过程中。昏迷时，病猪卧地不起，意识丧失，反射消失，甚至瞳孔散大，粪尿失禁。见于严重的脑病、中毒等。有的表现为精神兴奋，容易惊恐，骚动不安，甚至前冲后撞，狂奔乱跑，倒地抽搐等。见于脑及脑膜充血、脑膜脑炎、中暑、伪狂犬病和食盐中毒。

皮肤检查：着重检查皮温、颜色、丘疹、水泡、皮下水肿、脓肿和被毛等。

检查皮温时，可用手触摸耳、四肢和股内侧。全身皮温增高，多见于感冒、组织器官的重度炎症及热性传染病；全身皮温降低，四肢发凉，多见于严重腹泻、心力衰竭、休克和濒死期。检查皮肤颜色只适用于白色皮肤猪。皮肤有出血斑点，用手指按压不褪色，常见于猪瘟、弓形虫病等；皮肤有淤血斑块时，指压褪色，常见于猪丹毒、猪肺疫、猪副伤寒等传染病；皮肤发绀见于亚硝酸盐中毒及重症心、肺疾病；仔猪耳尖、鼻盘发绀，也见于猪副伤寒。

皮肤上出现米粒大到豌豆大的圆形隆起叫丘疹，见于猪痘及湿疹的初期。水泡则为豌豆大内含透明浆液的小泡，若出现在口腔、蹄部、乳房部皮肤，见于口蹄疫和猪传染性水疱病；如果出现在胸、腹部等处皮肤,见于猪痘以及湿疹。皮下水肿的特征是皮肤紧张,指压留痕,去指后慢慢复平,呈捏粉样硬度。额部、眼睑、皮肤水肿,主要见于猪水肿病。体表炎症及局部损伤,发生炎性水肿时,有热、痛反应。猪皮肤脓肿十分常见,主要为注射时消毒不严或皮肤划伤感染化脓引起。初期局部有明显的热、痛、肿胀,而后从中央逐渐变软,穿刺或自行破溃流出脓汁。局部脱毛,主要见于猪疥螨和湿疹。

眼结膜检查:主要是检查眼结膜膜颜色的变化。

眼结膜弥漫性充血发红,除结膜炎外,见于多种急性热性传染病、肺炎、胃肠炎等组织器官广泛炎症;结膜小血管扩张,呈树枝状充血,可见于脑炎、中暑及伴有心机能不全的其他疾病;可视黏膜苍白是各种类型贫血的表示;结膜发绀(呈蓝紫色)为病情严重的象征,如最急性型猪肺疫、胃肠炎后期,也见于猪亚硝酸盐中毒;眼结膜黄染,见于肝脏疾病、弓形虫病、钩端螺旋体病等。眼结膜,炎性肿胀,分泌物增多,常见于猪瘟、流感和结膜炎等。

腹股沟淋巴结检查:腹股沟淋巴结肿大,可见于猪瘟、猪副伤寒、猪丹毒、圆环病毒病、弓形虫病等多种传染病和寄生虫病。

体温检查:许多疾病,尤其是患传染病时,体温升高往往较其他症状的出现更早,因此,体温反常是猪患病的一个重要症状。猪的正常体温为 $38.5\sim40.0℃$,体温升高,见于许多急性热性传染性病和肺炎、肠炎疾病过程中;体温降低,多见于大出血、产后瘫痪、内脏破裂、休克及某些中毒等,多为预后不良的表现。

二、诊断和处理检疫后的猪

通过临床检疫应立即做出初步的诊断和果断地采取措施。可分以下几种情况:一是健康猪,二是病猪(表现出临床症状),三是可以感染猪(与病猪同圈而无临床症状的猪),四是假定健康猪(与病猪同舍而无临床症状的猪)。

(1)病猪　根据临床检疫的结果,对下列 5 类病猪不予治疗,立即淘汰或作无害处理:①无法治愈的病猪;②治疗费用较高的病猪;③治疗费时费工的病猪;④治愈后经济价值不高的病猪;⑤传染性强、危害性大的病猪。除这5类病猪以外的疾病,采用各种治疗方法积极治疗。

(2)可以感染猪 对于某些危害较大的传染病的可疑感染猪,应另选地方隔离观察,限制人员随意进出,密切注视其病情的发展,必要时可进行紧急免疫接种或药物防治。至于隔离的期限,应根据该传染病的潜伏期长短而定。若在隔离期间出现典型的症状,则应按病猪处理,如果被隔离的猪健康无恙,则可取消限制。

(3)假定健康猪 除上述两类外,在同一猪场内不同猪舍的健康猪,都属此类。假定健康猪应留在原猪舍饲养,不准这些猪舍的饲养人员随意进入岗位以外的猪舍,同时对假定健康猪进行被动或主动免疫接种。

三、免疫接种

猪的免疫接种是给猪接种生物制品,使猪群产生特异性抵抗力,由易感动物转化为不易感动物的一种手段。有组织、有计划地进行免疫接种,是预防和控制猪传染病的重要措施之一。

(1)建立科学的免疫程序 免疫接种前必须制定科学的免疫程序,制定免疫程序时主要考虑以下几个方面的因素:当地猪的疫病流行情况及严重程度;传染病流行特点;仔猪母源抗体水平;上次免疫接种后存余抗体水平;猪的免疫应答;疫(菌)苗的特性;免疫接种方法;各种疫苗接种的配合免疫对猪健康的影响等。对当地未发生过的传染病,且没有从外地传入的可能性,就没有必要进行该传染病的免疫接种,尤其是毒力较强的活疫苗更不能轻率地使用。现在国内外没有一个可供各地统一使用的生猪免疫程序,要在实践中总结经验,制定出符合本场具体情况的免疫程序。

(2)选择优质疫苗 疫苗或菌苗质量好坏直接关系到免疫接种的效果,因此,在选择疫苗时,一定要选择通过农业部的 GMP 认证的场家生产的、有批准文号的疫(菌)苗,并在当地动物防疫部门购买疫苗,不要在一些非法经营单位购买,以免买进伪劣疫苗,在购买疫苗或菌苗前,要确认出售疫苗的部门有无一定的技术实力,以保证疫苗或菌苗的效力。

注意疫苗或菌苗的失效期。当购买某种疫苗或菌苗时,一定要注意失效期,确保在有效期内才能购买,并对疫苗或菌苗的名称、生产场家、生产批号、使用说明、失效期、购买部门及购买日期等做好记录,以备查考。

(3)按要求运输、保存疫苗　猪用疫(菌)苗是生物制品,有严格的运输、保存条件。冻干苗运输时,必须放在装有冰块的疫苗专用运输箱内,严禁阳光直接照射和接触高温,-15℃以下保存。如猪瘟疫苗,在-15℃以下保存,有效期最长不超过 18 个月,在 0~8℃保存,最长不超过 6 个月。灭活苗 2~8℃下冷藏运输,避光保存,不得冻结。一定要按要求运输、保存,只有这样才能保障疫苗质量和免疫效果。

(4)检查被接种生猪　疫(菌)苗接种前,应向养猪户询问猪群近期饮食、大小便等健康状况,必要时可对个别猪进行体温测量和临床检查。凡精神、食欲、体温不正常的、有病的、体质瘦弱的、幼小的、年老体弱的、怀孕后期等免疫接种禁忌症的对象,不予接种或暂缓接种。

(5)注意无菌操作　免疫接种前,将使用的器械(如注射器、针头、稀释疫苗瓶等)认真洗净,高压灭菌。免疫接种人员的指甲应剪短,用消毒液洗手,穿消毒工作服、鞋。吸取疫苗时,先用 75%酒精棉球擦拭消毒瓶盖,再用注射器抽取疫苗,如果 1 次吸取不完,不要把插在疫苗瓶上的针头拔出,以便继续吸取疫苗,并用干酒精棉球盖好。严禁用给猪注射过疫苗的针头去吸取疫苗,防止疫苗污染。注射部位应先剪毛,然后用碘酒消毒,再进行注射,每注射 1 头猪必须更换 1 次消毒的针头。

(6)正确使用疫苗　在使用前应检查疫苗外观质量,凡过期、变色、污染、发霉、有摇不散凝块或异物、无标签或标签不清、疫苗瓶有裂纹、瓶塞密封不严、受过冻结的液体疫苗、失真空的疫苗等不得使用。

使用前必须详细阅读使用说明书,了解其用途、用法、用量及注意事项等。各种疫(菌)苗使用的稀释液、稀释方法都有一定的规定,必须严格按照说明书规定稀释,否则会影响免疫效果。

猪的免疫接种途径通常有:肌肉注射、皮下注射、口服等,注射部位可在内股、臀部或耳根后。疫苗稀释后应充分摇匀,并立即使用,使用过程中要随时振摇均匀,超过规定时间(一般弱毒疫苗3～6小时内用完,灭活苗当天用完)未使用完毕的疫苗应废弃。

仔猪副伤寒疫苗可口服或注射,但瓶签注明限于口服者不得注射。口服疫苗必须空腹喂,最好是清晨喂饲,以使每头猪都能吃到。口服菌苗时,禁用热食、酒糟、泔水发酵饲料拌苗。

用过的注射器、针头等用具应消毒处理,空苗瓶、废弃苗要高温无害化处理,严防散毒。

(7)观察接种后的反应 预防接种后,要加强饲养管理,减少应激。遇到不可避免的应激时,可在饮水中加入抗应激剂,如电解多维、维生素 C 等,能有效缓解和降低各种应激反应,增强免疫效果。

防疫员应在注苗后 1 周内逐日观察猪的精神、食欲、饮水、大小便、体温等变化。注射免疫后有些反应较大,如有的仔猪注射仔猪副伤寒疫苗 30 分钟后会出现体温升高、发抖、呕吐和减食等症状,一般 1～2 天后可自行恢复。

对反应严重的或发生过敏反应的可注射肾上腺素注射液 1～2 毫升抢救。

(8)接种前后慎用药物 在免疫前后 1 周,不要用肾上腺皮质酮类等抑制免疫应答的药物;对于弱毒菌苗,在免疫前后 1 周不要使用抗菌药物;口服疫苗前后 2 小时禁止饲喂酒糟、抗生素滤渣、发酵饲料,以免影响免疫效果。

(9)做好免疫接种记录 以便制定出符合养猪户具体情况的免疫程序和防止漏免、重免。

四、猪在运输过程中和运输前后需注意事项

最好不使用运输商品猪的车辆装运种猪。在运载种猪前应使用高效消毒剂对车辆和用具进行两次以上的严格消毒,最好能空置一天后装猪,在装猪前用刺激性较小的消毒剂(如双链季铵盐络合碘)彻底消毒一次,并开具消毒证。

在运输过程中应想方设法减少种猪应激和肢蹄损伤,避免在运输途中死亡和感染疫病。要求供种场提前2小时对准备运输的种猪停止投喂饲料,赶猪上车时不能赶得太急,注意保护种猪的肢蹄,装猪结束后应固定好车门。

长途运输的车辆,车厢最好能铺上垫料,冬天可铺上稻草、稻壳、锯末,夏天铺上细沙,以降低种猪肢蹄损伤的可能性;所装载猪只的数量不要过多,装得太密会引起挤压而导致种猪死亡;运载种猪的车厢隔成若干个栏圈,安排4~6头猪为一个栏圈,隔栏最好用光滑的钢管制成,避免刮伤种猪;达到性成熟的公猪应单独隔开,并喷洒带有较浓气味的消毒药(如复合酚等)或者与母猪混装,以免公猪之间相互打架。

长途运输的种猪,应对每头种猪按1毫升/10千克注射长效抗生素,以防止猪群途中感染细菌性疾病,对于临床表现特别兴奋的种猪,可注射适量氯丙嗪等镇静针剂。

长途运输的运猪车应尽量走高速公路,避免堵车,每辆车应配备两名驾驶员交替开车,行驶过程应尽量避免急刹车;应注意选择没有停放其他运载相关动物车辆的地点就餐,绝不能与其他装运猪只的车辆一起停放;随车应准备一些必要的工具和药品,如绳子、铁丝、钳子、抗生素、镇痛退热药以及镇静剂等。

另外,新引进的种猪,应先饲养在隔离舍,而不能直接转进猪场生产区,因为这样做极可能带来新的疫病,或者由不同菌株引发相同疾病。种猪到达目的地后,立即对卸猪台、车辆、猪体及卸车周围地面进行消毒,然后将种猪卸下,按大小、公母进行分群饲养,有损伤、脱肛等

情况的种猪应立即隔开单栏饲养,并及时治疗处理。先给种猪提供饮水,休息 6～12 小时后方可供给少量饲料,第二天开始可逐渐增加饲喂量,5 天后才能恢复正常饲喂量。种猪到场后的前两周,由于疲劳加上环境的变化,机体对疫病的抵抗力会降低,饲养管理上应注意尽量减少应激,可在饲料中添加抗生素(可用泰妙菌素 50 毫克/千克、金霉素 150 毫克/千克)和多种维生素,使种猪尽快恢复正常状态。种猪到场后必须在隔离舍隔离饲养 30～45 天,严格检疫。特别是对布氏杆菌、伪狂犬病(PR)等疫病要特别重视,须采血经有关兽医检疫部门检测,确认没有细菌感染阳性和病毒野毒感染,并监测猪瘟、口蹄疫等抗体情况。种猪到场一周开始,应按本场的免疫程序接种猪瘟等各类疫苗,7月龄的后备猪在此期间可做一些引起繁殖障碍疾病的免疫注射,如细小病毒病、乙型脑炎疫苗等。种猪在隔离期内,接种完各种疫苗后,进行一次全面驱虫,使其能充分发挥生长潜能。在隔离期结束后,对该批种猪进行体表消毒,再转入生产区投入正常生产。

五、猪场的药物保健

猪场发生的传染病种类多,目前有些传染病已经研制出有效的疫苗,通过预防接种可以达到预防的目的。但还有不少传染病尚无疫苗可用,有些传染病虽然有疫苗,但在生产中应用还有一些问题。因此,对于这些传染病除了加强饲养管理,搞好饲料卫生安全,坚持消毒制度,定期进行检疫之外,有针对性地选择适当的药物进行预防,也是猪场传染病防治工作中的一项重要措施。

(1)药物预防用药的原则　由于各种药物抗病原体的性能不同,所以预防用药必须有所选择。如何合理用药进行预防,提高药物预防的效果,一般情况下应按照以下原则选用药物。

①要根据猪场与本地区猪病发生与流行的规律、特点、季节性等,有针对性地选择高疗效、安全性好、抗菌广谱的药物用于预防,方可收到良好的预防效果,切不可滥用药物。

②使用药物预防之前最好先进行药物敏感试验，以便选择高敏感性的药物用于预防。

③保证用药的有效剂量，以免产生耐药性。不同的药物，达到预防传染病作用的有效剂量是不同的。因此，药物预防时一定要按规定的用药剂量，均匀地拌入饲料或完全溶解于饮水中，以达到药物预防的作用。用药剂量过大，造成药物浪费，还可引起副作用。用药剂量不足，用药时间过长，不仅达不到药物预防的目的，还可能诱导细菌对药物产生耐药性。猪场进行药物预防时应定期更换不同的药物，即可防止耐药性菌株的出现。

④要防止药物蓄积中毒和毒副作用。有些药物进入机体后排出缓慢，连续长期用药可引起药物蓄积中毒，如猪患慢性肾炎，长期使用链霉素或庆大霉素可在体内造成蓄积，引起中毒，有的药物在预防疾病的同时，也会产生一定的毒副作用。如长期大剂量使用喹诺酮类药物会引起猪的肝肾功能异常。

⑤要考虑猪的品种、性别、年龄与个体差异。幼龄猪、老龄猪及母猪，对药物的敏感性比成年猪和公猪要高，所以药物预防时使用的药物剂量应当小一些。怀孕后用药不当易引起流产。同种猪不同个体，对同一种药物的敏感性也存在着差异，用药时应加倍注意。体重大、体质强壮的猪比体重小、体质虚弱的猪对药物的耐受性要强。因此，对体重小的与体质虚弱的猪，应适当减少药物用量。

⑥要避免药物配伍禁忌。当两种或两种以上的药物配合使用时，如果配合不当，有的会发生理化性质的改变，使药物发生沉淀，分解，结块或变色，结果出现减弱预防效果或增加药物的毒性，造成不良后果。如磺胺类药物与抗生素混合产生中和作用，药效会降低。维生素 B_1、维生素 C 属酸性，遇碱性药物即可分解失效。在进行药物预防时，一定要注意避免药物配伍禁忌。

⑦选择最合适的用药方法。不同的给药方法，可以影响药物的吸收速度、利用程度、药效出现时间及维持时间，甚至还可引起药物性质的改变。药物预防常用的给药方法有混饲给药，混水给药及气雾给药

等,猪场在生产实践中可根据具体情况,正确地选择给药方法。

预防用药的方法:

a.混饲给药法 将药物拌入饲料中,让猪只通过采食获得药物,达到预防疫病之目的。这种给药方法的优点是省时省力,投药方便,适宜群体给药,也适宜长期给药。其缺点是如药物搅拌不匀,就有可能发生有的猪只采食药物量不足,有的猪只采食药物过量而发生药物中毒。混饲时应注意:药物用量要准确无误;药物与饲料要混合均匀;饲料中不能含有对药效质量有影响的物质;饲喂前要把料槽清洗干净,并在规定的时间内喂完。

b.混水给药法 将药物加入饮水中,让猪只通过饮水获得药物,以达到预防传染病的目的。这种方法的优点是省时省力,方便,适于群体给药。缺点是当猪只饮水时往往要损失一部分水,用药量要大一点。另外由于猪只个体之间饮水量不同,每头猪获得的药量可能存在着差异。混水给药时应注意:使用的药物必须溶解于饮水;要有充足的饮水槽或饮水器,保证每头猪只在规定的时间内都能饮到够量的水;饮水槽和饮水器一定要清洗干净;饮用水一定要清洁干净,水中不能含有对药物质量有影响的物质;使用的浓度要准确无误;药物饮水之前要停水一段时间,夏天停水 1～2 小时,冬天停水 3～4 小时,然后让猪饮用含有药物的水,这样可以使猪只在较短的时间内饮到足量的水,以获得足量的药物;饮水要按规定的时间饮完,超过规定的时间药效就会下降,失去预防作用。

(2)药物添加剂使用参考剂量

①抗生素添加剂参考剂量:土霉素(金霉素)200～800 毫克/千克,新霉素 70～140 毫克/千克,庆大霉素 500～1 000 毫克/千克,泰乐菌素 200～500 毫克/千克。

②化学药物添加剂参考剂量:磺胺-5-甲氧嘧啶(SMD)500～1 000 毫克/千克,呋喃唑酮 300～400 毫克/千克,氟哌酸 500～1 000 毫克/千克,伊维菌素 150 毫克/千克。

③维生素添加剂参考剂量:促菌素、调痢生、止痢灵及亚罗康等,一

般在饲料中添加 300～500 毫克/千克。

④抗应激添加剂参考剂量：氯丙嗪 500 毫克/千克、利血平 20 毫克/千克、琥珀盐酸 1 000～2 000 毫克/千克。

（3）药物预防在养猪生产中的实际应用　如猪腹泻性病的药物预防。①仔猪出生后，吃初乳之前，每头口服 1% 稀盐酸 3 毫升，连用 3天，可预防仔猪黄、白痢的发生。②仔猪出生后，每天早晚各口服 1 次乳康生，连用 2 天，以后每隔 1 周服 1 次，可服用 6 周，每头每次服 0.5克（1 片）。或仔猪出生后立即服 1 次促菌生，以后每天服 1 次，连服 3天。或按千克体重 0.1～0.15 克，每天服用 1 次调痢生，连服 3 天。可预防仔猪黄、白痢，并能促进仔猪的生长，提高成活率。③仔猪出生后3 天注射 0.1% 亚硒酸钠和牲血素，每头肌肉注的 2 毫升，可预防仔猪黄、白痢等。④敌菌净，每千克体重 100 千克内服。每日 2 次，连服 5天，可预防仔猪黄、白痢等。⑤仔猪出生后，吃初乳之前，每头内服青、链霉素各 10 万国际单位，可预防仔猪红痢等。⑥杆菌肽，每吨饲料中添加 50～100 克，连喂 7 天，可预防猪痢疾及其他细菌性下痢等。

六、规模化养猪场猪病流行特征及防治对策

（1）当前规模化猪场猪病流行特征

①温和性和非典型疫病不断出现。疫病出现温和性和非典型变化。如从临床症状和剖检变化不像猪瘟，实验室诊断的结果是猪瘟阳性。从而使某些旧病以新的面貌出现。此外，有些病原的毒力增强，即使经过免疫接种的猪群也常发病，这就给疫病的诊断、免疫接种和防疫治疗造成了很大的困难。

②呼吸系统疾病加重。规模化养猪场，由于其饲养密度大，消毒卫生不严，猪舍通风换气不良，为呼吸道传染病的发生和流行提供了条件。近年来猪支原体肺炎（MPS）、猪繁殖和呼吸系统综合征（PRRS）、猪萎缩性鼻炎、猪传染性胸膜肺炎（APP）、猪伪狂犬、猪流感、猪圆环病

毒(PCV2)等病的感染,造成猪呼吸系统发病率的增加,危害加重。发病后难以控制;发病率一般在 40%～50%,死亡率在 5%～30%。

③新病不断出现。近年来,从国外传入的各种新病不断出现。如猪繁殖和呼吸系统综合征(PRRS)、猪圆环病毒(PCV2)、猪增生性肠病(PPE)、猪传染;性胸膜肺炎(APP)、猪纹形螺旋体痢疾等。这些疫病的发生和流行给规模化养猪业造成了严重的危害。

④疫病的混合感染和各种综合征不断出现。由于规模化养猪场饲养时间的增长,造成猪场环境中残存多种病原体,一旦猪群猪只抵抗力降低,环境和气候发生变化,猪体受到病原体的侵袭,这时即可出现两种或多种病原体所致的多重感染或混合感染。在混合感染中出现有两种病毒(PRRS 与 PCV2)或三种病毒(PRRS、PRV 和 PCV2)所致的双重或三重感染,也有两种细菌或三种细菌所致的双重或三重感染,还有病毒与细菌,病毒与寄生虫,细菌与寄生虫的混合感染。还有多种病原体引起的疾病综合征,如猪呼吸系统综合征等。这种病在大部分规模化养猪场都有发生,有的养猪场发病率高达 40%～50%,严重影响猪只的生长发育。

⑤猪只继发感染。猪只患病后的继发感染也是规模化养猪场的常发病,即猪只被一种病原体感染后,由于环境中存在多种病原体,如采取措施不力或机体抵抗力降低,即可被其他病原体感染。

⑥猪的抗药性增强,抗生素治疗疾病效果不佳。规模化养猪场在疾病的防治上,应以预防为主,治疗为辅,但由于疾病的复杂性,在疾病的防治上由过去的单一性,转变为综合防治;除应用抗生素外,还应使用球蛋白、干扰素、转移因子等药物。有的养猪场长期大量使用抗生素,使猪体内的细菌产生了抗药性,当发生疾病后,再使用抗生素则效果不佳。

⑦猪群对各种疫病的易感性增强。规模化养猪场,由于其饲养密度大,猪舍通风换气不良,舍内二氧化碳、氨气、硫化氢等有害气体的浓度高,加之各种刺激,造成猪只机体的抵抗力降低,使猪只对各种病原体的易感性增强。

（2）防治对策

①制定科学的免疫程序。规模化养猪场,应根据本场的实际情况,制定科学合理的免疫程序。使猪群在整个生产期都得到有效的免疫保护。如猪瘟要在产后立即进行超前免疫,每头仔猪注射 2 头份,2 小时后吃奶,35 日龄和 70 日龄各注射 1 次,每头肌肉注射 4 头份。繁殖母猪在配种前 15 天或仔猪断奶时,注射 4 头份;种公猪每年注射 2 次,各为 4 头份,同时要搞好猪伪狂犬、猪细小病毒和猪繁殖与呼吸障碍综合征(PRRS)等影响猪免疫系统传染病的免疫接种,以减少继发感染的机会。

②选择疫苗要讲究。规模化养猪场在选择各种疫苗时,必须是正规场家生产的疫苗。特别注意从出厂到使用全过程都要保证冷藏贮运。在购买时要到当地县级以上畜牧兽医部门认购,不要到个体兽医诊所去认购,因为同样是正规场家生产的疫苗,个体兽医诊所不能保证疫苗在贮运过程中的冷藏。另外,在猪瘟的防疫接种上,要选择猪瘟单苗,不要选用猪瘟、猪丹毒、猪肺疫三联苗。特别是仔猪的超前免疫,绝对不能使用三联苗。

③防疫接种要严格。接种疫苗要用消过毒的注射器和针头。注射器和针头要煮沸消毒 10 分钟以上,每注射 1 头猪换 1 个针头,如果是哺乳仔猪可注射 1 窝猪换 1 个针头。如果是冻干苗最好用专用的稀释液,使用前将疫苗和稀释液升至室温,疫苗一经稀释,应在 2～4 小时内用完,过时废弃。

④加强饲养管理。实行科学的饲养管理,确保猪只能获得足够的饲料营养,以提高猪群的免疫力和抵抗力,加强猪舍管理,保持干燥,冬季注意保暖,夏季注意降温,降低各种应激因素;减少对猪只惊吓、刺激,及时清理猪舍粪便、尿液和脏物,以降低舍内氨气、硫化氢、二氧化碳等有害气体浓度。维护合理的饲养密度,注意猪舍通风,用具及环境定期消毒,人员出入猪舍要注意消毒。苍蝇和老鼠是各种传染病的传染媒介,为切断传染媒介,夏季要经常开展灭蝇活动,常年进行投药灭老鼠。

⑤要做到自繁自养,全进全出。养猪场要做到自繁自养,全进全出,这样可控制外界传染病的传入。为切断传染源,对不同阶段的猪要全进全出,最低限度要做到产房和保育舍的猪的全进全出。圈舍空出后,先清理污物,然后彻底冲洗,待干燥后用氢氧化钠或过氧乙酸消毒,然后封闭门窗用甲醛和 PP 粉进行熏蒸消毒,再空圈 7～10 天方可装猪。产时每周要进行一次带猪消毒,可选用刺激性较弱的消毒剂。

⑥慎重引种,定期监测。引种时要特别注意,应引入没有猪瘟、细小病毒、伪狂犬、繁殖和呼吸系统综合征等传染病的种猪。对本场的种猪也应用荧光抗体法监测,测出的抗原阳性带毒猪,应及时淘汰。引入的种猪,应隔离观察 30 天确认无病后,注射猪瘟、细小病毒、猪伪狂犬等疫苗后,才可合群。

⑦结合本场实际注射自制疫苗。如本场发生疫情并不能确诊或发生多种病原体混合感染时,应及时注射自制的自家组织灭活苗,可收到一定的效果。

⑧要做好定期驱虫。不论是种猪还是育肥猪都要进行定期驱虫,养猪场一旦发生寄生虫病,严重影响猪只的生长发育,传染病可使养猪场亏本,寄生虫可吃掉养猪场的利润。

第三节　不同阶段猪的常见疾病预防

母猪阶段常见疾病包括猪瘟、细小病毒、伪狂犬病、乙型脑炎、附红细胞体病、气喘病、寄生虫病、口蹄疫、高致病性蓝耳病;仔猪阶段包括仔猪黄痢、仔猪白痢、附红细胞体病、缺铁性贫血、寄生虫虫病、仔猪红痢、传染性胃肠炎、流行性腹泻、猪瘟、猪丹毒、猪肺疫、仔猪副伤寒、口蹄疫、副猪嗜血杆菌病、高致病性蓝耳病、圆环病毒病;育肥猪阶段包括水肿病、仔猪副伤寒、附红细胞体病、传染性胸膜肺炎、寄生虫病、猪瘟、传染性胃肠炎、流行性腹泻、气喘病、高致病性蓝耳病;公猪阶段包括猪瘟、乙型脑炎、细小病毒病、口蹄疫、附红细胞体病、高致病性蓝耳病。因为不同阶段猪有一些共性病，所以下面介绍不同猪病的预防方法。

一、猪瘟

猪瘟又名猪霍乱，俗称"烂肠瘟"是由猪瘟病毒引起的一种急性、热性、高度接触性传染病。

1. 流行特点

本病不同季节、年龄、品种、性别的猪均可发生，且发病数量多，死亡率高，通常发病后7天左右达到发病和死亡高峰，呈流行性，主要经消化道传染，潜伏期3～21天，一般为7～9天。

2. 临床症状

根据发病程度可分为三种类型。

最急性型 病猪无明显症状，突然倒地死亡。常见于流行初期。

急性型 即典型猪瘟，体温升高至41～42℃，拒食而喜欢饮水，恶寒喜温，无精打采，俯卧、弓背、寒战、乏力，常钻卧在草堆中或静卧于阴暗处，尾、耳下垂，眼睑肿胀，黏膜潮红，眼角多有黏性分泌物。病初多见便秘，经3～4天后腹泻。便秘与腹泻交替发生，并排出恶臭稀便，带有灰白色黏液及血液。皮肤上有针刺状出血斑点，多于发病后5～7天死亡。

慢性型 多由急性型转来，其表现为时好时坏，吃食不定，体温时高时低，咳嗽，呼吸困难，便秘与腹泻交替发生，腹部紧缩，多经3周左右死亡。

3. 病理变化

剖检可见全身淋巴结肿大，呈暗紫色，切面出血成大理石纹状。肾呈土黄色，可见出血点。膀胱可见黏膜出血；心内外膜出血，以左心耳为重。会厌软骨出血；脾脏边缘有紫色或土黄色坏死灶，大肠黏膜有扣状结节。

4.诊断

根据流行特点、临床症状、病理变化等可初步诊断。

5.防治方法

目前本病尚无特效药物治疗,只能采用综合性防治措施。加强饲养管理,提高猪的抗病力。坚持自繁自养,从外地购猪加强检疫。定期预防注射,接种猪瘟兔化弱毒疫苗后,4天即可产生免疫力,免疫期一年。其免疫程序为:吃初乳前进行第一次免疫,50~55日龄或断奶后进行第二次免疫。大型养猪场,多在仔猪断奶后进行第一次免疫;70日龄进行第二次免疫。农户少量养猪可于断奶后进行一次免疫即可。注射剂量应按说明书进行。

在猪瘟流行时,疫区内应立即封锁,隔离病猪,及时抢救治疗。

用猪瘟兔化弱毒疫苗预防量的2~5倍,一次肌肉注射,对治疗病猪有一定的效果。

二、猪细小病毒病

猪细小病毒病是由猪细小病毒引起的母猪繁殖障碍性疾病。主要表现为胎儿和胚胎的感染和死亡,母猪不表现明显症状。

1.流行特点

本病一般呈地方性流行。传染源主要是带毒病猪、病猪粪便。可通过消化道、呼吸道、配种传播本病。感染过本病的猪获得终身免疫。

2.临床症状

母猪发生流产、死胎、木乃伊、胎儿发育异常等现象,有时怀孕母猪久孕不产,也可能是由细小病毒在母猪妊娠初期感染,胚胎被吸收,致使久不发情也不产仔。被细小病毒感染的公猪,性欲和受精率没有明显影响,只是精液中带有病毒,起传播作用。

3.病理变化

对病死孕猪剖检可见,胎儿死亡、充血、水肿、出血及胎儿体腔积液、脱水等病变。

4. 诊断

根据流行特点、临床症状及病理变化等可初步诊断。

5. 防治方法

目前,对本病尚无有效治疗方法,应以预防为主,可用猪细小病毒病油佐剂灭活疫苗肌肉注射,后备公、母猪均需注射,种公猪每年注射1次。后备母猪在配种前1个月注射。注射剂量、稀释倍数等按产品说明书进行。

三、猪伪狂犬病

猪伪狂犬病是由伪狂犬病毒引起的一种传染病。由于被感染猪的大小不同其临床症状差异很大,大猪感染后常无明显的临床表现;怀孕母猪感染后常导致流产或产死胎、弱胎;小猪尤其是哺乳仔猪患病后陷于昏睡状态,最后死亡。

1. 流行特点

本病常发生于春、秋两季,妊娠母猪感染后,常引起流产;哺乳母猪感染后6～7天乳汁中有病毒,持续3～5天,仔猪因吃乳而被感染。病猪和带毒的鼠是重要传染源。传染途径是经过消化道、呼吸道黏膜,皮肤伤口和交配等。

2. 临床症状

仔猪发病初期精神委顿、停食,有时呕吐,体温上升,达41℃以上,也有部分体温微升。上述症状持续24～36小时,开始出现神经症状。病猪全身颤抖,神经兴奋,奔跑前冲,视力减弱,四肢张开,常向一侧转圈。

病猪呈现间歇性痉挛,特别以咬肌、颈肌、背肌等为严重。癫痫发作时猪侧卧,头颈仰起,四肢抽搐,每次持续5～10分钟,长的可达30分钟,无食欲,无知觉。仔猪口鼻流出大量黏液,眼睑水肿,背凹陷,头偏向一侧,后躯软弱,四肢呈游泳式划动,不久即完全麻痹。一般只有少数病例可康复。当出现神经症状,声带、肌肉麻痹后,即说明已接近死亡。

3.病理变化

剖检病猪可见耳尖、吻突、胸腹下部、四肢末梢及尾根等处有淤血斑。淋巴结、肝、肾、脾、膀胱肿大且有不同程度的出血点，鼻腔有出血性炎症，肺水肿，心内膜有出血斑。胃肠道有出血性炎症变化，脑膜充血、水肿，部分仔猪脑灰质处见小点出血。

4.防治措施

对该病目前尚无特效治疗药物。发病期可采用抗伪狂犬病血清治疗，有一定效果，同时对未发病的猪还可起预防作用。如果本场有该病发生，应及时采取控制措施，可普遍注射抗伪狂犬病血清，以后每年都注射猪伪狂犬病疫苗。据哈尔病兽医研究所介绍，该所研制的猪伪狂犬病疫苗，对 1～8 月龄仔猪和怀孕后期的母猪进行 2 次注射，哺乳仔猪 0.5 毫升，断奶仔猪 1 毫升，母猪 2 毫升，2 次间隔 6～8 天，免疫期可达 1 年以上。对病死猪要深埋或高温处理，粪便要堆积发酵。直到该病在场内完全停止发生后 4 周方能解除封锁。另外，猪疫全场的灭鼠工作，也是预防本病的措施之一。

四、猪乙型脑炎

猪乙型脑炎又叫日本脑炎，是由乙型脑炎病毒引起的一种热性接触性人畜共患的传染病。

1.流行特点

本病多发于炎热的夏末秋初，即 7～9 月份。6 月龄以前的猪易感，主要通过蚊虫传播。

2.临床症状

本病以公猪睾丸肿胀和母猪流产或死胎为主要特征。病猪体温升高，粪便干燥，个别猪跛行、磨牙、口吐白沫、乱冲乱撞。孕猪流产、早产、产死胎，仔猪出生后，短期内痉挛而死。公猪在体温升高后，出现一侧或两侧睾丸肿大，是正常的 0.5～1 倍，阴囊发热，触之硬实。几天后睾丸萎缩变硬,失去配种能力。

3. 病理变化

脑水肿充血,睾丸组织有坏死灶,子宫充血,死胎皮下和脑水肿,肌肉如水煮样。

4. 诊断

根据本病多发地区、流行季节、临床症状及病理变化不难诊断。但确诊必须进行血清学检验及病原体分离。

5. 防治方法

猪圈及饲养用具经常消毒,在蚊虫活动猖狂季节,根据其习性和出现季节加强灭蚊措施。在本病常发地区用流行性乙型脑炎弱毒疫苗进行预防接种,可有效预防本病的发生。一般在本病发生前 1～2 个月,用仓鼠肾弱毒疫苗接种,4 月龄内的猪每只肌肉注射 1 毫升,一般免疫期可保持 1 年。

目前,对本病尚无有效治疗方法,一般也无治疗必要。

五、猪气喘病

猪气喘病是由猪肺炎霉形体(支原体)引起的一种呼吸道传染病。

1. 流行特点

本病只感染猪,不同年龄、性别和品种的猪均易感染发病,主要通过接触或吸入空气中的病原体而感染。新疫区多呈暴发式流行,病死率高。流行后期和老疫区多为慢性和隐性经过,并以仔猪多发。耐过者往往成为阴性带菌者,成为新的传染源。本病一年四季均可发生,但在寒冷潮湿或气候骤变的诱因下发病率上升。

2. 临床症状

特征性症状为咳嗽和气喘。病初为短声连咳,运动加剧或受冷风刺激时,咳嗽加重,同时有少量鼻液流出;病重时流灰白色黏性或脓性鼻液,连声咳嗽,呈腹式呼吸,多静立不动,张口喘气,呼吸呈拉风箱音。

3.病理变化

主要是肺部变化,肺门淋巴结和纵隔淋巴结肿大成灰白色,切面多汁。急性死亡的病猪肺有不同程度的水肿、气肿,切面流出泡沫样液体。其特征病变是在心叶、间叶、中间叶出现融合性支气管肺炎,尤以心叶最明显。肺膜常与胸壁、心包等粘连。

4.诊断

根据流行特点、临床症状、病理变化等可初步诊断,确诊必须经实验室检验。

5.防治方法

预防措施 应采取综合性防疫措施,以控制本病的发生和流行。对已确诊为气喘病的猪,应隔离饲养,专人管理,严格防止病猪与健康猪接触,切断传染途径,以防蔓延。同时要加强饲养管理,提高猪的抵抗能力,防止继发感染。

治疗方法 首选药为恩诺沙星注射液,每10千克体重1毫升,肌肉注射,每天2次;也可用硫酸卡那霉素,每天每千克体重4万单位,连用3~5天;当猪停食、气喘、呼吸加快时,应配合青霉素治疗,每千克体重肌肉注射3万单位,每天两次。

六、寄生虫病

猪的寄生虫种类繁多,有蛔虫病、疥癣病、猪毛首线虫病(鞭虫病)、肺丝虫病、弓形虫病、球虫病、囊虫病、旋毛虫病等,以疥螨病、蛔虫病、球虫病、鞭虫病最为常见,对猪的危害较严重,常常造成猪生长发育不良、增重缓慢。每年的春秋季节大多数的养猪场都会对场内的猪进行全群驱虫,驱虫时应注意以下问题。

1.驱虫药物的选择

目前市场上的驱虫药物种类很多,要如何选用呢?有些高效的驱虫药物,不但对寄生虫成虫,对寄生虫幼虫都有驱杀作用,而且对寄生虫虫卵的孵化有抑制作用。所以要尽量选择这样的驱虫药,具有广谱、高效、安全且可同时驱除猪体内外寄生虫的驱虫药物。如单纯的伊维菌素、阿维菌素对驱除疥螨等寄生虫效果较好,但对在猪体内移行期的蛔虫幼虫、鞭虫等效果较差;阿苯达唑、芬苯达唑、丙硫苯咪唑等对线虫、吸虫、鞭虫、球虫及其移行期的幼虫、绦虫都有较强的驱杀作用,对虫卵有极强的抑制孵化或杀灭作用。要注意驱虫药物的保质期,药物要放在阴凉通风处保存,防止日光照射。

在使用驱虫药时,必须注意剂量,对某些具有毒性的驱虫药,不能过量,以免中毒。怀孕母猪和仔猪避免使用阿维菌素、敌百虫、左旋咪唑等毒性较大的驱虫药;中大猪使用这类药物,必须事先准备好肾上腺素、阿托品等特效解毒药以备急用。生猪屠宰前3周内不得使用药物进行驱虫。

2. 驱虫时间

驱虫的时间选择有两种方法,一种是按季节进行驱虫,另一种是按阶段进行驱虫。季节驱虫一般为每年春季(3～4月份)进行第一次驱虫,秋冬季(10～12月份)进行第二次驱虫,每次都对全场所有存栏猪进行全面用药驱虫。阶段性驱虫是指在猪的某个特定阶段进行定期用药驱虫。现实中较常用的用药方案是:种母猪产前15天左右驱虫1次;保育仔猪阶段驱虫1次;后备种猪转入种猪舍前15天左右驱虫1次;种公猪一年驱虫2～3次。

3. 驱虫方法

拌料法:可将驱虫药物拌在料中饲喂,喂驱虫药前,让猪停饲一顿,然后将药物与饲料拌匀,一次让猪吃完,若猪不吃,可在饲料中加入少量盐水或糖精,以增强适口性。

皮下注射:如阿维菌素(或伊维菌素)一般采用皮下注射,皮下注射的部位通常选择皮肤较薄、皮下组织疏松而血管较少的部位,如颈部或股内侧皮下为较佳的部位。用70%酒精棉球消毒后,以左手的拇指、食指和中指将皮肤轻轻捏起,形成一个皱褶,右手将注射器针头刺入皱褶处皮下,深1.5～2厘米,药液注完后,用酒精棉球按住进针部皮肤,拔出针头,轻轻按压进针部皮肤即成。

4.驱虫后应注意的问题

驱虫后要及时清理粪便,猪粪和虫体集中堆放发酵处理,以防止排出的虫体重新感染猪。仔细观察驱虫后猪的表现,有无中毒现象发生。

七、猪口蹄疫

口蹄疫为偶蹄兽的一种急性热性高度接触性传染病。猪口蹄疫的发病率很高,传染性极强,流行面广,传播快,对仔猪可引起大批死亡,造成严重经济损失。人也感染本病。因此,世界各国对口蹄疫都十分重视。此病已成为国际重点检疫对象。

1.流行特点

本病潜伏期短,传播快,流行广,发病率高,在同一时间内,往往牛、羊、猪一起发病。本病一年四季均可发生,但以寒冷季节多发,一般秋末开始,冬季和早春达到高峰,以后逐渐减少,夏季基本平息,但在养猪密度大的地方,夏季也有发生。

2.临床症状

常见病猪蹄冠部出现一条白带状水疱,然后从蹄中沟向下延伸发展到蹄踵部。严重的侵害蹄叶,导致蹄壳脱落,行走困难。鼻盘中、口腔和哺乳母猪乳头上也常见水疱。水疱破裂后7天左右可愈合。一般成猪不发生死亡,但仔猪死亡率很高。

3.病理变化

死亡的仔猪胃肠有出血性炎症,心外膜出血,呈黄色斑纹或不规则小点(俗称虎纹心)。

4.诊断

根据流行特点、临床症状及病理变化等可初步诊断。

5.防治方法

一旦发生本病,应迅速划定疫区并对疫区封锁、消毒,防止疫情扩散和蔓延,并上报疫情。疫区内的猪、牛、羊,应由兽医检疫部门进行检疫,病猪及其同栏猪应紧急屠宰,内脏及污染物应深埋或焚烧,猪肉高温处理后就地利用。疫区内未感染的猪、牛、羊，应立即用与本地流行的病毒型相同的疫苗进行紧急接种。对疫区内的猪圈、运动场、用具、垫料等被污染的场地及物品应用2％的火碱溶液进行彻底消毒；在口蹄疫流行期间每隔2～3天消毒一次；疫区内最后一头病猪痊愈或死亡后14天，如再无口蹄疫病例出现，经大消毒后，可申请解除封锁。

根据国家有关规定，患口蹄疫的病猪应一律紧急屠宰，不准治疗，以防散播传染。

八、仔猪黄痢

仔猪黄痢又称早发性大肠杆菌病，是由大肠杆菌引起的5日龄内仔猪的急性肠道传染病，主要症状以拉黄色稀粪和急性死亡为特征，有高的发病率和死亡率。本病在我国较多的猪场都有发生，是危害仔猪最重要的传染病之一。

1. 流行特点

本病主要在生后数小时至一周龄以内仔猪发病，以1～3日龄最为多见，一周以上的仔猪很少发病。育成猪、肥猪、母猪及公猪都未见发病。

2. 临床症状

仔猪出生时尚还健康，快者数小时后突然发病和死亡。病猪主要症状是拉黄痢，粪大多呈黄色水样，内含凝乳小片，顺肛门流下，其周围多不留粪迹，易被忽视。下痢重时，小母猪阴户尖端可出现红色，后肢被粪液玷污，捕捉挣扎或鸣叫时，粪水常由肛门冒出。病仔猪精神沉郁，不吃奶，脱水，昏迷而死。急者不见下痢，身体软弱，倒地昏迷死亡。

3. 病理变化

主要变化是小肠急性卡他性炎症，表现为肠黏膜肿胀、充血或出血。肠壁变薄、松弛。胃黏膜有红肿。肠系膜淋巴结充血肿大，切面多汁。心、肝、肾有变性，重者有出血点。

4.诊断

根据流行特点、临床症状及病理变化等可初步诊断。

5.综合性防治措施

治疗原则:发现一头乳仔猪患有仔猪黄痢病,就应对全窝乳仔猪进行药物的预防性治疗。否则,发病后再治疗,往往疗效不佳。

(1)治疗方法　首选的药物有庆大霉素、卡那霉素和硫酸链霉素。庆大霉素每次每千克体重4～11毫克,一天2次,口服;每千克体重4～7毫克,一天1次,肌肉注射;卡那霉素每千克体重5～15毫克,每日2次,肌肉注射;乙基环丙沙星,每千克体重2.5～10.0毫克,一天2次,肌肉注射;氯霉素每日每千克体重50毫克,肌肉注射;青霉素8万单位加硫酸链霉素80毫克,内服,一天2次;磺胺脒0.5克加甲氧苄氨嘧啶0.1克,研末,每次每千克体重5～10毫克,一天2次;庆增安注射液每次每千克体重0.2毫升,一日2次,口服。

(2)预防措施　要控制住仔猪黄痢的发生,要治本,就要做到"三个做好":

一是要做好猪舍的环境卫生和消毒工作。产房应保持清洁干燥、不蓄积污水和粪尿,注意通风换气,和保暖工作。母猪临产前,要对产房进行彻底清扫、冲洗、消毒。垫上干净的垫草。母猪产仔后,把仔猪放在已消毒好的保温箱里或筐里,暂不接触母猪。待把母猪的乳头、乳房、胸腹部皮肤,用0.1%高锰酸钾水溶液,擦洗干净后(消毒),逐个乳头挤掉几滴奶水后,再让仔猪哺乳,这样就切断了传染途径。

二是要做好对初生仔猪"开奶"前的用药工作。就是在仔猪初生后,未让仔猪吃初乳之前,全窝逐头用抗菌素药(庆大霉素、链霉素等)口服。以后每天服1次,连服3天。防止病从口入。

三是要做好对母猪的接种免疫工作,提高保护率,我国已制成大肠杆菌K88ac—LTB双价基因工程菌苗、大肠杆菌K88、K99双价基因工程菌苗和大肠杆菌K88、K99、987P三价灭活菌苗,前两种采用口服免疫,后一种用注射法免疫。均于产前15～30天免疫(具体用法参见说明书)。母猪免疫后,其血清和初乳中有较高水平的抗大肠杆菌的抗体,能使仔猪获得很高的被动免疫的保护率。

九、仔猪白痢

仔猪白痢又称迟发性大肠杆菌病,是 10～30 日龄以内仔猪的常发疾病,在临诊上以下痢、排出灰白色粥状粪便为特征。在剖检上主要为肠炎变化。

仔猪白痢在我国各地猪场均有不同程度的发生,能引起病猪死亡及影响生长发育,对养猪业的发展有相当大的影响。

1. 流行特点

本病一年四季都可发生,但一般以严冬、早春及炎热季节发病较多。在气候突然转变,如下大雪、寒流及暴雨后发病仔猪突然增多,有时不采取治疗措施也可自愈。本病主要发生于 10～30 日龄仔猪,以 2～3 周龄发病最多,7 天以内或 30 天以上发病的较少。

2. 临床症状

病猪主要发生下痢,粪便为白色、灰白色或黄白色,粥样,有腥臭味。有时粪中混有气泡。病猪体温一般不升高,精神尚好,到处跑动,有食欲。

3. 病理变化

死猪胃黏膜潮红肿胀,以幽门部最明显,上附黏液,少数严重病例有出血点。肠黏膜潮红,肠内容物呈黄白色,稀粥状,有酸臭味,有的肠管空虚或充满气体,肠壁菲薄而透明。严重病例黏膜有出血点及部分黏膜表层脱落。肠系黏膜淋巴结肿大。肝和胆囊稍肿大。肾脏呈苍白色。病程久者可见肺炎病变。

4. 防治措施

(1)本病需采用综合性的防治措施,包括环境温度、湿度、卫生消毒、免疫接种(指对母猪)、药物和微生态制剂的防治等,具体措施同仔猪黄痢。

(2)提早开食,5～7 日龄的仔猪就可开始补料,经 10 天左右就能主动吃料。仔猪早补料要比晚补料增重快,并能有效地减少白痢病的发病率。

（3）仔猪贫血也可能诱发本病,而贫血的原因主要是缺铁,所以在仔猪产后3天内就要补充铁、钴制剂,如肌注右旋糖酐铁钴注射液2毫升,有利于白痢病的防治。

5.治疗

仔猪白痢病的防治方法基本同仔猪黄痢。不过引起本病发生的原因更多应进行临诊调查分析,找出诱因,加以克服,在此基础上开展治疗,方能奏效。

十、缺铁性贫血

母猪的乳汁一般含铁量较低,新生仔猪生长发育迅速,对铁的需要量急剧增加,在最初数周,铁的日需量约为15毫克,而通过母乳摄取的铁量每日平均仅有1毫克,且新生仔猪体内存在的铁元素也较少,因此仔猪发生缺铁性贫血较为常见。在一些饲养规模较大的猪场,多是水泥地面的猪舍,最容易发生仔猪缺铁性贫血症,通常发病率高达90%。仔猪发病主要集中在2～4周之间。

1.症状

最常发生在3～4周龄的仔猪,仔猪生长发育正常,但增重率比正常仔猪明显降低,食欲下降,容易诱发肠炎、呼吸道感染等疾病,轻度呼吸加快。病情严重时,头颈部水肿,白猪皮肤明显苍白且显出黄色,尤其是耳和鼻端周围的皮肤,嗜睡,精神不振,心跳加快,心音亢盛,呼吸加快且困难,尤其在轰赶奔跑后,急促的呼吸和呼吸动作明显加强,而且需较长的时间才能缓慢地恢复平静。严重的贫血,可突然死于心率衰竭,但这种情况发生很少。

2.病理变化

尸体苍白消瘦,血液稀薄,全身轻度或中度水肿,心脏扩张,肝脏肿大,呈斑驳状和由于脂肪浸润呈灰黄色。

3.防治

由于在妊娠期和产后给母猪补充含铁的药物,不能提高新生仔猪肝铁的贮存水平,基本上也不能增加乳中铁的含量,因此,防治哺乳仔猪缺铁性贫血,通常是直接给仔猪补铁。补铁通常用肌肉注射。

用右旋糖酐铁、山梨醇铁、牲血素、血多素、富血素、补铁王、血之源、右旋糖酊铁钴合剂、含糖氧化铁等含铁注射液对 3~4 日龄仔猪每头注射 100~150 毫克剂量的铁,10~14 日龄再用同等剂量注射一次。肌注时可引起局部疼痛,应深部肌注。

十一、仔猪红痢

猪梭菌性肠炎又称仔猪传染性坏死性肠炎,俗称"仔猪红痢",多是有 C 型魏氏杆菌所引起的高度致死性肠毒败血病;主要发生于 3 日龄以内的新生仔猪。其特征是排红色粪便,小肠黏膜出血、坏死;病程短,病死率高。在环境卫生条件不良的猪场,发病较多,危害较大。

1.流行特点

本病发生于 1 周龄左右的仔猪,以 1~3 天的新生仔猪最多见,偶尔可在 2~4 周龄及断奶仔猪中见到。带菌猪是本病的主要传染源;消化道侵入是本病最常见的传播途径。据报道,一部分母猪是本病的带菌者,病菌随粪便排出体外,直接污染哺乳母猪的乳头和垫料等,当初生仔猪吮吸母猪的奶或吞入污染物后,细菌进入空肠繁殖,侵入绒毛上皮,沿基膜繁殖增生,产生毒素,使受损组织充血、出血和坏死。

另外,梭菌广泛在于人畜肠道、土壤、下水道及尘埃中,当饲养管理不良时,容易发生本病。在同一猪群内各窝仔猪的发病率相差很大,最低的为 9%,最高的达 100%。病死率为 5%~59%,平均为 26%。

2.临床症状

本病的病程长短差别很大,症状不尽相同,一般根据病程和症状不同而将之分为最急性、急性、亚急性和慢性型。

最急性 发病很快,病程很短,通常于初生后一天内发病,症状多不明显或排血便,乳猪后躯或全身沾满血样粪便。病猪虚弱,很快变为濒死状态,病猪常于发病的当天或第二天死亡。少数病猪没有下血痢,便昏倒而死亡。

急性型 病猪出现较典型的腹泻症状,是最常见的病型。病猪在整个发病过程中大多排出含有灰色组织碎片的浅红色褐色水样粪便,病猪很快脱水和虚脱,病程多为 2 天,一般于发病后的第 3 天死亡。

亚急性型 病初,病猪食欲减弱,精神沉郁,开始排黄色软粪;继之,病猪持续腹泻,粪便呈淘米水样,含有灰色坏死组织碎片;很快,病猪明显脱水,逐渐消瘦,衰竭,多于 5～7 天死亡。

3. 防治

本病的治疗效果不好,主要依靠平时的预防。首先要加强对猪舍和环境的清洁卫生和消毒工作,产房和分娩母猪的乳房应于临产时彻底消毒;有条件时,母猪分娩前一个月和半个月,各肌肉注射 C 型魏氏梭菌氢氧化铝菌苗或仔猪红痢干粉菌苗 1 次,剂量为 5～10 毫升,以便使仔猪通过哺乳获得被动免疫;如连续产仔,前 1～2 胎在分娩前已经两次注射过菌苗的母猪,下次分娩前半个月再注射 1 次,剂量 3～5 毫升。另外,仔猪初生后,口服氯霉素 1 片,也有一定的防治作用;如果立即注射抗猪红痢血清,可获得更好的保护作用

十二、传染性胃肠炎

1. 流行特点

由猪传染性胃肠炎病毒引起的高度接触性传染病,临床特征为明显的呕吐,严重的水样腹泻。10 日龄内的仔猪可 100％发病,死亡率达100％。5 周龄后发病率降低,死亡减少。

2. 主要症状

本病的传染源为病猪和带毒猪,其排毒途径为:粪便、乳汁、鼻分泌物,主要通过消化道和呼吸道传染给易感猪。外界环境的应激因素往往可促进本病的发生。各年龄的猪均可感染本病,发病最严重为 7～

10 日龄的仔猪,2 周龄以上的猪发病缓和,再大一些的育肥猪、断奶猪只有轻微的症状或无症。本病的发生有一定的季节性,冬春季节多发。本病在新疫区发病呈流行性,在老疫区呈地方流行性。潜伏期短,一般为 15～18 小时,有的可延长 2～3 天。仔猪突然发病,先呕吐,继而发生频繁的水样腹泻,粪便呈黄色、绿色或白色,含有凝乳块。仔猪随着腹泻体温下降,迅速脱水和消瘦,病程短 2～7 天死亡,个别痊愈仔猪的发育停滞,生长受阻。成年猪仅出现食欲不振或轻微的腹泻。

3. 防治措施

(1)可采取对症治疗以减轻失水、酸中毒和防止并发感染,加强护理提供良好的环境。

(2)用传染性胃肠炎弱毒冻干疫苗进行预防免疫:妊娠母猪产前 20～30 天注射 2 毫升;初生仔猪 0.5 毫升 10～50 千克注射 1 毫升;50 千克以上注射 2 毫升,免疫期半年。

(3)预防措施:要加强猪场的检疫工作,定期清扫消毒加强饲养管理。当猪群发病时,应立即隔离,对健康猪群进行免疫,加强环境消毒。

十三、流行性腹泻

猪流行性腹泻由猪流行性腹泻病毒引起猪的一种接触性肠道传染病,其特征为呕吐、腹泻、脱水。临床变化和症状与猪传染性胃肠极为相似。

1. 流行特点

本病只发生于猪,各种年龄的猪都能感染发病。哺乳猪、架仔猪或肥育猪的发病率很高,尤以哺乳猪受害最为严重,母猪发病率变动很大,为 15％～90％。病猪是主要传染源。病毒存在于肠绒毛上皮细胞和肠系膜淋巴结,随粪便排出后,污染环境、饲料、饮水、交通工具及用具等而传播。主要感染途径是消化道。如果一个猪场陆续有不少窝仔猪出生或断奶,病毒会不断感染失去母源抗体的断奶仔猪,使本病呈地方流行性,在这种繁殖场内,猪流行性腹泻可造成 5～8 周龄仔猪的断

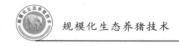

奶期顽固性腹泻。本病多发生于寒冷季节。

2. 症状

主要的临床症状为水样腹泻,或者在腹泻之间有呕吐。呕吐多发生于吃食或吃奶后。症状的轻重随年龄的大小而有差异,年龄越小,症状越重。一周龄内新生仔猪发生腹泻后 3～4 天,呈现严重脱水而死亡,死亡率可达 50％,最高的死亡率达 100％。病猪体温正常或稍高,精神沉郁,食欲减退或废绝。断奶猪、母猪常呈精神委顿、厌食和持续性腹泻大约一周,并逐渐恢复正常。少数猪恢复后生长发育不良。肥育猪在同圈饲养感染后都发生腹泻,一周后康复,死亡率 1％～3％。成年猪症状较轻,有的仅表现呕吐,重者水样腹泻 3～4 天可自愈。

3. 病理变化

眼观变化仅限于小肠,小肠扩张,内充满黄色液体,肠系膜充血,肠系膜淋巴结水肿,小肠绒毛缩短。

4. 诊断

本病在流行病学和临床症状方面与猪传染性胃肠炎无显著差别,只是病死率比猪传染性胃肠炎稍低,在猪群中传播的速度也较缓慢些。

猪流行性腹泻发生于寒冷季节,各种年龄都可感染,年龄越小,发病率和病死率越高,病猪呕吐,水样腹泻和严重脱水,进一步确诊需依靠实验室诊断。

5. 防治

本病应用抗生素治疗无效,可参考猪传染性胃肠炎的防治办法。在本病流行地区可对怀孕母猪在分娩前 2 周,以病猪粪便或小肠内容物进行人工感染,以刺激其产生乳源抗体,以缩短本病在猪场中的流行。

我国已研制出 PEDV 甲醛氢氧化铝灭活疫苗,保护率达 85％,可用于预防本病。还研制出 PEDV 和 TGE 二联灭活苗,这两种疫苗免疫妊娠母猪,乳猪通过初乳获得保护。在发病猪场断奶时免疫接种仔猪可降低这两种病的发生。

十四、猪丹毒

猪丹毒是猪的一种急性传染病,通常呈高度发热的败血症,夏秋两季发生较多,一般分急性、亚急性和慢性3种。急性死亡率高。本病多由消化道感染。

(1)症状 本病一般潜伏期为3~5天,4~9月龄的猪发病多。发病突然,患病猪体温急剧升高至42℃以上,精神沉郁,呕吐,怕冷,不食,先便秘后腹泻。发病不久在耳后、颈部、四肢内侧皮肤上出现各种形状的红斑,逐渐变为暗红色,指压时褪色,放开手指后即复原。

(2)防治 每年春、秋季注射"三联苗",或猪丹毒氢氧化铝甲醛菌苗。未注射的猪可随时补注射进行预防。发生猪丹毒后,立即报告当地兽医站,并隔离病猪。治疗猪丹毒以青霉素疗效为最好,1万~2万单位/千克体重,肌肉注射,每天2次,直至猪体温恢复正常后1~3天;或用链霉素10~15毫克/千克体重,20%磺胺嘧啶钠液0.1~0.2克/千克体重,用法同青霉素。

十五、猪肺疫

又叫猪出血性败血症,是由多杀性巴氏杆菌引起的一种急性败血性传染病,急性型常以败血及组织和器官出血性炎症为主要特征。一般是通过消化道感染,也可由呼吸道、皮肤伤口感染。一年四季均可发生。饲养管理不善、圈舍潮湿拥挤、受寒感冒、长途运输或极度疲劳等都可成为本病的诱因。中小猪多发。有的与猪瘟、猪喘气病等一起发病或继发。

1. 症状

潜伏期1~3天,病猪体温升高。

最急性型:呈败血症的症状,常突然死亡。在耳、颈、腹等部位皮肤出现红斑,颈下咽喉部发生急性肿胀,病猪高度呼吸困难,因此俗称"锁

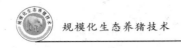

喉疯",常发出喘鸣声,口鼻流出泡沫状液,窒息死亡。

急性型:除具有败血症的一般症状外,还表现为急性胸膜肺炎,痉挛性咳嗽,气喘,有眼结膜炎,流出黏液性或脓性分泌物,初便秘后腹泻,皮肤有红色斑点。

慢性型:初期症状不明显,食欲、精神不振,呼吸困难,咳嗽,逐渐消瘦,有时发生关节炎。

2. 防治

加强饲养管理:消除降低猪抵抗力的一切不良因素,做好清洁卫生,对圈舍、用具等定期消毒。

预防接种:可选用猪肺疫弱毒菌苗、猪肺疫氢氧化铝甲醛菌苗或猪三联苗,定期进行预防注射。

抗菌素治疗:青霉素,每千克体重1万～1.5万单位,肌肉注射,每日2次,连用2～3天。链霉素,每千克体重10毫克,肌肉注射,每日2次,连用2～3天。

十六、仔猪副伤寒

仔猪副伤寒主要是由猪霍乱和猪伤寒沙门氏菌引起的仔猪传染病。急性病例为败血症变化,慢性病例为大肠坏死性炎症及肺炎。本病多发生于2～4月龄仔猪。成年猪很少见到。

本病在我国各地的猪场都有发生,特别是在饲养卫生条件不好的猪场,经常有本病发生,给养殖业造成很大损失。

1. 流行特点

本病多发生于2～4月龄小猪,地方流行或散发,流行缓慢;常在寒冷、气候多变及阴雨连绵季节发生;环境卫生差;有降低仔猪抵抗力的致病诱因存在。

2. 临诊症状

初期急性发生时,与猪瘟相似,需结合其他资料综合判断。典型的症状是持续下痢,呈慢性经过,部分仔猪还有肺炎症状。

3.病理变化

大肠黏膜有典型的坏死和溃疡。或黏膜呈弥漫性坏死;肠壁变厚,失去弹性;肝、淋巴结等干酪样坏死。

4.防治方法

(1)本病是由于仔猪的饲养管理和卫生条件不良促进发生和传播的,因此,预防本病的根本措施是认真贯彻"预防为主"的方针。首先应该改善饲养管理和卫生条件,增强仔猪抵抗力,饲管用具和食槽经常洗刷,圈舍要清洁,经常保持干燥,勤换垫草,及时清除粪便。仔猪提前补料,防止乱吃脏物。断奶仔猪根据体质强弱大小,分槽饲喂。给以优质而易消化的多样化饲料,适当补充物质,防止突然更换饲料。

(2)在本病常发地区,可对1月龄以上或断奶仔猪,用仔猪副伤寒冻干弱毒菌苗预防,用20%氢氧化铝稀释,肌肉注射1毫升;免疫期9个月;口服时,按瓶签说明,服前用冷开水稀释成每头分5~10毫升,掺入料中喂服。

(3)发病后的措施

①隔离病猪,及时治疗。呋喃唑酮(痢特灵)、氯霉素、磺胺类药物,均可用于治疗。无论采用何法,都必须坚持改善饲养管理及卫生条件相结合,才能收到满意效果。

②圈舍要定期清扫、消毒,特别是饲槽要经常刷洗干净。粪便堆积发酵后利用。

③根据发病当时疫情的具体情况,必要时,对假定健康猪可在饲料中加入痢特灵或抗生素饲料进行预防。

④死猪应深埋,切不可食用,防止人发生中毒事故。

十七、仔猪水肿病

仔猪水肿病主要发生于断奶后2~3月龄膘情好的仔猪。春、秋两季,特别是气候突变和阴雨后多发,呈散发或地方性流行,发病快,病程短,死亡率高。

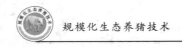

1. 临床症状

患猪表现为突然发病,有的前一天晚上未见异常,第二天早上却死在圈舍内。多数病猪常拉干粪,精神委顿,震颤,口吐白沫,嘶叫,眼睑、面部、头部及颈部及胸腹部水肿,最后倒地侧卧,四肢划动,呈游泳状,体温下降而死亡。

2. 病理变化

胃壁、肠系膜、淋巴结、肺均水肿,心包、胸腹腔积水,淋巴结和肺部有出血变化。

3. 诊断

根据临床症状和病理变化等可初步诊断。

4. 防治方法

主要是加强仔猪的饲养管理,提早补料,要做好圈舍的消毒工作。母猪怀孕 30～40 天时,给母猪肌肉注射 0.1% 的亚硒酸钠 5 毫升,维生素 E5 毫升。一旦发现病猪应及时治疗,对同窝的其他健康猪也应给药预防。方法是用氢化可的松注射液,每千克体重 3～5 毫克,肌肉注射。或地塞米松磷酸钠注射液,每千克体重 0.3～0.5 毫克,配合磺胺-5-甲氧嘧啶注射液,每 20 千克体重 10 毫升,肌肉注射。每天 2 次,经 2～3 次用药后,症状即可消失。当病猪能站立,眼皮水肿已消失,则停止用药,注意给足饮水。停止或减少饲料中黄豆的用量,防止复发。

十八、猪传染性胸膜肺炎

猪传染性胸膜肺炎是由胸膜肺炎放线杆菌引起的一种接触性传染病,是猪的一种重要呼吸道疾病,在许多养猪国家流行,已成为世界性工业化养猪的五大疫病之一,造成重大的经济损失。抗生素对本病无明显疗效。虽然对该病及其病原菌已做了广泛而深入的研究,在疫苗及诊断方法上已取得一定的成果,但到目前为止,还没有很有效的措施控制本病。

1. 流行特点

各种年龄的猪对本病均易感,但由于初乳中母源抗体的存在,本病最常发生于育成猪和成年猪(出栏猪)。急性期死亡率很高,与毒力及环境因素有关,其发病率和死亡率还与其他疾病的存在有关,如伪狂犬病及 PRRS。另外,转群频繁的大猪群比单独饲养的小猪群更易发病。主要传播途径是空气、猪与猪之间的接触、污染排泄物或人员传播。猪群的转移或混养,拥挤和恶劣的气候条件(如气温突然改变、潮湿以及通风不畅)均会加速该病的传播和增加发病的危险。

2. 临床症状

最急性型:突然发病,个别病猪未出现任何临床症状突然死亡。病猪体温达到 41.5℃,倦怠、厌食,并可能出现短期腹泻或呕吐,早期无明显的呼吸症状,只是脉搏增加,后期则出现心衰和循环障碍,鼻、耳、眼及后躯皮肤发绀。晚期出现严重的呼吸困难和体温下降,临死前血性泡沫从嘴、鼻孔流出。病猪于临床症状出现后 24～36 小时内死亡。

急性型:病猪体温可上升到 40.5～41℃,皮肤发红,精神沉郁,不愿站立,厌食,不爱饮水。严重的呼吸困难,咳嗽,有时张口呼吸,呈犬坐姿势,极度痛苦,上述症状在发病初的 24 小时内表现明显。如果不及时治疗,1～2 天内因窒息死亡。

亚急性和慢性型:亚急性和慢性多在急性期后出现。病程长约15～20 天,病猪轻度发热或不发热,有不同程度的自发性或间歇性咳嗽,食欲减退,肉料比降低。病猪不爱活动,驱赶猪群时常常掉队,仅在喂食时勉强爬起。慢性期的猪群症状表现不明显,若无其他疾病并发,一般能自行恢复。同一猪群内可能出现不同程度的病猪。

3. 病理变化

主要病变存在于肺和呼吸道内,肺呈紫红色,肺炎多是双侧性的,并多在肺的心叶、尖叶和隔叶出现病灶,其与正常组织界线分明。最急性死亡的病猪气管、支气管中充满泡沫状、血性黏液及黏膜渗出物,无纤维素性胸膜炎出现。发病 24 小时以上的病猪,肺炎区出现纤维素性物质附于表面,肺出血、间质增宽、有肝变。气管、支气管中充满泡沫状、血性黏液及黏膜渗出物,喉头充满血性液体,肺门淋巴结显著肿大。随着病程的发展,纤维素性胸膜炎蔓延至整个肺脏,使肺和胸膜粘连。常伴发心包炎,肝、脾肿大,色变暗。病程较长的慢性病例,可见硬实肺炎区,病灶硬化或坏死。发病的后期,病猪的鼻、耳、眼及后躯皮肤出现发绀,呈紫斑。

4. 诊断

根据本病主要发生于育成猪和架仔猪以及天气变化等诱因的存在,比较特征性的临床症状及病理变化特点,可做出初诊。确诊要对可疑的病例进行细菌检查。

在病的最急性期和急性期,应与猪瘟、猪丹毒、猪肺疫及猪链球菌病做鉴别诊断。慢性病例应与猪喘气病区别。

5. 防治

治疗:虽然报道许多抗生素有效,但由于细菌的耐药性,本病临床治疗效果不明显。实践中选用加康、普杀平,强化抗菌剂肌肉注射或胸腔注射,连用3天以上;饲料中拌加康、强力霉素、氟甲砜霉素或北里霉素,连续用药5~7天,有较好的疗效。有条件的最好做药敏试验,选择敏感药物进行治疗。抗生素的治疗尽管在临床上取得一定成功,但并不能在猪群中消灭感染。

预防:①尚未发生过本病或感染的猪场应制定严格的隔离措施,保证新引进的猪来源于已知无本病的猪群,在它们进入猪群前还应隔离饲养一段时间,并做本病菌的血清学检测或抗体检查。②改善饲养环境,注意通风换气,保持新鲜空气。猪群应注意合理的密度,不要过于拥挤。③加强消毒制度,要定期进行消毒,并长年坚持,发病猪与健康猪应严格隔离。④常发猪场可注射疫苗,国外已研制了疫苗,但由于本菌有许多血清型,免疫的效果不理想。有条件的可用自家灭活菌苗。

十九、猪附红细胞体病

猪附红细胞体病是目前养猪业中广泛流行的一种以贫血为主要特

征的传染病,近年来由于该病引起的猪只死亡,使养猪业蒙受严重的损失。

1.流行特点

本病可发生于各种年龄的猪,但以仔猪和长势较好的架仔猪死亡率较高,发病期间死亡率和淘汰率达 30%～50%。该病的发生无明显的季节性,但在温暖季节,气温在 20℃ 以上,湿度 70% 左右,特别是阴雨后最多发生,尤其在吸血昆虫大量孳生繁殖的夏秋季节,呈地方性流行性。

2.传染途径

主要由吸血昆虫、猪虱、蚧螨、蚁和污染的针头水平传播;也可经公母猪交配,经子宫胎盘垂直传染给仔猪。

3.临床症状

急性型　此类型病例较少见,多表现为突然发病死亡,死后口鼻流血,全身红紫,病程为数十分钟到 3 天。

亚急性型　发病初期,患猪精神沉郁,食欲减退,饮欲增加,体温40～42℃,高热稽留;后食欲废绝,饮欲明显下降;患猪颤抖,转圈不愿站立,离群卧地,尿少色黄,病初患猪排羊粪蛋样粪球,外附着黏液或黏膜;后期拉稀或有时与便秘交替出现。有的病猪耳朵、颈下、胸前、腹下、四肢内侧等部位皮肤红紫,指压不退色,并且毛孔出现淡黄色汗迹,有的病猪两后肢发生麻痹,不能站立,卧地不起;有的病猪流涎,呼吸困难,咳嗽,眼结膜发炎。病程 3～7 天,或死亡或转向慢性。

慢性型　患猪体温在 39.5℃ 左右,食欲不佳,主要表现为贫血和黄疸,全身苍白,被毛粗乱无光泽,皮肤燥裂,层层脱落,但不痒,黄疸程度不一,皮肤和眼结膜呈淡黄色,有的呈深黄色,大便如栗状,表面带有黑褐色至鲜红色血液。主要表现为贫血,在没有化验室的情况下,从病猪耳静脉所采的血液淡,手感光滑,没有黏性,凝固不良,则可作为进一步确诊的重要依据。

4.防治措施

本病目前尚无疫苗免疫,无特效的治疗药物,只有采用综合性的防治措施与对症治疗的方法：

（1）首先用伊维菌素制剂对猪群普遍驱除体内外寄生虫，切断本病的传染媒介。

（2）用长效土霉素注射液按 30 毫克/千克体重深部肌肉注射，隔日 1 次，连用 3 次，同时配合使用牲血素 2 毫升/头、维生素 B_{12} 注射液 2～5 毫升、柴胡注射液 10 毫升/头（中猪），一般可以控制病情，体温降低，出现好转，对病情严重的病猪还应采用强心输液。

（3）本病如与弓形体病混合感染，除选用上述药物外，应加用复方磺胺六甲嘧啶注射液肌肉注射，每日 1 次，连用 5 天。

（4）猪群每年发病季节，用黄霉素、土霉素、金霉素等药物进行预防性投药。

二十、猪副猪嗜血杆菌病

副猪嗜血杆菌病又称革拉泽氏病，本病是"高致病性蓝耳病"的凶手之一，近年来，已造成很多规模化猪场严重的经济损失。

1. 流行特点

该病主要危害 2～28 周龄的哺乳仔猪、保育猪和生长猪。

2. 临床症状

临床症状取决于炎症部位，包括发热、呼吸困难、关节肿胀、跛行、皮肤及黏膜发绀、站立困难甚至瘫痪、僵猪或死亡。母猪发病可流产，公猪有跛行。哺乳母猪的跛行可能导致母性的极端弱化。死亡时体表发紫，肚子大，有大量黄色腹水，肠系膜上有大量纤维素渗出，尤其肝脏整个被包住，肺的间质水肿。

3. 病理变化

主要病理变化包括多发性浆膜炎、多发性关节炎、肺炎、胸膜炎、心包炎、脑炎，本病多在有应激因素和免疫抑制性疾病的情况下发生；发病率为 15%～90%，有免疫抑制性疾病混合感染时，死亡率可达 90%。

4.防治措施

本病控制应以预防为主,采取综合措施控制该病的发生和发展。加强饲养管理,消除各种应激因素 分娩舍和保育舍应严格实施"全进全出"的生产模式,避免不同年龄的猪只混养,对猪舍进行严格有效的清洁和消毒,空置1周时间再转入新的猪群。降低饲养密度,并加强猪舍通风对流,提高舍内空气质量。冬天注意防寒保暖,夏天做好防暑工作,采取各种措施减少冷热应激。提高饲料品质,不饲喂发霉变质饲料,建议饲料中添加脱霉剂,减轻霉菌毒素的危害。在分娩舍和保育舍设立加药饮水器,在仔猪饮水中添加补充营养、增强免疫力的添加剂。如远征50%复方黄芪多糖、21金维他。

(1)免疫 副猪嗜血杆菌病有15个以上的血清型,疫苗免疫在不同血清型之间的交叉保护率很低,疫苗的保护仅限于同种血清型的病菌,有很强的地方性特征。许多猪场使用含多个血清型和菌株的疫苗进行控制,临床上有一定效果。

(2)治疗 隔离病猪,用敏感的抗菌素进行治疗,口服抗菌素进行全群性药物预防。为控制本病的发生发展和耐药菌株出现,应进行药敏试验,科学使用抗菌素。①硫酸卡那霉素注射液 肌内注射,每次20毫克/千克,每晚肌注1次,连用5～7天。②大群猪口服土霉素纯原粉30毫克/千克,每日1次,连用5～7天。③抗生素饮水对严重的该病暴发可能无效。一旦出现临床症状,应立即采取抗生素拌料的方式对整个猪群治疗,发病猪大剂量肌注抗生素。大多数血清型的副猪嗜血杆菌对头孢菌素、氟甲砜、庆大、壮观霉素、磺胺及喹诺酮类等药物敏感,对四环素、氨基苷类和林可霉素有一定抵抗力。④在应用抗生素治疗的同时,口服纤维素溶解酶(副株利克),可快速清除纤维素性渗出物、缓解症状、控制猪群死亡率。

二十一、猪高致病性蓝耳病

该病是近几年出现的猪的一种严重的病毒性疾病,由猪繁殖与呼吸综合征病毒变异株引起的一种急性高致死性疫病。该病毒传染性极强,受感染的猪场仔猪发病率可达100%、死亡率可达50%以上,母猪流产率可达30%以上,育肥猪也可发病死亡是其特征。

1.流行特点

各年龄和种类的猪均可感染,但以妊娠母猪和一月龄内的仔猪最易感。潜伏期仔猪2~4天,怀孕母猪4~7天。主要感染途径为呼吸道,空气传播、接触传播和垂直传播为主要的传播方式,病猪、带毒猪和患病母猪所产的仔猪以及被污染的环境用具为传染源。老鼠可能是该病原的携带者和传播者。此病在仔猪间传播比在成猪间传播容易。

2.临床症状

该病以母猪繁殖障碍和仔猪呼吸道症状为主。

母猪:精神不振,食欲不良,体温暂时性偏高,咳嗽,不同程度的呼吸困难,发情不正常或不孕,怀孕母猪早产或产下死胎、木乃伊胎和病弱仔猪,流产率可达30%以上,有的产后无乳,胎衣停滞,少数母猪双耳、腹侧和外阴皮肤有一过性的青紫色或蓝紫色斑块。

哺乳仔猪:体温可达41℃以上,呼吸困难,有时成腹式呼吸,厌食,腹泻,耳朵发红,眼结膜炎,被毛粗乱,共济失调,容易继发其他疾病,发病率可达100%、死亡率可达50%。耐过仔猪长期消瘦,生长缓慢。

育肥猪:表现轻度类流感症状,暂时性的厌食及轻度的呼吸困难,少数猪咳嗽及双耳背面、边缘和尾部皮肤有一过性的深青紫色的斑块。

公猪:发病率低,2%~10%,表现厌食,呼吸困难,消瘦。极少数公猪双耳皮肤变色。公猪精液质量下降。此外,因为本病的病原具有明显的变异性,所以本病的临床表现很复杂,常可分为急性型、亚临床型和慢性型。另外,在不同的国家发病期的症状也不尽相同,不同的毒株以及管理因素等都可能影响临床症状的出现和生产损失。

3.病理变化

在死胎及衰弱仔猪可见胸腔内有大量清亮液体,哺乳仔猪肺有肝变区,结肠内容物稀薄,肠系膜淋巴结、皮下、肌肉等发生水肿。公母猪及肥育猪无肉眼可见变化。经剖检:可见脾脏边缘或表面出现梗死灶,肾脏呈土黄色,表面可见针尖至小米粒大出血点斑,皮下、扁桃体、心脏、膀胱、肝脏和肠道均可见出血点和出血斑。部分病例可见胃肠道出血、溃疡、坏死。

4.诊断

本病仅根据症状和流行病学很难作出诊断,需要进行实验室诊断来确诊。可根据以下情况来判断是否有该病:母猪早产、流产、产死胎和衰弱仔猪的比率明显增高,产后无乳的母猪增加;一月龄以内的仔猪出现呼吸道症状的增加,部分仔猪双耳发红,腹泻增多,瘦弱仔猪增多,治愈率下降,增重率下降,死亡率明显增高;全群猪在近期有过类似感冒的症状,有的猪双耳、腹下、会阴、尾部皮肤有青紫色或蓝紫色斑块。

5.防治

综合性的防疫措施及疫苗免疫是控制和减少蓝耳病发病的有效途径。

一要加强检疫,引种及购买仔猪时要严格实行隔离饲养制度,杜绝从疫区带入病毒。

二要提倡自繁自养,实行封闭式饲养管理,严格执行隔离和消毒制度,实行产房隔离,哺乳仔猪应尽早断奶,建立无病清净猪场。

三要对育肥猪采取"全进全出"制度,猪出栏后彻底消毒猪舍。

四要正确使用疫苗。要注意区分弱毒活疫苗和灭活疫苗的不同使用特点。给无病猪场的猪打疫苗时,应该选用灭活疫苗,而给已患上蓝耳病的猪打疫苗时,必须选用弱毒疫苗。要根据本地实际制定合理的免疫程序,防止免疫抑制。

猪蓝耳病往往会继发猪瘟、猪传染性胸膜肺炎、猪肺疫等疫病。因此,猪场一旦感染蓝耳病,除对死胎、死猪进行无害化处理及清洗消毒猪舍外,还应给病猪投喂高能量饲料、维生素和足够的电解质,母猪临产前宜混饲阿司匹林。治疗病猪时,应使用抗生素防止继发感染,同时,根据不同继发感染病症对症下药。

二十二、猪圆环病毒病

猪圆环病毒病是危害养猪业的重要疾病。引起仔猪先天性震颤病的病原是猪圆环病毒一型（PCV1）；引起断奶仔猪多系统衰竭综合征的病原是猪圆环病毒二型（PCV2）。猪圆环病毒对外界消毒剂抵抗力比较强，在酸性环境中可存活较长时间，在 72℃ 高温环境也能存活一段时间。

1. 流行特点及临床症状

临床表现为断奶后 2～3 周的仔猪出现先天性的震颤，以进行性消瘦、咳嗽、呼吸困难、腹泻；皮肤苍白、黄染、淋巴结肿大、肾脏灰白水肿；死亡率和淘汰率均较高。该病不仅能引起仔猪先天性震颤和断奶仔猪多系统衰竭综合征，还能造成对免疫系统的损害，使机体的免疫抵抗力或应答能力下降，使其免疫力失去或降低其免疫效果，从而并发其他疾病，引起更为严重的经济损失。

2. 病理变化

对病死猪进行剖检后，其病变主要是：体况较差，表现为不同程度的肌肉萎缩；皮肤苍白；有 20% 的病猪出现黄疸的现象；淋巴结异常肿胀，切面苍白；肺部的病变主要是肿胀，坏死并伴有不同程度的萎缩；肝脏变暗、萎缩；脾脏肿肉变；肾脏水肿苍白、被膜下有白色的坏死；盲肠和结肠黏膜充血或淤血。

3. 防治措施

对于猪圆环病毒预防措施，除加强常规饲养管理，提高营养水平，注意环境卫生及消毒制度，实行全进全出制度外，提出以下几点注意事项：

（1）病猪和带毒猪是主要传染源，公猪的精液可带毒，通过交配传染母猪，母猪又是很多病原的携带者，通过多种途径排毒或通过胎盘传染哺乳仔猪，造成仔猪的早期感染，所以，清除带毒猪并净化猪场十分重要。

（2）猪圆环病毒易与多种细菌同时感染猪体或继发多种细菌感染，一旦这样，则后果更为严重，所以要采取综合防治措施，严防细菌并发或继发感染是控制本病的重要措施；做好消毒措施，选用高效消毒剂，如双链季铵盐—碘、戊二醛等。

（3）老鼠可传播多种疾病，若鼠害控制不利，则易引起疾病的发生，因此，必须控制鼠害。

（4）药物防治　该病主要由病毒感染或继发感染而致，因此提倡取用较好的抗病毒药物，如黄芪多糖注射液。它能诱导畜禽机体产生干扰素，促进抗体形成，达到抗病毒的目的；具有增强畜禽心、肝、肾等器官功能，改善微循环；提高机体免疫能力；可以增强巨噬细胞的吞噬作用，刺激 T 淋巴细胞和 B 淋巴细胞功能，增强与细胞介素有关的杀伤细胞活性。对发病猪只采用肌肉注射的方法，动物每千克体重注射 $0.1 \sim 0.2$ 毫升（1%），1 天 2 次，连用 $3 \sim 5$ 天。

思考题

1. 如何搞好猪场的卫生消毒？

2. 猪场防疫的原则和注意事项包括那些？

3. 不同阶段猪有哪些常见疾病？如何预防？

参 考 文 献

［1］王林云.现代中国养猪.北京:金盾出版社,2007.

［2］杨公社.猪生产学.北京:中国农业出版社,2002.

［3］甘孟侯,等.畜禽群发病防治.北京:中国农业大学出版社,1988.

［4］吕志强.养猪手册.石家庄:河北科学技术出版社,2009.

［5］芦春莲,曹洪战.猪养殖技术问答.北京:金盾出版社,2010.

［6］曹洪战,等.瘦肉型猪180天出栏养殖技术.石家庄:河北科学技术
出版社,2009.

［7］曹洪战.生猪无公害标准化养殖技术.石家庄:河北科学技术出版
社,2006.

［8］曹洪战,芦春莲.商品瘦肉猪标准化生产技术.北京:中国农业大学
出版社,2003.

［9］郑世学,等.仔猪饲养与疾病防治.北京:中国农业出版社,2008.